BÄUME DER WELT

Colin Ridsdale
John White
Carol Usher

Vorwort von
David Mabberley

Redaktion	Dipali Singh, Glenda Fernandes, Rohan Sinha, Aekta Jerath, Mary Lindsay
Gestaltung	Kavita Dutta, Shefali Upadhyay, Romi Chakraborty, Arunesh Talapatra, Enosh Francis
Projektbetreuung	Cathy Meeus
Bildbetreuung	Vanessa Marr
Lektorat	Angeles Gavira Guerrero
Bildredaktion	Ina Stradins
Herstellung	Kevin Ward
Grafik	Bryn Walls
Programmleitung	Jonathan Metcalf
Cheflektorat	Liz Wheeler
Chefbildlektorat	Phil Ormerod
DTP-Design	John Goldsmit, Balwant Singh, Sunil Sharma
DTP-Koordination	Pankaj Sharma
Illustrationen	Gill Tomblin, Ann Winterbotham

Für die deutsche Ausgabe:

Programmleitung	Monika Schlitzer
Redaktionsleitung	Caren Hummel
Projektbetreuung	Regina Franke, Manuela Stern
Herstellungsleitung	Dorothee Whittaker
Herstellungskoordination	Arnika Marx
Herstellung	Gerd Wiechcinski, Sabine Hüttenkofer
Covergestaltung	Sabine Hüttenkofer

Wichtiger Hinweis:
Die in diesem Buch erwähnten Verwendungen von Pflanzenteilen als Nahrungsmittel, Medikament, Kosmetika etc. beschreiben bestimmte Sachverhalte und stellen ausdrücklich keine Empfehlungen des Autors oder des Verlags dar. Sie sollten daher nicht in die Praxis umgesetzt werden.

Titel der englischen Originalausgabe:
Eyewitness Companions Trees

© Dorling Kindersley Limited, London, 2005
Ein Unternehmen der Penguin Random House Group
© der deutschsprachigen Ausgabe by
Dorling Kindersley Verlag GmbH, München, 2006, 2017
Alle deutschsprachigen Rechte vorbehalten

Übersetzung	Eva Sixt
Redaktion	Barbara Kiesewetter
Satz der Neuausgabe	Sachin Gupta, Indien

ISBN 978-3-8310-3365-2

Repro	Colourscan, Singapore
Druck und Bindung	Leo Paper Products, China

Besuchen Sie uns im Internet
www.dorlingkindersley.de

Hinweis
Die Informationen und Ratschläge in diesem Buch sind von den Autoren und vom Verlag sorgfältig erwogen und geprüft, dennoch kann eine Garantie nicht übernommen werden. Eine Haftung der Autoren bzw. des Verlags und seiner Beauftragten für Personen-, Sach- und Vermögensschäden ist ausgeschlossen.

INHALT

»DER WALD IST EIN BESONDERES WESEN,
VON UNBESCHRÄNKTER GÜTE UND ZUNEIGUNG,
DAS KEINE FORDERUNGEN STELLT UND GROSSZÜGIG DIE
ERZEUGNISSE SEINES LEBENSWERKS WEITERGIBT;
ALLEN GESCHÖPFEN BIETET ER SCHUTZ
UND SPENDET SCHATTEN SELBST DEM HOLZFÄLLER,
DER IHN ZERSTÖRT.« *Buddha*

Vorwort

Bäume liefern jeder menschlichen Gesellschaft Nahrungsmittel in Form von Früchten, Nüssen und essbaren Blättern und Blüten. Sie sind die Quelle von Arzneistoffen und Holz, das als Bau- und Brennstoff dient. Die Rinde, die sie schützt, enthält außer Arzneistoffen auch Harze, Fasern und Kork. Aus dem Holz werden Möbel gefertigt, aus dem Zellstoff Papier. Und manche Baumarten liefern sogar Duftstoffe für die Parfümindustrie.

Insgesamt beherbergen Wälder 75 % des Artenreichtums der Erde. Bäume speichern das Wasser der Niederschläge und geben es nach und nach wieder ab. Sie absorbieren Kohlendioxid und setzen Sauerstoff in die Atmosphäre frei. Bäume werden gepflanzt, um verödete Gebiete wieder aufzuforsten und sie bieten Tieren Nahrung. Sie befestigen Küsten und Flussufer. Manche spenden Schatten oder halten den Wind ab, und viele Baumarten werden als Zierbäume gepflanzt.

Die ursprüngliche Vegetation in weiten Teilen der Erde wurde von Bäumen dominiert, und unsere Vorfahren waren auf Bäumen lebende Primaten. Bäume waren Nahrungsquelle und lieferten Medizin, lange bevor das menschliche Bewusstsein entstand. Sie spielen für unsere Psyche noch immer eine entscheidende Rolle: Die verbotenen Wälder in Märchen, die Heiligen Haine, der Baum der Erkenntnis und der Baum des Lebens. Die höchsten und ältesten Bäume, die Generationen von Menschen überlebten, ziehen uns in ihren Bann. Ihre majestätische Erscheinung fasziniert uns ebenso wie die der Dinosaurier.

Vielleicht noch wichtiger ist, dass Bäume den meisten menschlichen Gesellschaften Baumaterial und Brennstoff bereitstellten. Die Indianerstämme Nordamerikas erzählten, die ersten europäischen Siedler hätten ihr Land wohl nur verlassen, weil ihnen das Feuerholz ausgegangen war.

Ich wuchs in einer ländlichen Gegend Englands auf, bevor das Land so gnadenlos in intensiv bewirschaftete landwirtschaftliche Flächen umgewandelt wurde. Deshalb genoss ich als Junge das Privileg, durch eine Landschaft mit Wäldern und Hecken zu wandern. Dabei lernte ich viel über die Bäume und die Tiere, denen sie Schutz bieten.

In einem tropischen Regenwald zu stehen, zwischen den Mammutbäumen in Kalifornien, den mächtigen Eukalyptusbäumen im Südwesten Australiens oder auch in den uralten Kiefernwäldern Schottlands ruft in mir eine Ehrfurcht hervor wie kaum eine andere Erfahrung.

Nicht nur aus wirtschaftlichen Gründen sollten wir alles tun, um die Bäume, eine Grundlage unserer Zivilisation, zu schützen. Auch unseres spirituellen Wohlergehens wegen sind wir so sehr auf sie angewiesen.

ZWEIZEILIGE SUMPFZYPRESSE
Das Laub der Zweizeiligen Sumpfzypresse (*Taxodium distichum*) färbt sich im Herbst tief orangebraun. Dieser Nadelbaum, der sein Laub abwirft, wächst in den Süßwassersümpfen im Südosten der USA.

David Mabberley
University of Washington, Seattle;
Universiteit Leiden, Niederlande;
University of Western Sydney & Royal
Botanic Gardens, Sydney, Australien.

WAS IST EIN BAUM

Systematik

Die von Wissenschaft und Forstwirtschaft gleichermaßen akzeptierte Definition eines Baums lautet: »Eine verholzte Pflanze, gewöhnlich mit einem einzigen säulenförmigen Stamm, der mindestens 6 m Höhe erreichen kann«. Wird diese Höhe nicht erreicht, spricht man von einem Strauch.

Diese Definition ist nicht allgemein gültig. Für Gärtner ist meist die Höhe das Kriterium, wobei manche schon bei 5 m oder 3 m die Grenze ziehen. Bonsai-Liebhaber würden den Kriterien natürlich am liebsten überhaupt keine Beachtung schenken. Auch Züchtungen kleiner Nadelbäume fallen in diese Grauzone.

Botanische Systematik

Systematik bedeutet, Pflanzengruppen in ein System einzuordnen. So ist es einfacher, einzelne Arten zu bestimmen und die natürliche Verwandtschaft der Gruppen wird deutlich. Schon die alten Griechen und Römer versuch-ten, Pflanzen zu klassifizieren, unter ihnen Theophrastos im 3. Jh. v. Chr. und Plinius der Ältere 79 n. Chr. Ihre Methoden basierten auf oft sehr langen Beschreibungen statt kurzer Benennungen.

Im Lauf der Jahrhunderte wurden verschiedene andere Systeme entwickelt. Der zweiteilige wissenschaftliche Name, der heute noch verwendet wird (siehe rechts), wurde von Carl von Linné eingeführt (auch als Linnaeus bekannt), einem schwedischen Botaniker, der seine »Species plantarum« 1753 veröffentlichte. Linné verwendete ein System, das als »künstliches System« bekannt ist.

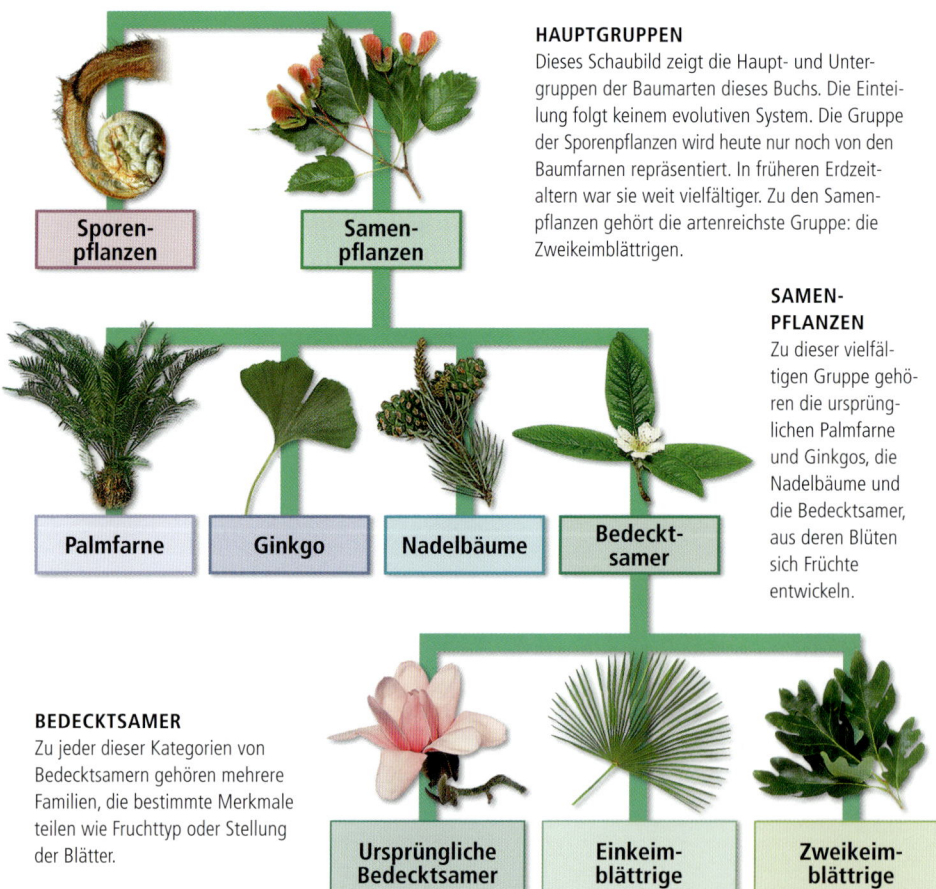

HAUPTGRUPPEN
Dieses Schaubild zeigt die Haupt- und Untergruppen der Baumarten dieses Buchs. Die Einteilung folgt keinem evolutiven System. Die Gruppe der Sporenpflanzen wird heute nur noch von den Baumfarnen repräsentiert. In früheren Erdzeitaltern war sie weit vielfältiger. Zu den Samenpflanzen gehört die artenreichste Gruppe: die Zweikeimblättrigen.

SAMEN-PFLANZEN
Zu dieser vielfältigen Gruppe gehören die ursprünglichen Palmfarne und Ginkgos, die Nadelbäume und die Bedecktsamer, aus deren Blüten sich Früchte entwickeln.

BEDECKTSAMER
Zu jeder dieser Kategorien von Bedecktsamern gehören mehrere Familien, die bestimmte Merkmale teilen wie Fruchttyp oder Stellung der Blätter.

Sporen-pflanzen

Samen-pflanzen

Palmfarne

Ginkgo

Nadelbäume

Bedeckt-samer

Ursprüngliche Bedecktsamer

Einkeim-blättrige

Zweikeim-blättrige

DIE NORDMANNS-TANNE IM SYSTEM

Im System Linnés werden alle Arten innerhalb der übergeordneten Kategorie einer Familie und darin einer Gattung zugeordnet. Jede Art kann eine oder mehrere Unterarten beinhalten. Dieses Beispiel zeigt die Stellung der Nordmanns-Tanne (Unterart *borisii-regis*).

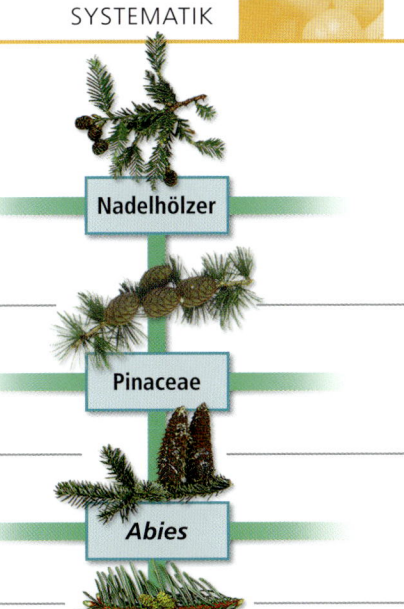

Nadelhölzer

FAMILIE

Eine Familie beinhaltet eine oder mehrere verwandte Gattungen. Der Name der Familie wird nicht kursiv geschrieben.

Pinaceae

GATTUNG

Eine Gattung beinhaltet eine oder mehrere Arten. Ihr Name bildet den ersten Teil des Artnamens. Er wird kursiv geschrieben.

Abies

ART

Die Art ist die wesentliche Einheit der Klassifikation. Der Name besteht aus dem Gattungs- und Artnamen in Kursivschrift.

Abies nordmanniana

UNTERART

Manche Arten haben Unterarten, die sich geringfügig von der Hauptart unterscheiden. Ihr Name besteht aus drei Teilen.

Abies nordmanniana
subspecies *borisii-regis*

Dieses System unterteilt die Pflanzen aufgrund bestimmter gemeinsamer Merkmale der Blüten (Anordnung und Zahl der Staub- und Fruchtblätter) in Gruppen wie Familien und Gattungen.

Dieses Buch ist nach der Systematik aufgebaut, die die International Union for the Conservation of Nature (IUCN) anerkennt. Die Hauptquelle ist Kubitzkis *Families and Genera of Vascular Plants*. Nach diesem System werden Bäume in zwei Hauptgruppen unterteilt: Sporenpflanzen und Samenpflanzen. Samenpflanzen werden wiederum in Nacktsamer (Palmfarne, Ginkgos, Nadelbäume) und Bedecktsamer unterteilt. Letztere bestehen schließlich aus drei Untergruppen: ursprüngliche Bedecktsamer, Einkeimblättrige und Zweikeimblättrige.

VIELFÄLTIGE FORMEN

Die Definition eines Baums umfasst eine erstaunliche Vielfalt von Pflanzenformen, vom Grasbaum (unten links) über den Kerzenstrauch (unten Mitte) bis hin zur Rot-Buche (unten rechts).

Evolution der Bäume

Pflanzliches Leben existiert auf der Erde seit Millionen von Jahren. Hinweise auf die ersten Landpflanzen gibt es bereits aus dem Silur (vor 443–416 Millionen Jahren). Der große Erfolg der Bäume beruht darauf, dass sie sich an unterschiedlichste Lebensräume anpassten.

Die ersten echten Bäume waren Nadelbäume, die im Perm (vor 299–251 Millionen Jahren) erstmals erschienen. Aber erst gegen Ende der Kreidezeit (vor 145–65 Millionen Jahren) hatten sich die drei Baumtypen entwickelt, die wir heute kennen. Damals bestanden die Wälder aus Bäumen, die Platanen, Magnolien, Pappeln und Feigen ähnelten. Diese Bedecktsamer konnten sich erfolgreicher als die frühere Flora ausbreiten. Bestimmt wurde ihre Verbreitung auch durch geografische und klimatische Veränderungen. Ein weiterer Vorteil der Bedecktsamer war ihre wechselseitige Beziehung zu Blüten bestäubenden Insekten. So konnten die Pflanzen unterschiedlichste neue Standorte besiedeln.

WÄLDER FRÜHERER ERDZEITALTER
Die damaligen Wälder wurden von Baumfarnen und riesigen Schachtelhalmen dominiert – ähnlich der dichten Vegetation im Yarra-Ranges-Nationalpark in Australien.

Die ersten Landpflanzen wie *Cooksonia* erscheinen.

Immergrüne Bäume erscheinen. Schuppenbäume wie *Lepidodendron* bilden Wälder mit Calamiten, die den heutigen Schachtelhalmen und Bambusarten ähneln.

GEOLOGISCHE PERIODE	Silur	Devon	Karbon	Perm
VOR MILLIONEN JAHREN	443,7–416	416–359	359–299	299–251
		Farnsamer und Schachtelhalme entwickeln feste Stämme. Fortpflanzung Letzterer durch Sporen, die vom Wind verbreitet werden.		Nadelbäume ersetzen die meisten Schachtelhalme, koexistieren aber mit Farnsamern.

COOKSONIA

LEPIDODENDRON

PALMFARNE
Diese ursprüngliche Gruppe tropischer und subtropischer Pflanzen ist heute mit etwa 100 Arten vertreten.

GINKGOS
Die einzige heutige Art *Ginkgo biloba* erinnert an diese einst verbreitete Gruppe ursprünglicher Pflanzen.

BAUMFARNE
Diese Baumfarne der Südhalbkugel können eine Höhe von bis zu 10 m erreichen.

Migrationen

Bäume passen sich bei veränderten Umweltbedingungen in Größe und Gestalt an oder sie »wandern« in Gebiete mit geeigneteren Bedingungen ab, indem sich ihr Verbreitungsgebiet verschiebt. Durch diese »Migration« haben moderne Bäume die Eiszeiten und globale Erwärmungen und Abkühlungen Jahrmillionen lang überlebt.

Die Evolution geht weiter

Evolution ist ein Prozess, der fortwährend stattfindet. Es gibt Arten, die besonders instabil sind und sich leicht mit verwandten Arten kreuzen. Manche der Kreuzungen sind an die herrschenden Bedingungen besser angepasst als die ursprünglichen Arten und überleben mit größerer Wahrscheinlichkeit.

KOHLE

Kohle besteht zu einem großen Teil aus Kohlenstoff aus bewaldeten Sümpfen der Kreidezeit. Wenn das Land sich absenkte, wurden die Wälder mit Süß- oder Salzwasser überflutet. Schließlich lagerten sich Sand- oder Tonsedimente ab, die sich verfestigten und die Überreste der Wälder zu Kohle pressten. In manchen Gebieten wechselten sich viele Perioden der Überschwemmung und anschließenden Wiederbewaldung ab, sodass Kohleflöze entstanden – dünne Schichten, abwechselnd aus Kohle und Gestein. Die Lagen unter den Flözen enthalten oft Reste von Baumwurzeln.

KOHLE

KOHLEABBAU

Bedingungen für Baumwuchs bis zum Ende der Periode nicht vorteilhaft. Baumfarne (wie *Dicroidium*), Palmfarne und Nadelbäume können überleben.

ARAUCARIA

Bedecktsamer (*Angiospermen*) wie die birkenähnliche *Betulites* erscheinen. Die meisten modernen Baumfamilien entwickelten sich zu dieser Zeit.

Grasland ersetzt große Waldgebiete. Bewaldete Sümpfe verwandeln sich zu Braunkohle. Die modernen Bäume haben sich seit dieser Periode kaum verändert.

Trias	Jura	Kreide	Paläozän Eozän	Oligozän
251–199	199–145,5	145,5–65,5	65,5–37	37–25

DICROIDIUM

Palmfarne und Nadelbäume entfalten sich. Ginkgos (*Ginkgo* und *Baiera*) und Araukarien erscheinen.

BETULITES

Bedecktsamer überwiegen. Palmen erscheinen. Nachweis des Laub abwerfenden Urweltmammutbaums.

Aufbau eines Baums

Wie alle lebenden Organismen ist ein Baum komplex aufgebaut. Anders als die meisten Tiere sind Bäume jedoch statische Organismen. Sie produzieren unter Ausnutzung des Sonnenlichts Bau- und Speicherstoffe und nehmen über die Wurzeln Wasser auf.

Bäume benötigen Nährstoffe und Mineralien, um zu wachsen. Anders als viele andere Pflanzen sind sie langlebig. Die meisten Bäume können Jahrzehnte alt werden, manche sogar Jahrhunderte. Jedes Jahr bilden sie eine weitere Wachstumsschicht aus. In Stamm und Zweigen wird festes Holz gebildet, das die Pflanze stützt. Die Wurzeln breiten sich im Boden aus, um den Baum zu verankern. Sie verzweigen sich zu unzähligen Wurzelhaaren, um möglichst viel Wasser und Mineralstoffe aufnehmen zu können. Bei vielen Arten findet die Fortpflanzung durch die Bestäubung der Blüten statt, aus denen sich Früchte mit Samen entwickeln.

TEILE EINES BAUMS

Alle Bäume bestehen aus Wurzeln, Stamm, Ästen, Blättern und Blüten. Diese Teile unterscheiden sich bei den verschiedenen Arten jedoch stark.

An der Basis geht der Stamm in die Wurzeln über, die ihn im Boden verankern.

Der Stamm wächst länger und gerader, wenn die Bäume dicht stehen.

Die Rinde ist weiter oben am Baum glatter.

Die Rinde an der Basis des Baums ist rau und oft aufgesprungen.

Wenn der Baum wächst, bleiben die Äste in derselben Höhe über dem Boden und werden jedes Jahr dicker.

STAMM UND RINDE

Dank des aufrechten Stamms kann das Licht die Blätter erreichen. Spezielle Leitsysteme im Holz leiten Wasser und Nährstoffe zu den Blättern und Zucker zu allen Teilen der Pflanze. Das Kernholz verleiht Stabilität. Die Rinde, die glatt, rau oder aufgesprungen sein kann, schützt gegen Witterung sowie vor Krankheiten, Insektenbefall und anderen Tieren.

WURZELN

Die Wurzeln verankern den Baum im Boden, sodass er aufrecht wachsen kann. Mit ihnen nimmt er Wasser und Mineralstoffe auf, um wachsen und sich fortpflanzen zu können. Anders als oft angenommen wird, spiegelt das Wurzelsystem nicht die Äste eines Baums wider. Die Wurzeln reichen selten sehr tief in den Boden oder das Grundgestein. Oft reichen sie seitlich aber weit über die Baumkrone hinaus.

RISSIGE RINDE

Korkschicht

Tiefe Sprünge

RAUE RINDE

Blattknospe

Nadelförmige Blätter

NADELBAUM

Große Blattoberfläche

ÄSTE

Dadurch, dass die Äste sich seitlich ausbreiten und verzweigen, können die Blätter möglichst viel Sonnenlicht auffangen. Sie entspringen am Stamm und haben eine ähnliche Innenstruktur und Rinde. Weit abstehende Äste stabilisieren sich selbst, indem sie an der Unterseite eine zusätzliche Holzschicht bilden.

BLÄTTER

Grüne Blätter (bei Laubbäumen) oder Nadeln (die an Trockenheit angepassten Blätter der Nadelbäume und anderer Arten, die an extrem trockenen Standorten wachsen) sind die Orte der Fotosynthese (der Produktion von Bau- und Speicherstoffen aus Kohlendioxid und Wasser unter Ausnutzung von Sonnenlicht) und der Transpiration (Wasserverdunstung). Chlorophyll, das grüne Pigment in den Blättern, verwandelt Mineralstoffe und Wasser aus dem Boden und Kohlendioxid aus der Luft unter Ausnutzung des Sonnenlichts in Zucker und Stärke (siehe auch S. 20–21).

LAUBBAUM

Blätter und Blüten entwickeln sich in jedem Frühjahr aus Knospen.

Im Sommer haben Laub abwerfende Bäume ein dichtes Blätterdach. Im Herbst werfen sie ihr Laub ab.

Weibliche Blüte

Männliche Blüte

ERLENKÄTZCHEN

FRÜCHTE

Früchte entwickeln sich aus den befruchteten weiblichen Teilen der Blüte. Sie können weich und fleischig oder hart und trocken sein. Bei Nadelbäumen entwickeln sich statt der Frucht Zapfen, die die Samen enthalten. Die Verbreitung der Samen geschieht auf verschiedene Weise: Früchte können von Vögeln oder anderen Tieren gefressen und die Samen fallen gelassen oder mit dem Kot abgesetzt werden. Andere Früchte und Samen verbreitet der Wind oder sie bleiben im Fell von Tieren hängen.

Junge Frucht

PFIRSICHE

BLÜTEN

Die Blüten sind die Orte der sexuellen Fortpflanzung. Sie haben verschiedenste Farben, Formen und Gerüche und manche sind speziell daran angepasst, Bestäuber anzulocken. Pollen kann von Insekten oder vom Wind von einer Blüte zur anderen transportiert werden. Männliche und weibliche Blütenteile können in einer einzigen Blüte oder in getrennten Blüten stehen.

Auffällige Blütenblätter

MAGNOLIE

Wie Bäume funktionieren

Wachstum und Fortpflanzung sind die wichtigsten Funktionen eines Baums. Dafür ist eine ständige Nährstoff- und Wasserversorgung nötig, die alle Teile des Baums erreichen muss. Ein wesentlicher Bestandteil dieses komplizierten Prozesses ist die Fotosynthese.

Das Wachstum wird von drei Phänomenen beeinflusst: Geotropismus (Reaktion auf die Schwerkraft) lässt Triebe nach oben und Wurzeln nach unten wachsen. Fototropismus (Reaktion auf Licht) beeinflusst die Ausrichtung der Blätter und bewirkt, dass Wurzeln vom Licht weg wachsen. Hydrotropismus (Reaktion auf Wasser im Boden) beeinflusst die Richtung des Wurzelwachstums.

Wie Bäume Bau- und Speicherstoffe produzieren

Bei der Fotosynthese erzeugt der Baum Bau- und Speicherstoffe. Sie findet in den Blättern statt. Die Endprodukte sind Kohlenhydrate (wie Glukose und Stärke) und Zellulose, die aus Kohlendioxid aus der Luft und Wasser erzeugt werden. Das Licht der Sonne liefert die Energie für diesen Prozess. Fotosynthese kann nur stattfinden, wenn Chlorophyll vorhanden ist, ein grünes Pigment in den Chloroplasten der Blattzellen. Die Zuckermoleküle werden zu allen Teilen des Baums transportiert. In den Wurzelspitzen reichern sie sich an, der Zuckergehalt ist dort höher als der im umgebenden Boden. Damit ein osmotisches

BLATTADERN
Im Netz aus Adern (auch Nerven genannt) an den Unterseiten der Blätter werden die Produkte der Fotosynthese transportiert.

WIE FOTOSYNTHESE FUNKTIONIERT
Fotosynthese findet vor allem in den Blättern statt. Bei diesem Prozess werden Kohlendioxid und Wasserstoff in Kohlenhydrate umgewandelt, die die Bau- und Speicherstoffe des Baums sind. Dabei wird Sauerstoff frei, der in die Atmosphäre abgegeben wird.

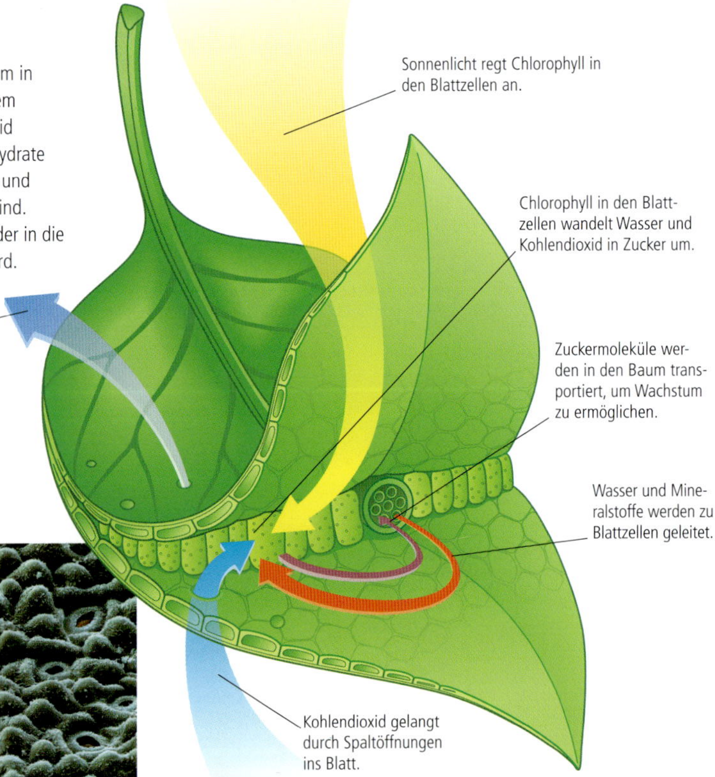

Sauerstoff wird als Nebenprodukt durch die Spaltöffnungen abgegeben.

Sonnenlicht regt Chlorophyll in den Blattzellen an.

Chlorophyll in den Blattzellen wandelt Wasser und Kohlendioxid in Zucker um.

Zuckermoleküle werden in den Baum transportiert, um Wachstum zu ermöglichen.

Wasser und Mineralstoffe werden zu Blattzellen geleitet.

SPALTÖFFNUNGEN EINES EUKALYPTUS

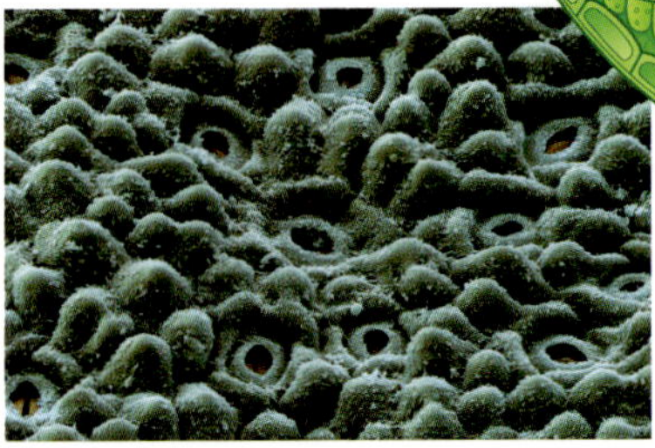

Kohlendioxid gelangt durch Spaltöffnungen ins Blatt.

ZIRKULATION

Der Transport von Bau- und Speicherstoffen und Wasser zwischen Blättern und Wurzeln ist ein komplizierter Prozess. Die wichtigsten Bestandteile dieses Systems (unten schematisch dargestellt) sind Xylemgefäße, die Wasser und Mineralstoffe transportieren, und Phloemgefäße, die vor allem Zucker transportieren. Diese Gefäße befinden sich in den Blattadern und den Wachstumsschichten im Holz des Stamms und der Äste.

Rinde – die äußere Schutzschicht

Phloem – Teil des Holzes, der Zucker aus den Blättern zur Wurzel und umgekehrt transportiert.

Kernholz – der älteste Teil des Stamms

Xylem – der Teil des Holzes, der Wasser und Mineralstoffe aus den Wurzeln transportiert.

Kambium – Schicht aus teilungsfähigen Zellen, die neues Xylem und Phloem bilden.

JAHRESRINGE

Jedes Jahr entsteht während der Wachstumsperiode eine neue Xylemschicht, die einen Jahresring bildet.

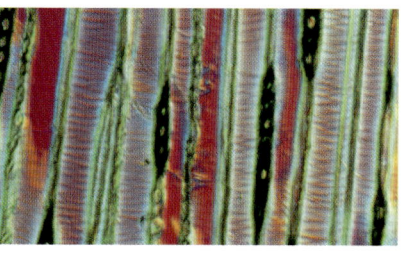

XYLEMGEFÄSSE IM AST EINER KIEFER

Gleichgewicht aufrechterhalten wird, tritt Wasser durch die Zellwände in die Wurzel ein. Von den Blättern wird hingegen ständig Wasser abgegeben. Durch diesen Transpirationsstrom erreicht das mineralienreiche Wasser aus dem Boden die Blätter und steht für die Fotosynthese zur Verfügung.

Boden und Luft

Ein Baum benötigt Mineralstoffe, die er in gelöster Form mit den Wurzeln aus dem Boden aufnimmt. Sie werden durch das Xylem nach oben transportiert (siehe oben). Überschüssiges Wasser wird durch Spaltöffnungen in der Oberfläche der Blätter (Stomata) und Poren junger Triebe (Lentizellen) abgegeben.

Das für Pflanzen wichtigste Element ist Stickstoff. Blätter absorbieren Wasserstoff, Kohlenstoff und Sauerstoff aus der Luft, Stickstoff jedoch kann nicht auf diese Weise aufgenommen werden. Stickstoffoxide entstehen bei Gewittern und gelangen mit dem Regenwasser als Nitrat in den Boden. Dieses kann von Pflanzen aufgenommen werden. Einige Pflanzenarten beherbergen in ihren Wurzeln Bakterien, die Stickstoff aus der Luft in eine aufnahmefähige Form umwandeln. Fallen tote Blätter auf den Boden und verrotten, werden Nährstoffe wieder freigesetzt und umgewandelt. Schließlich werden sie vom Wurzelsystem wieder aufgenommen.

KNORRIGE RINDE

Die äußerste Schicht eines Stamms besteht aus toten Zellen, die bei jeder Baumart typisch aussehen. Die Rinde schützt den Baum und enthält kleine Poren, durch die Gase ein- und austreten können.

Fortpflanzung

Die sexuelle Fortpflanzung der Bäume läuft in drei Schritten ab: dem Entlassen der Pollen, der Befruchtung sowie der Samenverbreitung. Dabei haben sie viele Tricks entwickelt, um die Chancen für erfolgreiche Fortpflanzung zu erhöhen. Sie können sich aber auch vegetativ vermehren.

Bestäubung

Die meisten Bäume sind entweder Nacktsamer (Nadelbäume) oder Bedecktsamer (Bäume, die Früchte bilden). Bei Nadelbäumen befinden sich getrennte männliche und weibliche Blütenstände am selben Baum. Die Bestäubung geschieht durch den Wind. Die männlichen Blüten sind kleine zapfenähnliche Gebilde, deren Staubblätter im zeitigen Frühjahr Massen von Pollen entlassen. Die weiblichen Blütenstände sind Miniaturausgaben der reifen Zapfen. Bei Bedecktsamern gibt es verschiedenste Blütentypen, die durch den Wind oder Insekten sowie andere Tiere bestäubt werden: Bei manchen sind die Bäume männlich oder weiblich (Zweihäusigkeit). Bei anderen erscheinen männliche und weibliche Blüten am selben Baum (Einhäusigkeit). Sie können zweigeschlechtlich sein, oder männliche und weibliche Blüten stehen getrennt.

ZWEIHÄUSIGKEIT
Die Stechpalme (*Ilex aquifolium*), eine zweihäusige Pflanze, ist entweder männlich oder wie in diesem Fall weiblich und bringt Beeren hervor.

EINHÄUSIGKEIT
Die meisten Nadelbäume bringen männliche und weibliche Blütenstände am selben Baum hervor wie die Wald-Kiefer (*Pinus sylvestris*).

Männliche Blüte

Weibliche Blüte

ZWEIGESCHLECHTLICH
Apfelblüten (*Malus*) sind zweigeschlechtlich mit männlichen und weiblichen Blütenteilen.

BIENE AUF BLÜTE
Während das Insekt in der Blüte nach Nektar sucht, bleibt Pollen an ihm hängen und wird zur nächsten Blüte transportiert.

VERBREITUNG DURCH VÖGEL
Für Vögel sind Beeren eine nahrhafte Mahlzeit. Im Gegenzug verbreiten sie beim Fressen die Samen.

WASSERVERBREITUNG
Einer der größten Samen, die Kokosnuss, wird mit dem Wasser Hunderte Kilometer weit verbreitet.

WINDVERBREITUNG
Je nach Temperatur und Luftfeuchte öffnen sich die Zapfen und entlassen die Samen, die der Wind verbreitet.

Verbreitung von Samen

Samen von Nadelbäumen werden oft durch den Wind verbreitet. Zapfen öffnen sich bei einer bestimmten Temperatur und Luftfeuchtigkeit und entlassen über einen längeren Zeitraum geflügelte Samen. So haben manche von ihnen ideale Bedingungen, um zu keimen. Die Samen mancher Kiefern verbleiben im Zapfen, bis dieser auf den Boden fällt und von Tieren forttransportiert wird. Andere Nadelbäume profitieren von Waldbränden. Die Zapfen überstehen die Hitze und öffnen sich nach dem Brand, wenn der mit Asche angereicherte Boden abgekühlt ist. Bei Laubbäumen gibt es unterschiedliche Wege der Samenverbreitung. Manche Früchte müssen von Vögeln oder anderen Tieren verdaut werden, bevor die Samen fähig sind zu keimen. Andere werden von Tieren fortgetragen, vergraben und dann vergessen, sodass sie keimen können. Geflügelte Samen werden vom Mutterbaum fortgetragen. Andere wie Erlenzapfen schwimmen. Auch viele große Früchte schwimmen. Die Kokosnuss etwa kann auf dem Meer sehr weite Entfernungen zurücklegen.

Vegetative Vermehrung

Manche Bäume besitzen die Fähigkeit, sich vegetativ, d. h. ungeschlechtlich, zu vermehren. Die Zweige schlagen Wurzeln, wenn sie die Erde berühren oder der Baum bildet Ausläufer. Dabei senden Wurzeln in einiger Entfernung zur Mutterpflanze Triebe nach oben, aus denen neue Bäume wachsen. Einige Bäume in Feuchtgebieten vermehren sich, indem Stücke von ihnen abbrechen. So brechen z. B. die Zweige der Bruch-Weide (*Salix fragilis*) leicht ab und wachsen im feuchtem Schlamm an.

AUSLÄUFER
Da ständig neue Triebe vom Wurzelsystem austreiben, besteht dieses Pappelgehölz (unten) in Wirklichkeit aus vielen Stämmen eines einzigen Elternbaums.

WURZELN SCHLAGEN
Die unteren Äste einiger Bäume können Wurzeln schlagen, wenn sie mit dem Boden in Kontakt kommen. Der Mangrovebaum (*Rhizophora mangle*) oben ist dafür ein Beispiel.

Wälder der Erde

Die Ausbreitung der Waldgebiete der Erde beruht auf fortwährender Evolution. Arten etablieren sich bei geeigneten klimatischen und geografischen Bedingungen. Die Einteilung der Waldzonen orientiert sich an den Breitengraden, es gibt jedoch viele Ausnahmen und Grenzfälle.

Es gibt vier Waldzonen (siehe unten) und innerhalb derer zahlreiche Landschaftsformen und Mikroklimate, die die Vegetation beeinflussen. In Zonen, in denen extreme Bedingungen herrschen, bilden sich untypische Landschaftsformen wie baumlose Sümpfe und Wüsten. Auf der Nordhalbkugel und um den Äquator beeinflussen die Niederschläge die Ausbreitung der Bäume. In Kalifornien beispielsweise regnet es vor allem im Winter. Wird das Wasser im Boden und Grundgestein gespeichert, können Bäume die Sommermonate überstehen. Wenn nicht, entsteht eine baumlose Wüste. Schneefall im Atlasgebirge in Nordafrika lässt Nadelwälder gedeihen, die anderswo in Afrika nicht überleben könnten.

Auf der Südhalbkugel ist die Ausbreitung der Zonen komplexer und weniger einheitlich. Die riesige Ausdehnung der Ozeane wird hier nur von drei großen Landmassen unterbrochen. Diese sind vielfältig, es gibt Gebirge sowie sehr heiße Regionen. Gebirge und Küsten beeinflussen das Klima und damit die Verbreitung der Arten. Die Zone gemäßigter Laubwälder in Südaustralien etwa unterscheidet sich stark von entsprechenden Zone in Europa.

ZONIERUNG DER WÄLDER DER ERDE
Die Waldgebiete der Erde kann man sehr grob in vier Hauptzonen unterteilen, die von fast baumlosen Gebieten wie Gebirgen, Kältewüsten und Steppen unterbrochen werden.

WALDZONEN

Boreale Nadelwälder
Bedecken große Teile Kanadas, Skandinaviens und Russlands und einige Gebirgsregionen. Nadelbäume sind gut an strenge Winter angepasst.

Gemäßigte Laubwälder
Die Baumarten tolerieren kalte Jahreszeiten. Auf der Nordhalbkugel sind sie südlich der borealen Nadelwälder zu finden.

Tropische und subtropische Laubwälder
Umfassen alle tropischen Waldgebiete mit Ausnahme der Regenwälder. Diese vielfältige Kategorie beinhaltet viele Baumarten, die auch in anderen Zonen gedeihen.

Tropische Regenwälder
Die immergrünen Pflanzen gedeihen nur in Regionen, wo die Luftfeuchtigkeit fast 100 % beträgt, z. B. in Westafrika und Teilen Südamerikas, Südostasiens und Indiens.

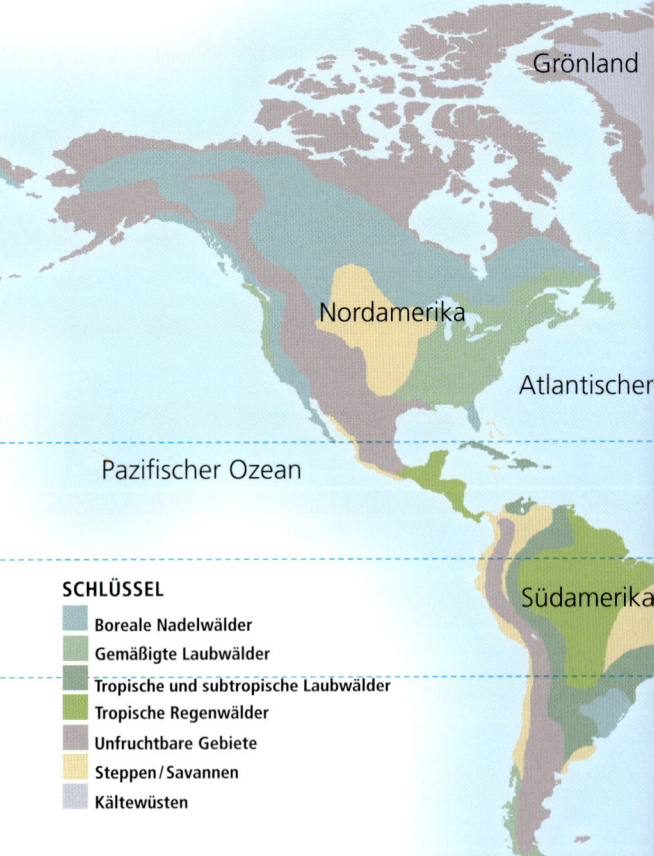

SCHLÜSSEL
- Boreale Nadelwälder
- Gemäßigte Laubwälder
- Tropische und subtropische Laubwälder
- Tropische Regenwälder
- Unfruchtbare Gebiete
- Steppen/Savannen
- Kältewüsten

NADELWÄLDER
Tannen, Kiefern, Zedern und Fichten, die ihres Holzes
wegen stark ausgebeutet werden, sind typische Arten
der Nadelwälder der Erde.

GEMÄSSIGTE LAUBWÄLDER
Laub abwerfende und immergrüne Bäume, die in
verschiedener Weise daran angepasst sind, kalte Jahreszeiten zu überstehen, bedecken sowohl auf der Nord-
als auch auf der Südhalbkugel große Gebiete.

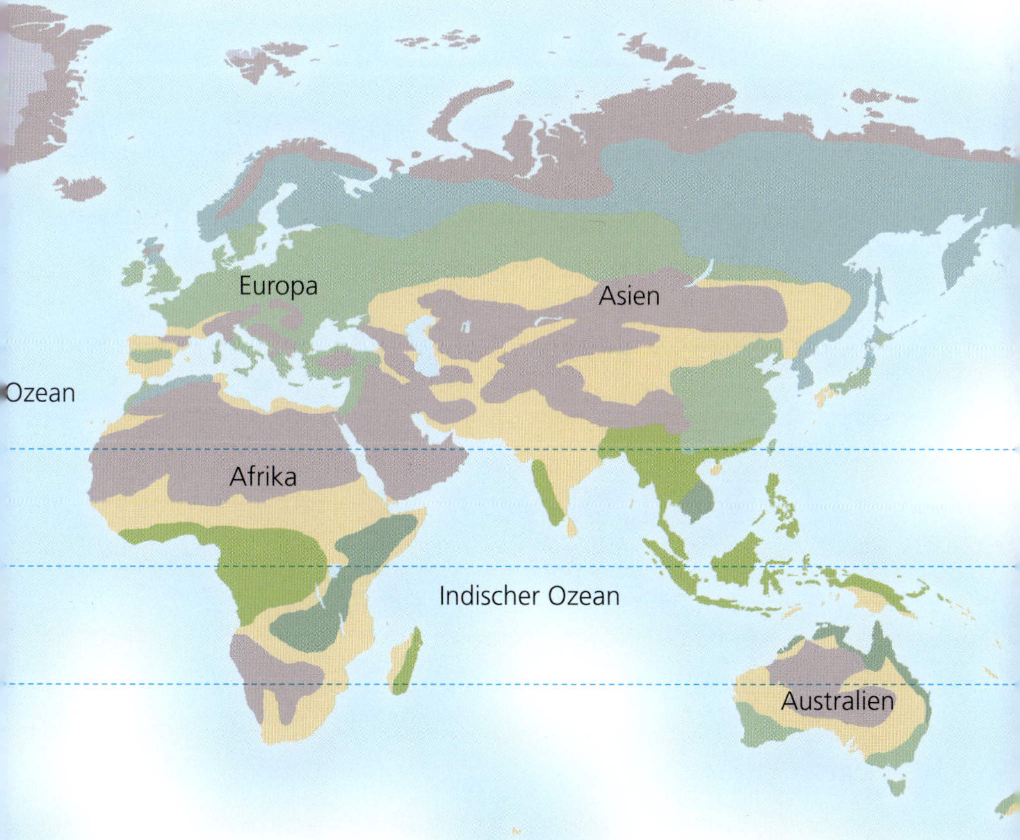

Europa

Asien

Ozean

Afrika

Indischer Ozean

Australien

Nadelwälder

Nadelbäume waren einst die vorherrschenden Bäume der Erde. Sie wurden von Laubbäumen verdrängt, die sich in gemäßigtem und warmem Klima verbreiteten. Nadelwälder dominieren heute nur in kalten, trockenen Regionen und in Gebirgen.

Kälte überstehen

Ursprüngliche Nadelbäume konnten in der Konkurrenz um Licht mit den großen, flachen Blättern der neuen Laubbaumarten nicht bestehen. Sie wuchsen in die Höhe und überragten das Blätterdach, aber so boten sie den Laubbäumen Schutz, sodass diese mit ihnen aufholten. Andererseits haben Nadelbäume den Vorteil, dass ihre schmalen, oft mit Wachs be-deckten Blätter die Feuchtigkeit gut speichern können. Sie überlebten, indem sie in kältere, trockenere Gebiete wie die nördlichen Polarregionen und in die Gebirge auswichen.

NADELN
Zweig der Amerikanischen Lärche (*Larix laricina*) mit Zapfen und nadelförmigen Blättern, die an kalte Winter angepasst sind.

Nadelbäume heute

In kalten, subarktischen Regionen bilden schmalkronige Fichten und strauchförmige Wacholder die Wälder. Im Gebirge wachsen Berg-Kiefern bis zur Schneegrenze. Dichte Wälder mit Kiefern und Weiß-Tannen (*Abies alba*) findet man in Deutschland im Schwarzwald,

SCHWARZWALD
Dicht stehende Nadelbäume sind typisch für Nadelwälder der gemäßigten Breiten wie den Schwarzwald (siehe unten).

DIE JAHRESZEITEN ÜBERSTEHEN

Ausgedehnte Nadelwälder mit Tannen, Fichten und Kiefern bedecken die Gebirgszüge der Rocky Mountains in Nordamerika. Sie überstehen auch die strengen Winter in Alaska.

außerdem im Kaukasus und in Asien. Kiefernwälder gedeihen im Nordwesten der Vereinigten Staaten und an der Pazifikküste. Nadelbäume sind genetisch an ein bestimmtes Klima angepasst. Um zu überleben, müssen sie mindestens zwei Monate im Jahr wachsen können. Aber winterharte Arten brauchen auch eine Kälteperiode, in der sie ruhen. Im Süden gedeihen alpine Arten nicht, denn sie fangen in kurzen warmen Winterperioden zu wachsen an und werden dann durch Fröste geschädigt. Südliche Arten, die nach Norden migriert sind, beginnen zu spät zu wachsen und können ihr Wachstum vor dem Winter nicht abschließen.

SAURER REGEN

Schwefeldioxid und Stickoxide, die bei der Verbrennung von Kohle und Öl entstehen, verbinden sich mit Regentropfen zu gelösten Säuren. In hoher Konzentration können diese Säuren Pflanzen und Tiere töten, Boden und Wasser versauern. Nadelwälder in Skandinavien sind von saurem Regen besonders betroffen.

SCHÄDEN DURCH SAUREN REGEN

WÄLDER DER ERDE

Nord- und Südamerika

Ein gewaltiger Waldgürtel reicht von Alaska bis Labrador. Mammutbaum-Arten (*Sequoia*) wachsen im Westen der USA. Die Chilenische Araukarie (*Araucaria araucana*) kommt in Argentinien und Chile in freier Natur vor.

Asien

Große Gebiete Russlands sind von dichten Fichten- und Kiefernwäldern bedeckt, vor allem der Sibirischen Fichte (*Picea obovata*). Für Japan charakteristisch sind die Japanische Sicheltanne (*Cryptomeria japonica*) und die Japanische Lärche (*Larix kaempferi*).

SEQUOIA

Europa

In Nordeuropa gedeihen riesige Kiefern- und Fichtenwälder. Nadelbäume erstrecken sich südlich bis in die Laubwaldzone, die Strand-Kiefer (*Pinus pinaster*) etwa bis ins Mittelmeergebiet.

Gemäßigte Laubwälder

Laubbäume gemäßigter Klimazonen entwickelten sich aus tropischen Baumarten. Während trockener Perioden warfen einige der Bäume an den Rändern der Tropen ihr Laub ab. Dies ist eine Überlebensstrategie, wenn die Niederschläge zu bestimmten Zeiten zu gering sind.

Laubbäume der Erde

Laubbäume entwickelten eine Überlebensstrategie, indem sie ihr Laub in niederschlagsarmen Jahreszeiten abwerfen. Manche immergrünen Arten überstehen Trockenperioden, indem sie die Transpiration vermindern. Sie bilden eine Wachsschicht auf den Blättern aus oder verkleinern die Blattoberfläche. In Mischwäldern mit Laub abwerfenden Bäumen gibt es oft ein Unterholz aus Immergrünen wie Buchsbaum und Stechpalme, die im Winter, wenn die großen Bäume kahl sind, viel Licht aufnehmen können. Die Zone gemäßigter Laubwälder erstreckt sich über den Osten der USA und in Europa

BUCHENWÄLDER
Wo Rot-Buchen im Wald dominieren, beschatten sie oft konkurrierende Baumarten. Letztendlich überleben nur alte Buchen.

von Großbritannien bis Russland. Auch in China und Japan bedeckt sie große Gebiete. Auf der Südhalbkugel gehören zu dieser Zone die temperierten Regenwälder Argentiniens und Chiles, südliche Regionen Australiens und Teile der Südinsel Neuseelands.

AHORNBLÄTTER
Im Herbst verändern sich die Pigmente in den Blättern, bevor diese abgeworfen werden. Das Laub leuchtet in vielen warmen Farbtönen.

WÄLDER FÜR DAS WILD

In vielen Teilen der Erde, besonders in nordeuropäischen Ländern, wurden Laubwälder als Jagd- und Rückzugsgebiete für Wild wie Hirsche und Wildschweine erhalten. Traditionellerweise trieb man Schweine zur Bucheckern- und Eichelmast in die Wälder, bevor sie geschlachtet wurden.

WAPITI AUF EINER WALDLICHTUNG

Laubwälder in hohen Lagen

In einigen tropischen Gebieten entwickelten sich in hoch gelegenen Regionen unter den kühleren Bedingungen Inseln gemäßigter Laubwälder. In Südaustralien gibt es Eukalyptuswälder aus schlanken, bis 60 m hohen Bäumen. Ihre Blätter hängen herab, sodass nicht die ganze Fläche von der Sonne beschienen wird. So bleiben sie kühl und das Licht dringt durch das Blätterdach.

PRÄCHTIGE HERBSTFÄRBUNG

In Neuengland bieten große Laubwälder mit Ahorn, Hickorynuss, Hainbuche und Espe jedes Jahr im Herbst ein farbenprächtiges Schauspiel, das den Wechsel der Jahreszeiten ankündigt.

WALDTYPEN

Buchenwälder

Buchenwälder kommen in warm gemäßigten Zonen vor und benötigen Licht. Sie unterdrücken andere Bäume.

Birken-Erlen-Wälder

Sie wachsen in kühlem Klima auf armen Böden. Birken gedeihen auf der Nordhalbkugel bis zur Tundra. Erlen besiedeln Sümpfe, indem sie mithilfe von Bakterien in den Wurzelknöllchen Stickstoff fixieren.

Eukalyptuswälder

In Australien bilden kältetolerante Arten südlich der Tropen dichte Wälder. In Tasmanien tolerieren manche Schnee.

Eichenwälder

In Amerika, Europa und Asien gibt es Wälder mit verschiedenen Eichenarten. Zusammen mit anderen Baumarten bilden sie vielfältige Ökosysteme.

Südbuchenwälder

In Chile und Argentinien bildet die Südbuche (*Nothofagus* sp.) dichte Wälder. Kleinere Wälder bestehen in Neuseeland.

Tropische Laubwälder

Unter dieser Kategorie werden verschiedene Wälder zusammengefasst, die in den Tropen und Subtropen mit Ausnahme der Regenwaldgebiete und unfruchtbarer Regionen vorkommen. Die Baumarten dieser Wälder sind an unterschiedlichste Standorte und Klimate angepasst.

LAUBWÄLDER DER TROPEN UND SUBTROPEN

Kontinentale Wälder

Dieser Waldtyp kommt in heißen, trockenen Regionen wie in Australien und Afrika vor.

Monsunwälder

Sie gedeihen in Indien, Myanmar, Laos, Thailand, Kambodscha, auf Sumatra und Java.

Tropenwälder an der Küste

Diese Wälder kommen auf den Pazifikinseln und in Nordostaustralien vor.

Galeriewälder

Sie bilden sich in tiefen Flusstälern mit Gischt und hoher Luftfeuchtigkeit aus.

Subtropische Regenwälder

Sie kommen in Florida, im Hochland Brasiliens und im Großen Australischen Scheidegebirge vor.

Dornbaumwälder

Sie gibt es in Brasilien, Paraguay und an den Küsten von Texas und Mexiko.

Unterschiedliche Einflüsse

Das Klima, in dem diese Laubwälder gedeihen, ähnelt dem tropischer Regenwälder. Der Unterschied ist, dass es eine trockene Jahreszeit gibt, in der die Bäume das Wachstum einstellen und eine Ruhephase einlegen. Laubbäume werfen ihre Blätter ab. Immergrüne durchlaufen eine Ruheperiode, was man im Holz an den Jahresringen erkennen kann, die durch abwechselnd langsamen und schnellen Wuchs entstehen.

Die Klassifizierung dieses Waldtyps ist schwierig, denn es gibt viele Übergangsgebiete, vor allem an den kühleren Rändern der Regenwälder oder wo der Wald ans Meer grenzt. Tropenwälder an Meeresküsten sind meist immergrün mit nicht geschlossenem Blätterdach und weiteren Stockwerken wie einer Strauch- und Krautschicht. Seenebel mildern den Wassermangel. In Sümpfen bilden Mangrovebäume (*Rhizophora mangle*) schnell Dickichte aus Stämmen und Wurzeln.

SPÄRLICHER BAUMBESTAND

In unwirtlichen Regionen, wo extreme Hitze und Trockenheit auftreten, ist der Baumbestand spärlich. Nur einige Arten wie Akazien gedeihen hier.

EINE GIRAFFE PFLÜCKT AKAZIENBLÄTTER AB.

DICHTE TROPISCHE EUKALYPTUSWÄLDER
Da die Eukalyptusblätter leicht brennen, sind die Bäume anfällig für Waldbrände. Ihre Gegenstrategie: Verborgene Knospen im Stumpf treiben aus, wenn das Feuer erloschen ist.

Die Trockenheit überstehen

Kontinentale Wälder der Tropen und Subtropen müssen eine trockene Jahreszeit überstehen. Viele Bäume haben unter diesem Selektionsdruck kleine Blätter entwickelt, die durch dichte Behaarung geschützt sind. Andere haben ihre Blattfläche stark reduziert, um die Verdunstung zu vermindern. Ein Beispiel ist das Eisenholz (*Casuarina equisetifolia*), das mit seinen schlanken Zweigen und schuppenförmigen Blättern einem Schachtelhalm ähnelt. Tropische Eukalyptusarten sind oft mit dieser Art vergesellschaftet. Monsunwälder bilden sich in tropischem Klima aus, das sich durch Perioden hoher Niederschläge auszeichnet. Typische Arten sind Echtes Ebenholz (*Diospyros ebenum*) und Sagopalme (*Met-roxylon sago*). Galeriewälder können sich in Flusstälern ausbilden, wo häufig günstigere Bedingungen herrschen als im oft trockenen Umland. Subtropischer Regenwald bildet sich oft in höheren Lagen aus als tropischer Regenwald (siehe S. 32–33).

Die meist Laub abwerfenden Dornbaumwälder treten zwischen dichtem Baumbewuchs und Halbwüsten auf, wo es lange heiße, trockene Perioden gibt. Im Boden verbleibt ausreichend Feuchtigkeit und die Bäume stehen dicht, um besser geschützt zu sein. Arten, die hier gedeihen, sind der Johannisbrotbaum (*Ceratonia siliqua*) und der Affenbrotbaum (*Adansonia digitata*).

EUKALYPTUSBLÄTTER
Die graugrünen, mit Wachs überzogenen Blätter dieser Eukalyptusart sind eine Anpassung an Hitze und Trockenheit.

TIERWELT IN EUKALYPTUSWÄLDERN

Tropische Eukalyptusarten gehören zu den erfolgreichsten Bäumen. Es gibt über 500 Arten und 150 Varietäten. Fast alle kommen in Australien vor. Hier sind ihre aromatischen Blätter die Hauptnahrung der Koalas. Eukalyptusblätter sind nicht sehr nährstoffreich. Die baumbewohnenden Beuteltiere haben jedoch einen sehr geringen Energieverbrauch und ruhen bis zu 18 Stunden am Tag in den Ästen.

EIN KOALA FRISST EUKALYPTUSBLÄTTER.

Tropische Regenwälder

Üppiger tropischer Regenwald ist eine artenreiche immergrüne Pflanzengemein-
schaft. Er kommt in Äquatorregionen vor, wo hohe Luftfeuchtigkeit und konstant
warme Temperaturen herrschen. Es gibt keine Trockenzeiten und die Pflanzen
wachsen das ganze Jahr.

Einzigartige Ökosysteme

Regenwälder beherbergen eine erstaunliche
Vielfalt an Pflanzen. Schnellwüchsigkeit ist
eine wesentliche Eigenschaft in der Konkurrenz um Licht. Typisch für Regenwaldbäume
sind lange Stämme ohne Seitenäste und eine

schmale Krone, die sich in ein geschlossenes
Blätterdach einfügt. Darunter wachsen kleinere Bäume und schattentolerante Sträucher.
Zahlreiche Kletterpflanzen wie Lianen erklim-
men die Bäume, und Orchideen und Farne
gedeihen auf dem dunklen Waldboden. Das
Ökosystem regeneriert sich selbst, solange es
intakt ist. Werden Gebiete verkleinert oder
zerstückelt oder einzelne Bäume entnommen, verändert sich das Mikroklima und viele
Arten verschwinden.

SÜDAMERIKANISCHER REGENWALD

Der Regenwald im Amazonasbecken ist größer als alle
anderen Regenwaldgebiete zusammen. Hier leben fast
die Hälfte aller Vogelarten der Erde. Die Bäume geben
enorme Mengen von Sauerstoff an die Atmosphäre ab.

TEAKHOLZ
Im Regenwald werden Baumarten wie Teakholz (*Tectona grandis*) enorm hoch, um zum Licht zu gelangen.

MAHAGONIBAUM
Mahagonibäume (*Swietenia* sp.), die im Regenwald dicht stehen, besitzen unten kaum Äste.

Das Ökosystem Regenwald

Regelmäßige Niederschläge und die Transpiration der Bäume sorgen für hohe Luftfeuchtigkeit. Durch die Fotosynthese werden enorme Sauerstoffmengen an die Atmosphäre abgegeben. Das gesamte Ökosystem speichert fixierten Kohlenstoff in riesigen Mengen. Obwohl kein Wassermangel herrscht, sind die Böden in Regenwäldern eher arm. Immergrüne Pflanzen produzieren kaum Laubstreu und die heftigen Niederschläge spülen Nährstoffe im blanken Boden, die nicht in Pflanzen gebunden sind, schnell weg.

ORCHIDEE
Viele Orchideen gedeihen im Regenwald. Manche Arten wachsen auf feuchter Baumrinde.

REGENWÄLDER DER ERDE

Afrika

Äquatorialer Regenwald bedeckt einen großen Teil des Kongobeckens und die Küste Guineas. Isolierte Gebiete bestehen in Sambia, am Indischen Ozean und im Osten Madagaskars.

Indischer Subkontinent

An den Westküsten Indiens und Sri Lankas gedeiht tropischer Regenwald im engen Sinn. Ähnliche Monsunwälder und äquatoriale Laubwälder bedecken die östlichen Ränder. Auch in Bangladesh gibt es Regenwald.

Südamerika

Das weltgrößte Regenwaldgebiet erstreckt sich im Amazonasbecken von der Atlantikküste bis zum Fuß der Anden. Es geht im Norden in Savannen und im Süden in tropische Laubwälder und Grasland über.

Südostasien

Ein Großteil dieses Gebiets war einst von Regenwald bedeckt, vor allem Sumatra, Borneo, Sulawesi und die Philippinen. In Myanmar wird Teakholz (*Tectona grandis*) noch kommerziell gepflanzt. Nachhaltig ist die Forstwirtschaft nur, wenn die Wälder sich regenerieren können oder wieder aufgeforstet werden.

KAUTSCHUKPLANTAGE

Regenwälder liefern der Industrie viele Rohstoffe wie Pflanzen für die Pharmaindustrie oder Kautschuk. Der Amazonas-Parakautschukbaum (*Hevea brasiliensis*) stammt aus dem Amazonas-Regenwald. Heute gibt es riesige Plantagen in Indien, Indonesien, Malaysia und anderen Äquatorialregionen. Der Saft des Baums ist der Latex. Wird die Rinde vorsichtig geschält, wird Latex abgegeben, ohne dass der Baum Schaden nimmt. Ein Baum kann 30 Jahre lang Latex in wirtschaftlich rentabler Menge produzieren.

GUMMIREIFEN   LATEXGEWINNUNG

Unfruchtbare Gebiete

In vielen unfruchtbaren Gebieten gedeihen Bäume trotz aller Widrigkeiten. Ihre Anpassung an solch unwirtliche Orte erscheinen uns bemerkenswert. Faktoren wie extreme Temperaturen, sumpfiger Boden oder Wind und Salz an Meeresküsten spielen hier eine Rolle.

Drei Pionierarten

Unter den Bäumen gibt es sogenannte Pionierarten, die daran angepasst sind, anderen Pflanzen den Weg zu bereiten. Pionierarten zeichnen sich durch frühe Reife, große Samenproduktion, schnellen Wuchs und eine relativ kurze Lebensdauer aus. Die Dreh-Kiefer (*Pinus contorta*) beispielsweise bringt nach nur sechs Jahren ihre ersten Zapfen mit fruchtbaren Samen hervor, und manche Pappeln wachsen in einem Jahr bis zu 6 m. Viele Pionierpflanzen bilden dichte Bestände. Birken etwa wachsen oft in Dickichten und bilden dann nur wenige Äste und schmale Kronen. Der Bir-

AN HITZE ANGEPASST
Die herabhängenden Blätter vieler Eukalyptusarten drehen sich seitlich, um die Fläche, die der Sonnenhitze ausgesetzt ist, so klein wie möglich zu halten.

kenbewuchs degeneriert erst nach 40–60 Jahren und bereitet robusteren Arten wie Eichen den Weg, deren Samen nur an geschützten Stellen keimen. Erlen keimen als Pionierpflanzen in sumpfigen Gebieten.

Extreme Temperaturen

Unfruchtbare Gebiete findet man oft dort, wo extreme Hitze oder Kälte vorherrschen. In kalten Regionen wie der arktischen Tundra, im Hochgebirge und in Mooren überleben einige widerstandsfähige Baumarten und dringen in neue, baumlose Gebiete vor, wenn sich die Gelegenheit bietet. Etwas wärmere Winter oder geschützte Stellen ermöglichen ihre Ausbreitung. Auch wenn durch Lawinen oder Erosion im Gebirge vegetationslose Stellen entstehen, können Samen hier keimen. Schutz bieten meist widerstandsfähige Sträucher wie Zwergweiden, Zwerg-Birke (*Betula nana*) oder Wacholdersträucher. Es entwickeln sich Gebüsche und schließlich Wald.

In heißen Regionen sind die Auslöser für den Bewuchs baumloser Halbwüsten Klimaabweichungen wie plötzliche Regenfälle oder zeitweilige Abkühlung. Tiere, die Baue graben, können Akazien-, Dornbusch- oder Palmensamen so das Keimen ermöglichen. Ob Bäume unter heißen Bedingungen überleben, hängt oft davon ab, ob sich eine dichte Gruppe etablieren kann, in der die Bäume sich gegenseitig Schutz vor der Sonne bieten. Bäume, die in Wüsten wachsen, sind schließlich auf ein Wurzelsystem angewiesen, das das Grundwasser erreicht und darauf, dass nachts Wasser im Blätterdach kondensiert und herabtropft.

»WÜSTENBÄUME«
Kakteen sind extrem an trockene Standorte angepasst. Die fleischigen Stämme speichern Wasser, die Blätter sind zu Dornen reduziert, um die Verdunstung zu minimieren.

AN KÄLTE ANGEPASST

Baumarten in kalten Klimaten wachsen langsam und besitzen kleine, harte Nadeln. Dicht stehende Bäume haben eine größere Chance zu überleben.

FESTKLAMMERN

Manche Bäume brauchen wenig Boden und wachsen in Felsspalten oder feuchten Hohlräumen – wie hier eine Akazie am Rand des Waimea-Canyon auf Kauai, Hawaii.

Bäume an der Küste

An Küsten kann Meerwasser, das im Boden versickert, Bäumen das Überleben erschweren. Die meisten Arten sterben bei hoher Salzkonzentration im Boden ab. Manche Pflanzen jedoch tolerieren Salz und besiedeln vegetationslose Stellen rasch. Salzige Gischt bremst zwar das Wachstum, lässt aber meist nicht alles absterben. Dem Meer zugewandte Triebe können jedoch absterben. Wie unter anderen unwirtlichen Bedingungen überleben hier nur Bäume, die an geschützten Stellen wachsen.

STEINIGER BODEN

Weihrauchbäume (*Boswellia sacra*) können in Steinwüsten überleben, weil zwischen der heißen Oberfläche und dem kalten Unterboden Feuchtigkeit kondensiert.

Bäume bestimmen

Viele Menschen können die häufigen Baumarten ihrer Heimatregion leicht bestimmen. Wenn man eine seltenere, unbekannte Art entdeckt oder auf Reisen ist, kann es jedoch hilfreich sein, bei der Bestimmung systematischer vorzugehen.

Im Gelände

Zuverlässliche Bestimmung erfordert genaues Beobachten. Sammeln Sie so viele Informationen wie möglich, indem Sie Notizen, Skizzen und Fotos machen. Pflücken Sie, sofern es erlaubt ist, einige Blätter, Blüten und Früchte. Auch altes Material, dass Sie vom Boden aufsammeln, kann hilfreich sein. Neben der unten beschriebenen Ausrüstung ist ein Fernglas nützlich, mit dem Sie Merkmale erkennen können, die außer Reichweite sind. Viele Ferngläser sind außerdem gute Lupen, wenn man sie umgekehrt verwendet.

Sie sollten sich außerdem ein detailliertes Bestimmungsbuch der Bäume zulegen, die in der Region vorkommen, für die Sie sich interessieren. Manche Bestimmungsbücher sind so aufgebaut, dass Sie die Bäume mit einem Schlüssel nach dem Ausschlussverfahren bestimmen können. Die Arten werden nach unterscheidenden Merkmalen in Gruppen unterteilt. Diese Gruppen werden wiederum unterteilt, bis Sie die Pflanze oder die Gruppe, zu der sie gehört, bestimmen können. Fotografien und Illustrationen sind beim Bestimmen eine wertvolle Hilfe.

VARIABLE GESTALT
Jede Baumart hat eine charakteristische Gestalt, wenn sie sich ungehindert entfalten kann. Diese kann jedoch stark verändert sein, etwa wenn die Bäume sehr dicht stehen. Dies wird bei der einzeln stehenden Buche (oben) im Vergleich zu einem Buchenwald (unten) deutlich.

NOTIZEN IM GELÄNDE

Wenn Sie unterwegs sind, um Bäume zu bestimmen, sollten Sie einiges an Ausrüstung mitnehmen. Sie benötigen ein Notizbuch, einen Bleistift und Farbstifte, um Ihre Beobachtung in Worte und Skizzen zu fassen. Um brauchbare Skizzen anzufertigen, müssen Sie kein Künstler sein. Mit einer Lupe können Sie Details auf Blättern wie Haare und Adern erkennen. Mit Wachskreiden und Papier können Sie Rubbelbilder der Rindenstruktur anfertigen. Wenn Sie Blätter oder Früchte nach Hause mitnehmen möchten, müssen Sie ausreichend Etiketten und Tüten bereithalten, um sie aufzubewahren. Mit einer Kamera können Sie Fotos vom Baum anfertigen.

EIN BAUM-DOSSIER
Mit detaillierten Notizen, Skizzen, Fotos und Beispielen von Blättern und Früchten können Sie die meisten Bäume – bis auf einige sehr ungewöhnliche Arten – bestimmen.

Systematische Beobachtung

Wenn Sie einen Baum nicht sofort identifizieren können, sollten Sie ihn systematisch bestimmen. Beobachten Sie und machen Sie Notizen zu jedem Merkmal: Rinde, Blätter, Früchte und Blüten (siehe unten). Notieren Sie auch die Größe und die Gestalt, obwohl diese kein sicheres Merkmal ist (siehe »Variable Gestalt« gegenüber). Weitere wichtige Informationen sind der Standort des Baums und der Lebensraum, in dem er wächst – etwa in offenem Parkland, an einem Gebirgshang oder in dichtem Wald. Notieren Sie auch andere Baumarten, die in der Nähe vorkommen.

Viele Baumliebhaber halten alle interessanten Bäume fest, die sie gesehen haben. Notizen, Fotos, Skizzen und Rubbelbilder der Rinde können auf faszinierende Weise »Begegnungen« mit Bäumen dokumentieren. Ebenfalls interessant sind die mit ihnen vergesellschafteten Vögel, Insekten und andere Tiere. Beobachten Sie Bäume in Ihrer Umgebung im Lauf der Jahreszeiten und über einen Zeitraum von mehreren Jahren.

BLÄTTER

Bei Blättern sollten Sie beobachten, um welchen Blatttyp es sich handelt und wie die Blätter am Trieb angeordnet sind. Sind die Blattränder glatt, gelappt oder gezähnt und welche Farbe haben Blattober- und -unterseite? Verwenden Sie eine Lupe, um feine Haare und Adern zu untersuchen. (Im Glossar finden Sie weitere Information zu Blatttypen.)

Ränder gelappt

In Büscheln stehend

Färbung kräftig grün

NADELN   **EINFACH**   **ZUSAMMENGESETZT**

RINDE

Die Rinde eines Baums verändert sich oft mit dem Alter. Dennoch ist sie ein wichtiges Merkmal. Notieren Sie Farbe und Textur, ob sie glatt, rissig oder schuppig ist. Fertigen Sie mit einer Wachskreide ein Rubbelbild an. Auch auf Harz, das an Verletzungen austritt, sollten Sie achten. Fügen Sie dem Baum aber selbst keine Verletzungen zu.

RISSIG   **GLATT**   **SCHUPPIG**

BLÜTEN

Farbe und Form der Blüten sind die offensichtlichsten Merkmale. Achten Sie jedoch auch auf die Anordnung – handelt es sich um einzeln stehende Blüten oder stehen sie in einem Blütenstand (siehe auch Glossar). Bei manchen Arten erscheinen männliche und weibliche Blüten am selben Baum, bei anderen an verschiedenen Bäumen.

TRAUBE   **EINZELN**   **BLÜTENSTAND**

FRÜCHTE

Früchte folgen den Blüten, deshalb sieht man sie selten gemeinsam. Es gibt verschiedene Fruchttypen. Notieren Sie Farbe, Form und Größe. Dann öffnen Sie, wenn möglich, eine Frucht und bestimmen Sie Zahl und Anordnung der Samen. Beachten Sie, dass sich Größe und Färbung im Lauf der Zeit oft stark verändern, wenn die Frucht am Baum reift.

STEINFRUCHT   **ZAPFEN**   **HÜLSE**

MIT BÄUMEN
LEBEN

Frühe Völker und Bäume

Vor mehr als zehn Millionen Jahren lebten unsere Vorfahren auf Bäumen, die ihnen Schutz und Nahrung boten. Vor fünf Millionen Jahren waren unsere Vorfahren uns bereits ähnlicher und liefen am Boden. Auf Bäume aber waren wir immer angewiesen.

Als wir Menschen uns aus affenähnlichen Säugetieren entwickelten, versorgten uns Bäume mit Nahrung und boten uns Schutz vor der Witterung und vor Raubtieren. Bäume waren die Quelle vielfältiger Nahrung. Sie boten Blätter, Früchte, Nüsse, Beeren und essbare Triebe. An 100 000 Jahre alten Neandertalerfundstätten fand man zahlreiche Baumsamen. Wälder sind außerdem der Lebensraum vieler Tiere, die gejagt wurden, von Eichhörnchen bis hin zu Hirschen und Wildschweinen.

Feuerholz
Frühe Völker beobachteten vielleicht, wie angenehm die Wärme eines Feuers war, das in der Natur ausgebrochen war. Sie sahen, wie die Flammen Raubtiere fernhielten und stellten fest, dass erlegtes Wild

LEBEN IN DEN BÄUMEN
Unsere nächsten lebenden Verwandten, die Schimpansen, sind noch Baumbewohner.

BÄUME ALS TRANSPORTMITTEL
Einbäume gibt es seit mehr als 8500 Jahren.

gebraten besser schmeckte. Frühe Beweise für ein absichtlich entfachtes Feuer, für das Holz gesammelt wurde, sind verkohlte Tierknochen und fossile Ascheschichten, die man in China am »Dragon Bone Hill« in Zhoukoudian nahe Peking fand. Die Fundstätte ist mehr als 400 000 Jahre alt. Sie stammt von der ausgestorbenen Menschenart *Homo erectus*. Vor 100 000 Jahren wärmten sich die ebenfalls ausgestorbenen Neandertaler während der Kälte der letzten Eiszeit an vielen Stellen in Europa an Holzfeuern.

Bäume boten Schutz
Vielleicht suchten unsere Vorfahren in Wäldern Schutz, wo erbarmungslose Sonne oder kalte Stürme von den Bäumen eher abgehalten wurden als in offenem Gelände. Bei Bilzingsleben in Deutschland fand man Spuren 400 000 Jahre alter Löcher. Vermutlich stammen sie von Pfosten, mit denen *Homo erectus* Schutz-

JAGD MIT PFEIL UND BOGEN
Diese Malerei aus einer Höhle bei Valltorta in Spanien ist über 12 000 Jahre
alt. Glücklicherweise erhalten sich Farbpigmente oft länger als die Holzgegen-
stände, die die Malereien abbilden.

hütten aus Holz errichtete. Vor 60 000 Jahren haben Neandertaler in
Moldawien vielleicht hüttenähnliche Schutzunterkünfte errichtet.
Vor 30 000 Jahren bauten Grimaldi- und Cro Magnon-Menschen,
europäische Gruppen unserer eigenen Art *Homo sapiens*,
aufwendigere Behausungen aus Holz, Mammutzähnen und
Tierhäuten. Überreste fand man unter anderem in Dolni
Vestonice in der Tschechischen Republik.

ANASAZI-AXT
An diesem fast 1000
Jahre alten Werkzeug sind
noch der hölzerne Schaft und
Riemen aus Weidenzweigen im
Original erhalten.

Holzwaffen

Vor der Steinzeit benutzten frühe Menschen wahrscheinlich Äste als Waffen. Steinartefakte wie Axtköpfe, Speer-
und Pfeilspitzen, die mit Holzstielen verbunden waren,
liefern Beweise für Waffen und andere Gegenstände
aus Holz. Auch auf prähistorischen Malereien sind diese
Waffen dargestellt. *Homo erectus* hat vermutlich vor
400 000 Jahren bei Schöningen in Deutschland Speere ge-
schleudert. Unweit entfernt, in Lehringen, gehörten zu den
Steinwerkzeugen der Neandertaler vielleicht Holzspeere.
Am Mount Carmel in Israel fanden sich 80 000 Jahre alte
Hinweise auf Holzspeere, die vom frühen *Homo sapiens*
stammen. Die Speerschleuder, die die Kraft verstärkte
und größere Reichweiten ermöglichte, tauchte vor
über 20 000 Jahren auf. Sie war vielleicht der Vorläu-
fer von Pfeil und Bogen. Pfeilspitzen aus Stein wurden in
Afrika vor 25 000 Jahren angefertigt, in Europa fand man
10 000 Jahre alte Stücke. Der Gletschermann Ötzi, der
vor 5300 Jahren in den Alpen starb und im Eis konserviert
wurde, hatte 14 Holzpfeile in seinem Köcher.

SPEERSCHLEUDER
Hölzerne Speerschleudern
waren vermutlich die
Vorgänger von Pfeil
und Bogen.

BEIL AUS FEUERSTEIN
Ein an einem hölzernen
Schaft befestigter Stein
war das wichtigste
Werkzeug früher
Menschen.

Mythen und Baumgeister

Für viele frühe Völker waren Bäume die größten und ältesten der belebten Dinge, die sie kannten. Deshalb und weil Bäume ihnen Nahrung und viele verwertbare Materialien lieferten, spielen sie in der Welt der Mythen und Legenden eine wichtige Rolle.

Baumgeister

In alten Erzählungen sind die Bäume manchmal selbst Geister. Meist jedoch sind sie in der Mythologie der Sitz von Baumgeistern. Von Nordamerika bis Afrika schützen die Geister die Bäume, die sie bewohnen. Sie sollen jeden angreifen, der versucht, den Baum zu fällen oder ihn zu beschädigen. Wenn man sich ihnen gegenüber richtig verhält, können Baumgeister den Menschen von Nutzen sein. Wälder sind jedoch oft dunkle, Furcht einflößende Orte. Das spiegelt sich in afrikanischen Geschichten wider, in denen Waldgeister unvorsichtige Menschen mit den Ästen fangen oder Menschenfleisch fressen.

Die großen Affenbrotbäumen sollen viele Geister beherbergen. Die Menschen müssen die Geister warnen, oft in schriftlicher Form, bevor sie einen der Bäume fällen. So können die Geister einen anderen Baum finden. Muss ein Baum gefällt werden, hat das mit dem nötigen Respekt und unter Einhaltung bestimmter Rituale zu geschehen. Zaubersprüche oder Gesänge vor dem Fällen lassen alle Dinge, die man aus dem Holz fertigt, gelingen.

YGGDRASIL
Yggdrasil, die große Esche der nordischen Mythologie, trug den ganzen Kosmos. Ihre Zweige und Wurzeln boten Halt und Schutz.

Die alten Griechen glaubten, dass in jedem Baum ein Geist oder Hamadryade wohnt, der sich um ihn kümmert und Menschen davon abhält, ihn zu fällen. Hamadryaden konnten wie die Bäume Hunderte von Jahren alt werden und verschwanden erst, wenn ihr Baum tot war.

Auch im japanischen Volksglauben wurden vielen Bäumen Geister zugesprochen. Eine Erzählung handelt davon, wie ein Pflaumenbaum einen Bauern

DER WIDERSTANDSFÄHIGE AFFENBROTBAUM
Da der wie ein Turm aufragende afrikanische Affenbrotbaum die erstaunliche Fähigkeit besitzt, Blitzeinschläge zu überstehen, werden ihm übernatürliche Kräfte zugeschrieben.

STIMME DES BAUMS

In Afrika glauben viele Menschen, dass Bäume der Sitz mächtiger Geister sind. Schamanentrommeln werden meist aus Holz hergestellt. Der Schamane hofft, dass der Geist des Baums spricht, wenn er sein Instrument spielt.

DIE FICHTE IN DER MYTHOLOGIE

In den Mythen mancher Völker der nordamerikanischen Subarktis besaßen die Dinge in früherer Zeit menschliche Gestalt. Zu diesen Gestalten gehörten Witwen, die sich in die Haut stachen und weinten, wenn sie vom Tod ihrer Ehemänner erfuhren. Nach den Mythen sollen die Witwen zu Fichten geworden sein, deren Rinde durch die Stiche rau und löchrig war.

FICHTEN IM WINTER

verteidigte, der einen Edelmann davon abhielt, ihn umzupflanzen. Als der Edelmann sein Schwert gegen den Bauern zog, bewegte sich der Baum. Das Schwert traf einen der Äste, und dieser fiel dem Edelmann auf den Kopf.

Die Macht alter Bäume

Vor allem hohen und alten Bäumen wurde immer besonderer Respekt entgegengebracht. Sehr alte Bäume wie Eiben in englischen Kirchhöfen sollen böse Geister fernhalten. Der Weltenbaum in der nordischen Mythologie, die Esche Yggdrasil, war so riesig, dass

sie den gesamten Kosmos, der aus neun Welten bestehen sollte, vereinigte. Die Krone überdachte die Welten und die Wurzeln reichten in die Unterwelt. Hirsche weideten an den Zweigen und ein weiser Adler wohnte im Blätterdach. Ein Eichhörnchen überbrachte Nachrichten vom Adler in die Unterwelt. An den Wurzeln entsprang eine heilige Quelle.

BETEN UNTER EINEM BODHI-BAUM

Ein Hindu, ein Anhänger Vishnus, betet unter einem Bodhi-Baum. Sowohl Hindus als auch Buddhisten verehren diesen Baum. Für Hindus ist er der Baum des ewigen Lebens. Buddha erlangte unter ihm die Erleuchtung.

Nahrungs- und Genussmittel

Frühe Menschen suchten in Wäldern nach Nahrung wie Früchten und Nüssen. Später lernten sie, die Bäume zu kultivieren. In der heutigen Zeit verarbeiten ganze Gewerbezweige Baumprodukte, von Früchten und Nüssen bis hin zu Kaffee und anderen Genussmitteln.

Vom Baum auf den Tisch

Früchte und Nüsse von Bäumen werden weltweit geerntet: Aus tropischen Regionen kommen Datteln, Papayas, Granatäpfel, Oliven, Litschis, Mangos, Avocados, Kokosnüsse, Pistazien und viele andere mehr. Zitrusfrüchte wie Zitronen und Orangen gedeihen vor allem in Südeuropa und Nordafrika. In kühlerem Klima reifen Äpfel, Birnen,

Pflaumen, Kirschen, Walnüsse, Kastanien und Mandeln. Auch Pfirsiche, Aprikosen und Feigen kommen in gemäßigten Regionen vor. Um Früchte und Nüsse kommerziell anzubauen, ist viel Wissen und Erfahrung nötig. In den Plantagen muss nach einem exakten Zeitplan gearbeitet werden. Die richtigen Pflanzensorten müssen gewählt, eventuell veredelt und beschnitten werden. Schutz vor extremer Witterung und Bewässerung sind nötig. Schädlinge, Krankheiten und Unkräuter müssen unter Kontrolle gehalten werden. Das Beschneiden der Bäume, das nötig ist, um bessere Erträge zu erzielen, erfordert sehr viel Erfahrung.

APFELPLANTAGE

Äpfel sind ein beliebtes Obst, das reich an Ballaststoffen und Vitamin C ist. Es gibt Hunderte verschiedener Apfelsorten. Bäume in Plantagen (unten) sind oft kleine Züchtungen. So können die Äpfel einfacher geerntet werden.

KOKOSNUSS
Die riesige Steinfrucht ist sowohl für Menschen als auch für Tiere eine reichhaltige Nährstoffquelle.

KAFFEEKIRSCHEN
Kaffee durchläuft einen langen Prozess, bevor die »Bohnen« geröstet, gemahlen und als Getränk serviert werden können.

MANDELN
Die Frucht des Mandelbaums kann roh oder gekocht gegessen oder zu Konfekt verarbeitet werden.

Verarbeitung der Ernte

Viele Früchte und Nüsse werden zu Produkten weiterverarbeitet, die länger haltbar sind. Ananas werden in Dosen eingemacht oder zu Saft verarbeitet. Auch aus Äpfeln und Orangen wird Saft gepresst. Aus Pflaumen und Aprikosen werden Marmeladen oder Konserven hergestellt. Das Innere der Kokosnüsse wird zu Kokosraspeln verarbeitet, auch die Kokosmilch wird verwertet. Aus Oliven und vielen Nüssen presst man Öl.

Andere Produkte, vor allem Kaffee und Kakao, bedürfen einer aufwendigen Weiterverarbeitung. Kaffee- und Kakaobohnen werden von Hand geerntet und getrocknet oder geröstet. Dann werden Firmen damit beliefert, die viele Nahrungsmittel und Getränke aus ihnen herstellen.

KAKAOERNTE

Kakaobohnen sind die Samen in den Früchten des Echten Kakaobaums (*Theobroma cacao*). Die Früchte werden geerntet, wenn sie ganz reif sind. Man öffnet sie und entnimmt die Samen. Diese werden getrocknet und fermentiert, bevor sie zu Schokolade verarbeitet werden.

KAKAO-FRÜCHTE SCHÄLEN

Holz und andere Baustoffe

In vergangenen Jahrhunderten benötigte man Holz zum Bau von Zäunen, Booten, Häusern und Möbeln. Es war leicht verfügbar, außerdem waren verschiedene Hölzer erhältlich. Obwohl es heute oft durch andere Materialien ersetzt wird, ist Holz immer noch ein wertvoller Rohstoff.

Holz ist ein nachhaltiger Rohstoff. Es wird Jahr für Jahr in Baumstämmen aus Nährstoffen im Boden und Baustoffen, die bei der Fotosynthese entstehen, gebildet. Das Holz verschiedener Baumarten ist von unterschiedlicher Qualität und für ganz bestimmte Zwecke geeignet. Manche Hölzer wie Eiche sind hart und stabil. Andere wie Eibe und Esche sind dagegen weich und biegsam. Je nach Verwendungszweck wählt man Hölzer nach ihrer Färbung und Struktur aus.

HOLZARTEN

WEICHHOLZ

Weichhölzer stammen von Nadelbäumen. Sie haben eine einfachere Struktur als Harthölzer und enthalten mehr Harz. Weichhölzer können

ZEDER

schwerer sein als Harthölzer. Manche werden vor allem als Bauholz verwendet (z. B. Zeder, Kiefer, Lärche). Andere werden zu Papier oder Pressholz verarbeitet (Fichte, Tanne, Hemlocktanne u. a.).

HARTHOLZ

Holz von Laubbäumen (Immergrüne oder Laub abwerfende) wird Hartholz genannt. Der Begriff bezeichnet nicht die physische Härte des Holzes, sondern hat mit seiner Zellstruktur zu tun. Zu den Harthölzern gehören das sehr

BUCHE

harte Echte Ebenholz ebenso wie das weiche Balsaholz. Sie werden vor allem als Bauholz und zur Möbelherstellung verwendet.

GEBÄUDE AUS HOLZ

In einigen Teilen der Welt bieten einfache Holzbauten einer oder mehreren Familien und ihrem Vieh einen effektiven Schutz vor Wind und Wetter.

Verwendung von Holz

In früheren Zeiten verwendeten Menschen Holz für Unterkünfte und Boote. Oft wurden die dünnen Äste von Stockausschlägen (Bäume, die stark zurückgeschnitten wurden, damit sie neu austreiben) verwendet, um Schutzhütten oder Ställe für das Vieh zu bauen. Frühe Behausungen und Ställe wurden meist aus kleinen Balken gebaut, die mit einem Beil beschlagen wurden oder aus großem Balkenwerk, für das man einen ganzen Baumstamm in zwei Hälften schlug. Die Technik des Sägens entwickelte sich viel später als der Gebrauch von Beilen, Äxten oder Keil und Hammer zum Spalten.

Holz wurde meist im Wald verarbeitet, damit man große Stämme nicht auf den schlechten Wegen über weite Strecken transportieren musste. Für jeden Zweck musste das geeignete Holz gewählt werden. Im Schiffbau etwa verwendete man natürlicherweise gebogene Stämme für Kiel und Spanten. Im Zeitalter der Industrialisierung benötigte man Holz in enormen

SCHIFFBAU
Wo Schiffe immer noch von Hand gebaut werden, benutzt man bevorzugt natürlicherweise gebogene Stämme für Kiel und Spanten, denn sie sind haltbarer.

Mengen. Balken kamen bei riesigen Industriebauten, Kaianlagen, Mühlen und als Eisenbahnschwellen zum Einsatz. Runde Stämme wurden in großer Zahl in Kohlebergwerken verwendet, um Schächte zu stützen. Außerdem errichtete man aus ihnen Telefon- und Strommasten. Heute wird in Gebäuden oft Laminat oder Pressholz verbaut. Die Holzressourcen sind heute bereits stark begrenzt und die Stämme kommen zunehmend aus bewirtschafteten Pflanzungen und nicht mehr aus natürlichen Wäldern.

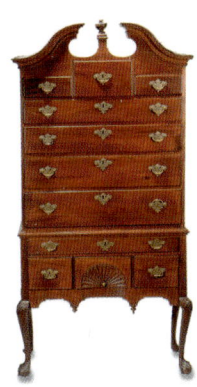

MÖBELSTÜCKE
Holz wird seit Jahrhunderten zu edlen Möbelstücken verarbeitet.

GERÜST EINES HAUSES
Ein Haus mit einem Gerüst aus Holz ist heute selten, denn die Balken sind teuer. Meist wird Holz nur noch in den Räumen oder als Laminat verwendet.

Papierherstellung

Menschen begannen mit der Herstellung von Papier aus Papyrus im 3. Jh. v. Chr. im alten Ägypten. Die Chinesen waren die Ersten, die Holz für Papier verwendeten. Ihre Techniken erreichten den Nahen Osten erst im 8. Jh. und Europa 300 Jahre später.

PRODUKTE AUS HOLZ

Ethanol

Flüchtiges Ethanol ist ein traditioneller Brennstoff, der aus Zuckerrohr gewonnen wird, indem der Zucker vergärt wird. Der Energieaufwand ist jedoch hoch.

ETHANOL

Moderne Brennstoffe aus Holz

Moderner Einsatz von Holz als Brennstoff umfasst effiziente Verbrennungsmotoren, Boiler und Wärmetauscher. Das Holz der Pellets kommt aus nachhaltig bewirtschafteten Forsten oder Sägewerksabfällen. Diese holzbetriebene Wärmeerzeugung ist umweltfreundlich, sauber und kosteneffizient.

Biomasse

Manche Baumarten wie Pappel, Weide und Eukalyptus können wie andere Nutzpflanzen angebaut werden. Man fällt sie alle zwei bis drei Jahre. Das Endprodukt sind Holzpellets, die als Brennstoff und für andere Zwecke wie zum Mulchen verwendet werden.

FASER-PLATTEN

Faserplatten

Gepresste Holzchips und Pulpe, die mit Bindemitteln und Härtern vermischt werden, ergeben verschiedene Arten von Faserplatten zur Isolation für Bodenbeläge, Innenverkleidungen und Verschalungen.

Traditionelles handgeschöpftes Papier

Stellt man heute auf traditionelle Weise Papier her, gießt man eine flüssige Pulpe in ein feinmaschiges Netz in einem Holzrahmen, der die Größe des Papierbogens hat, den man herstellen möchte. Das Wasser fließt ab und hinterlässt einen feinen Faserfilm. Die Dicke hängt von der Menge der Pulpe ab. Ein zweites Netz wird auf die Oberfläche des Faserfilms gepresst, sodass das Wasser entweicht. Die Fasern bilden einen Film, der zum Trocknen auf eine Filzunterlage aufgebracht wird. Man kann der Pulpe Farbe, Duftstoffe oder Blätter und Blüten beigeben. Mit verschiedenen Methoden, das Papier zu pressen, kann man unterschiedliche Oberflächen erzeugen.

Industrielle Herstellung

1840 erfand Friedrich Keller ein industrielles Verfahren, Baumstämme zu Zellstoffbrei zu verarbeiten. Weichhölzer mit langen Fasern wie Fichte und Tanne eignen sich besonders zur Papierherstellung. Sie werden manchmal zusammen mit Harthölzern verarbeitet.

Industrielle Papierherstellung ist ein aufwendiges Verfahren. Es beginnt mit flüssiger Pulpe an einem Ende der Papiermaschine und endet mit trockenen Papierrollen am anderen Ende. Pulpe wird meist aus Holzabfällen hergestellt, die nicht als Bauholz verwendet werden können. Es wird zu Chips verarbeitet, die durch Kochen und mit Chemikalien in eine halb flüssige Fasermasse verwandelt werden. Eine Pumpe sprüht eine dünne Schicht flüssiger Pulpe auf ein Sieb, das sich bewegt. Es kann bis zu 6 m breit sein und sich mit 95 km/h bewegen. Wenn die Pulpe das Ende der Maschine erreicht, ist sie teilweise verfestigt. Das feuchte Papier wird von mehreren Rollen gepresst und erhitzt. Schließlich können die Papierrollen, die bis zu fünf Meter breit und viele Tonnen schwer sein können, aus der Maschine entnommen werden. Bei diesem kontinuierlichen Verfahren wird mit neuen Rollen begonnen, ohne dass der Kreislauf unterbrochen werden muss.

HANDGESCHÖPFTES PAPIER
Mit Farben und Blüten, die man der Pulpe zugibt, kann man schöne Effekte erzielen.

BAUMSTÄMME
Bäume werden gefällt, treiben flussabwärts und werden in riesigen Mengen in diesem Sägewerk in Sabah, Borneo weiterverarbeitet.

Andere Produkte aus Zellstoff

Holzzellstoff ist von Natur aus braun und muss gebleicht werden, um Papier herzustellen, das bedruckt werden kann. Aus braunem Zellstoffbrei kann man Kartonagen oder braunes Papier herstellen. Verpackungsmaterial wird auf ähnliche Weise produziert. Dafür wird der Zellstoffbrei in Form gebracht. Mitteldichte Faserplatten (MDF) und Hartfaserplatten werden aus heißem Zellstoffbrei gepresst, die aus fein zerkleinertem Holz hergestellt wurden. Spanplatten und dicke Pressholzplatten werden aus grobem Material und Bindemitteln gepresst. Für diese Produkte werden Rohstoffe von relativ schlechter Qualität verwendet und sie können Insektizide und Holzschutzmittel enthalten.

PAPIERRECYCLING

Das meiste Papier kann wiederverwertet werden, vorausgesetzt, die Farbe ist leicht zu entfernen. Aus wiederverwertetem Papier erhält man etwa ebenso viel Pulpe wie aus Baumstämmen mit dem gleichen Gewicht. Die Qualität des Recyclingpapiers lässt sich verbessern, indem man neue Pulpe zugibt.

RECYCLING-LOGO

BEDRUCKTES PAPIER
Jeden Tag werden weltweit unglaubliche Papiermengen zum Druck von Zeitungen verbraucht. Die Papierqualität muss nicht hoch sein, deshalb wird oft Recyclingpapier verwendet, um Ressourcen zu schonen.

Weitere Produkte von Bäumen

Neben Holz, Papier und Nahrungsmitteln liefern Bäume verschiedenste andere Produkte, von Textilien bis hin zu Arzneistoffen. Jedes Produkt stammt von einem bestimmten Teil des Baums: von der Rinde, dem Saft, den Blättern, Blüten oder Früchten.

Vielfältige Verwendung

Bevor die moderne pharmazeutische Industrie entstand, stammten die meisten Arzneien von Bäumen und anderen Pflanzen. Heute noch wird an vielen Baumarten ihrer medizinischen Wirkstoffe wegen Raubbau betrieben. Chinin etwa, das manchmal zur Behandlung von Malaria eingesetzt wird, stammt aus der Rinde des Chinarindenbaums (*Cinchona officinalis*). Viele Arten, die möglicherweise zur Arzneimittelherstellung von großem Wert sind, sind noch gar nicht entdeckt, vor allem in den artenreichen Regenwäldern. Es ist sehr wichtig, diese Pflanzen unter Schutz zu stellen, denn sie bergen das Potenzial, zahlreiche Krankheiten zu behandeln. Viele Gifte und bewusstseinsverändernde Drogen wie Khat (*Catha edulis*) stammen ebenfalls von Bäumen.

Das Holz der Bäume enthält lange, elastische Fasern, die ihm Festigkeit verleihen und verhindern, dass es bricht, wenn es sich im Wind biegt. Diese nutzte man, um daraus Stoffe, Seile und Körbe herzustellen.

Gummi, Kork, verschiedene Harze und Gerbsäure gewinnt man ebenfalls von Bäumen. Blätter, Blüten oder gemahlene Samen liefern natürliche Farbstoffe. Bäume enthalten außerdem viele ätherische Öle, die in Parfüms und zum Kochen verwendet werden.

WEIDE
Die Rinde vieler Weidenarten, besonders die von *Salix purpurea*, ist reich an Salicin, dem Wirkstoff im Schmerzmittel Aspirin.

EINE AUSWAHL AN PRODUKTEN VON BÄUMEN

Aus Bäumen gewonnene Produkte reichen von robusten Seilen bis hin zu ätherischen Ölen. Meist ist eine im Verhältnis zum Endprodukt wesentlich größere Menge an Rohstoffen nötig. Bei Kork und Fasern ist keine Extraktion nötig. Die Rohmaterialien ähneln den Endprodukten.

FASERN 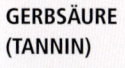	**Kapokbaum** (*Ceiba pentandra*)		Kapokfasern befinden sich in den Fruchtkapseln.
	Winter-Linde (*Tilia cordata*)		Die innere Rinde liefert Seile und grobe Fasern.
	Bastpalme (*Raphia farinifera*)		Schnüre zum Weben und für die Landwirtschaft
KORK	**Kork-Eiche** (*Quercus suber*)		Rinde für Flaschenkorken und Bodenbeläge
LATEX, GUMMI	**Amazonas-Parakaut-schukbaum** (*Hevea brasiliensis*)		Der Saft (Latex) ist der Rohstoff für Gummi.
	Mastixbaum (*Pistacia lentiscus*)		Harze für Gummi, Lacke, Arzneien
GERBSÄURE (TANNIN)	**Eiche** (*Quercus sp.*)		Gerbsäure aus der Rinde, um Leder zu gerben
FARBSTOFFE 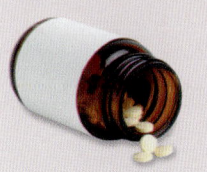	**Anattostrauch** (*Bixa orellana*)		Farbstoffe für Nahrungs-mittel, Kosmetika, Stoffe
	Hennastrauch (*Lawsonia inermis*)		Farbstoffe für Haar und Hautschmuck
HARZE, LACKE, TERPENTIN	**Strand-Kiefer** (*Pinus pinaster*)		Harz für Lacke und Terpentin
ARZNEIMITTEL	**Weide** (*Salix sp.*)		Ursprüngliche Quelle für den Wirkstoff in Aspirin
	Japanische Wollmispel (*Eriobotrya japonica*)		Blattextrakt enthält anti-bakterielle Stoffe.
	Ginkgo (*Ginkgo biloba*)		Extrakte verbessern men-tale Leistungen.
ÄTHERISCHE ÖLE	**Gewürznelkenbaum** (*Syzygium aromaticum*)		Öl als Gewürz und Mittel gegen Zahnschmerzen
	Echte Zypresse (*Cupressus sempervirens*)		Öl in Parfüms und zur Abwehr von Insekten
	Eukalyptus (*Eucalyptus sp.*)		Öl für die Aromatherapie und zum Inhalieren

Zierbäume in Gärten und Städten

Seit Tausenden von Jahren pflanzen Menschen Bäume, um sich an ihnen zu erfreuen. Eine lange Gartengeschichte haben China und Japan. Um 2000 v. Chr. wurden die ersten Gärten in Nordafrika, im Mittelmeerraum und in Mesopotamien angelegt.

Mit Bäumen gestalten

Menschen scheinen das Bedürfnis zu haben, sich mit Bäumen zu umgeben. In der künstlichen Umgebung moderner Städte sind Bäume besonders wichtig. Bäume zu pflanzen, erfordert sorgfältige Planung, denn die Ergebnisse werden oft erst 50 Jahre später deutlich. Man muss wissen, wie die verschiedenen Baumarten sich entwickeln. Bäume werden größer und verändern sich im Lauf der Jahreszeiten. Oft werden die bepflanzten Flächen während eines langen Baumlebens anders genutzt. Ein als Park angelegtes Gelände beispielsweise wird möglicherweise später mit Wohnhäusern bebaut.

Die geeigneten Baumarten

Die Baumart und Sorte muss umsichtig gewählt werden. So vermeidet man, dass der Baum später beschnitten oder gar gefällt werden muss. Zu bedenken ist, wie schnell der Baum wächst, wie groß er werden kann und welche Gestalt er schließlich ausbilden wird. Man muss beachten, ob der Baum breit, schmal, säulenförmig oder ausladend ist oder seine Zweige herabhängen. Ist er immergrün oder wirft er sein Laub ab? Bevorzugt er einen bestimmten Boden? Toleriert er Schatten, starke Sonne, Wind, Luftverschmutzung oder verschmutzten Boden? Vor allem in den Vereinigten Staaten wurden Baumsorten gezüchtet, die sich für bestimmte Zwecke eignen, darunter schmalkronige Bäume, die als Straßenbäume ideal sind. Eine Birnenart (*Pyrus calleryana*) war für Zuchtexperimente besonders geeignet. Aus ihr wurde ein schmalkroniger Baum gezüchtet, der gut in die städtische Umgebung passt. Außerdem ist sie die Stammart von Sorten mit attraktiv gefärbtem Herbstlaub

wie 'Redspire', 'Trinity' und 'Autumn Blaze'. Auch die natürlichen Gegebenheiten des Standorts setzen der Auswahl möglicher Baumarten und Sorten Grenzen. Wichtig ist dabei die Funktion der Bäume: Soll die Pflanzung Schatten spenden oder einen Sichtschutz bilden? Regelmäßige Pflege

STRASSENBÄUME
Palmen sind in warmen Ländern ideale Straßenbäume. Sie spenden Schatten, haben glatte Stämme und werfen kein Laub ab.

sorgen für Schönheit und verlängern das Lebensalter der Bäume. Außerdem erhält sie die Funktionalität der Bäume.

Straßenbäume

Die Lebensbedingungen in der Stadt sind unwirtlich, weshalb Straßenbäume nicht so alt werden wie Exemplare derselben Baumart auf dem Land. Eine wesentliche Funktion von Bäumen in der Stadt ist die Abschirmung des Straßenverkehrs. Zu diesem Zweck müssen viele Bäume dicht gepflanzt werden. Oft sind düstere Pflanzungen, in denen die Menschen sich unsicher fühlen, jedoch unerwünscht.

JAPANISCHE GÄRTEN
Die Japaner sind Meister der Gartengestaltung und berühmt für ihre ästhetischen Gärten, in denen die Abfolge von Frühjahrsblüte zu Herbstlaub wohl durchdacht ist.

CENTRAL PARK, NEW YORK
Baumbestandene Parks im Zentrum großer Städte bieten nicht nur Erholungsraum, sondern sind auch »Grüne Lungen«, die die Luftqualität bei starker Luftverschmutzung verbessern.

Bäume in Gärten

Gartenbäume können ein Blickfang oder ein angenehmer Hintergrund sein. Die Größe spielt dabei eine entscheidende Rolle. Kleine Gärten sollten nur mit kleinen Baumarten bepflanzt werden. Manche Arten dürfen nicht zu nahe am Haus stehen, da die Wurzeln Fundamente beschädigen können. Soll die Pflanzung Schatten spenden oder als Sichtschutz fungieren, wählt man Bäume mit dichtem Blätterdach. Auffällige Kontraste setzen Sorten mit kupferfarbenem oder rotem Laub. Interessant wirken Bäume mit farbiger Rinde, glänzenden Blättern oder auffälligen Blüten.

BONSAI-BÄUME

In der japanischen Kunst des Bonsai wird die Funktion von Bäumen als Zierpflanzen zum Extrem getrieben. Hier werden Miniaturformen von Bäumen kultiviert. Ahorn und Wacholder sind beliebte Arten. Die Kunst des Bonsai besteht darin, durch bestimmte Techniken des Pflanzens und Beschneidens ästhetische Formen zu schaffen. Das Pflanzgefäß muss den Baum perfekt ergänzen. Bonsai ist eher eine Kunstform als Gärtnerei und ein sehr beliebter Zeitvertreib.

BONSAI-LÄRCHEN UND -KIEFERN

Pflanzung und Pflege

Bevor Sie einen Baum pflanzen, müssen Sie viele Faktoren bedenken. Die richtige Jahreszeit zum Pflanzen ist ebenso wesentlich wie die Wahl einer geeigneten Baumart. Die natürlichen Gegebenheiten eines Standorts wie die Bodenart und die genaue Position sind zu beachten.

Baumwahl und Pflanzung

Jeder Baum hat bestimmte Ansprüche, denen der Standort gerecht werden muss. Durchlässigkeit und Art des Bodens und mögliche Pflanzenkrankheiten müssen bedacht werden. Bei Bäumen in der Stadt ist zusätzlich zu beachten, ob der Baum Schatten spenden soll oder Kabel, Mauern oder Fundamente beschädigen könnte. Hierfür sollte man einen Experten zurate ziehen. Hat man sich für eine Baumart oder Sorte entschieden, gilt es, den geeigneten Zeitpunkt zum Pflanzen herauszufinden. Bäume in gemäßigten Regionen sollten während der Ruheperiode gepflanzt werden, Immergrüne kurz bevor sie im Frühjahr austreiben. Bereiten Sie den Standort vor und entfernen Sie Abfälle oder abgestorbene Wurzeln. Der Boden um den Baum wird abgedeckt, damit kein Unkraut wächst. Dafür eignen sich Mulchmatten aus Kunststoff gut. Düngen Sie nur bei nährstoffarmen Böden. Geben Sie keinen unkompostierten Mulch zu, das kann zu Sauerstoff- und Stickstoffmangel führen.

EINEN BAUM PFLANZEN

Lagern Sie den Baum im Schatten und bedecken Sie die Wurzeln, bis Sie ihn pflanzen. Das Pflanzloch sollte frisch gegraben sein. So trocknet es nicht aus oder füllt sich mit Wasser und nützliche Bodenorganismen sterben nicht ab.

1 Stellen Sie den Baum an den gewählten Standort und markieren Sie einen Kreis mit etwa 90 cm Durchmesser.

2 Graben Sie ein Loch. Mischen Sie den Aushub mit Kompost und füllen Sie das Loch zum Teil wieder auf. Gießen Sie bei Trockenheit.

3 Nehmen Sie den Baum aus dem Topf. Lockern Sie vorsichtig verklebte Wurzeln. Beschädigte Wurzeln werden entfernt.

4 Kennzeichnen Sie mit einem Stab die Mitte des Lochs. Der obere Rand des Wurzelballens sollte auf Bodenhöhe sein. Füllen Sie mit Erde auf.

BÄUME BESCHNEIDEN
Verwenden Sie eine Säge oder Baumschere, um unerwünschte Äste oder konkurrierende Haupttriebe an der Basis abzuschneiden. Schneiden Sie nicht in den Stamm.

Schneiden

Im Allgemeinen benötigt ein Baum wenig Pflege, wenn er angewachsen ist. In den ersten Jahren sollte er so wenig wie möglich geschnitten werden. Bedenken Sie, dass das Blätterdach für die Produktion der Bau- und Speicherstoffe sorgt. Tote oder kranke Zweige können jedoch vorsichtig entfernt werden. Wenn der Baum älter ist, können Sie beginnen, ihn zu schneiden und zu erziehen. Entfernen Sie vor allem mit dem Haupttrieb konkurrierende Triebe und Äste, die unschön gewachsen sind. Wunden müssen nicht verstrichen werden, es sei denn, in der Gegend besteht ein Infektionsrisiko mit Pflanzenkrankheiten, die durch die Luft verbreitet werden.

Schädlinge und Krankheiten

Durch die Wahl einer geeigneten Baumart können Sie das Risiko von Schädlingsbefall und Krankheiten von vornherein minimieren. Ein Baum, der von Natur aus nicht für den Standort geeignet ist, ist immer anfälliger. Wählen Sie eine robuste Art oder Sorte und einen geschützten Standort. So vermeiden Sie Schäden durch Luftverschmutzung und Stürme. Weidende Tiere müssen durch Zäune oder Baumschutz abgehalten werden. Gießen Sie eher wenig, um das Wachstum der Wurzeln anzuregen, wenn nötig jedoch großzügig bis zum Ende der Wachstumsperiode. Regenwasser ist zum Gießen meist besser geeignet als Leitungswasser, das oft Salze und Kalk enthält, was einem Baum schaden kann.

PROBLEME ERKENNEN

Löcher in Blättern

Diese Schäden stammen oft von Blattwespen. Die Larven fressen ganze Äste kahl. Auch Rüsselkäfer, Pilze und Bakterien können Löcher verursachen.

Schmetterlingsraupen

Die Raupen verschiedener Schmetterlingsarten verursachen Blattschäden und weiße Gespinste. Oft hilft vorsichtiges Beschneiden. Bei ernsthaften Schäden müssen eventuell Pestizide eingesetzt werden.

Rostpilz

Orangefarbene Krusten auf den Blättern lassen meist auf Pilzbefall schließen. Kleine Bäume können mit einem im Handel erhältlichen Fungizid behandelt werden. Beachten Sie die beiliegenden Anweisungen.

Rindenschäden

Risse in der Rinde können durch Trockenheit entstehen und verschlimmern sich bei unregelmäßigem Gießen. Auch Nagetiere oder Krankheiten verursachen Schäden an der Rinde.

Forstwirtschaft

Wirtschaftlich genutzte Forste sollen gleichzeitig Nutzholz produzieren, attraktiv aussehen und der Tierwelt Lebensraum bieten. Eine solche Pflanzung muss bereits im Anfangsstadium sorgfältig geplant und während ihres gesamten Bestehens professionell bewirtschaftet werden.

Für eine forstwirtschaftlich genutzte Pflanzung muss zunächst ein neuer geeigneter Standort oder ein schon bestehender Wald gewählt werden, der sich regenerieren soll. Manchmal muss der Boden zur Vorbereitung drainiert werden. Um Wild fernzuhalten, muss das Gebiet eventuell eingezäunt werden. Auch muss gewährleistet sein, dass es für Fahrzeuge zugänglich ist.

Wirtschaftliche Pflanzungen

In Baumschulen gezogene Sämlinge werden nach einem Jahr verpflanzt. Die jungen Bäume wachsen je nach Art in zwei bis drei Jahren etwa 30 cm. Das Wurzelsystem der Jungpflanzen muss kräftig entwickelt sein. Bei Harthölzern mit langen Pfahlwurzeln wie Eichen wird oft die Hauptwurzel gekürzt. So erhöhen sich die Überlebenschancen des Baums. Gepflanzt wird meist nach wie vor von Hand. Nur in offenem Gelände werden manchmal Pflanzmaschinen eingesetzt. Zum Pflanzen wird ein Schlitz in den Boden geschnitten. Durch einen gekreuzten

BAUMSCHUTZ
Kunststoffmanschetten werden angebracht, um junge Bäume vor Nagetieren oder Schalenwild zu schützen. Sie werden entfernt, sobald die Bäume gut angewachsen sind.

Stich mit dem Spaten wird die Bodendecke geöffnet. In das Loch setzt man den Baum und tritt ihn mit dem Stiefel fest. Nach ein oder zwei Jahren werden Bäume, die nicht angewachsen sind, ersetzt. Gepflanzt wird zu Winterbeginn oder am Ende des Winters, wenn keine strengen Fröste mehr zu erwarten sind.

STOCKAUSSCHLAGWÄLDER
Bei dieser ursprünglichen und nachhaltigen Form der Waldbewirtschaftung werden alle 7–15 Jahre die Triebe aus Stockausschlägen oder Wurzelbrut geerntet.

PFLANZUNGEN IN REIHEN
Bewirtschaftete Pflanzungen werden oft in Reihen gepflanzt. So sind sie für Forstarbeiten gut zugänglich wie diese Nadelwaldplantage in Schottland.

Bewirtschaftung

Junge Pflanzungen gedeihen am besten, wenn die natürliche Vegetation sie nicht verdrängen kann. Deshalb werden Unkräuter von Hand gejätet oder Herbizide oder Baumschutz eingesetzt. Wenn Nagetiere oder Insekten die jungen Bäume schädigen, müssen diese unter Kontrolle gehalten werden. Erfordert der Boden es, muss man düngen. Um geraden Wuchs zu erzielen, muss beschnitten und manchmal mit einem Pfahl gestützt werden.

Manchmal wird der Bestand durchforstet, um mehr Platz für die verbleibenden Bäume zu schaffen oder um kleine Stämme für einen bestimmten Verwendungszweck zu fällen. Mischwälder durchforstet man, um bestimmte Baumarten zu fördern. Meist handelt es sich dabei um Arten, die am besten an den Standort angepasst sind. Beim Durchforsten der Bestände muss die Situation jedes einzelnen Baums beachtet werden. Bäume, die entfernt werden, markiert man. Eine häufige und kostengünstige Methode ist

PFLANZUNGEN IN COSTA RICA
Umweltschützer und Farmer arbeiten hier zusammen. Im Rahmen eines Aufforstungsprogramms pflanzen sie in der Puriscal-Region in Costa Rica Bäume per Hand.

es, einzelne Baumreihen zu entfernen. Oft wird jede vierte Reihe gefällt. Maschinen, die die Bäume absägen und abtransportieren, können so leichter eingesetzt werden. Der Nachteil dieser Methode ist, dass kein Unterschied zwischen gesunden und schwachen Bäumen gemacht werden kann.

Holzernteverfahren

Bei Kahlschlägen werden mit Maschinen alle Bäume einer Fläche gefällt. Kontinuierliche nachhaltige Nutzung ist eine ökologischere und ästhetischere Methode. Einige alte Bäume bleiben stehen, bis junge, dazwischen gepflanzte angewachsen sind. Naturverjüngung von guter Qualität kann gefördert werden. Nutzt man natürliche Wälder wirtschaftlich, geschieht dies ähnlich. Niederwaldwirtschaft ist eine selten gewordene Form der forstlichen Nutzung, die die Fähigkeit einiger Baumarten zur Verjüngung aus Stockausschlag nutzt.

Bäume und Umwelt

Zwischen Bäumen und der Umwelt besteht ein komplexes und fragiles Gleichgewicht, in dem beide Teile aufeinander angewiesen sind. Umweltverschmutzung schädigt die Bäume, sodass sie absterben oder gefällt werden müssen. Dies wiederum wirkt sich negativ auf die Umwelt aus.

Der Kohlenstoffkreislauf

Im Verhältnis von Bäumen zur Umwelt kommt dem Kohlenstoffkreislauf wesentliche Bedeutung zu (siehe Seite gegenüber). Kohlenstoff befindet sich in Form von Kohlendioxid in der Atmosphäre. Es wird von den Blättern bei der Fotosynthese absorbiert. (siehe S. 20). Bei der Fotosynthese wird Sauerstoff frei, der in die Atmosphäre abgegeben wird. Umgekehrt nehmen Tiere bei der Atmung Sauerstoff auf und geben Kohlendioxid ab. Auch beim Verbrennen von Holz, Öl und Kohle wird Kohlendioxid freigesetzt. Die Folge ist, dass der Gehalt an Kohlenstoff in der Atmosphäre zunimmt, da er nicht im gleichen Maße wieder absorbiert wird. Das Gleichgewicht ist gestört.

EROSIONSSCHUTZ
Im afrikanischen Staat Niger werden Bäume als Windschutz gepflanzt, um Sanddünen zu stabilisieren.

Die Umwelt verändert sich

Bäume sind durch Umweltverschmutzung und Klimawandel gefährdet. Zum einen verschmutzen Abgase, die bei industrieller Produktion anfallen, die Atmosphäre. In manchen Regionen übersteigt die Umweltverschmutzung die Toleranz der einheimischen Bäume. Ein Beispiel ist die Belastung mit Schwefeldioxid. In manchen Gebieten haben die Bäume auf kurze Sicht zunächst einen Vorteil, denn Insekten und Pilze, die durch Schwefeldioxid geschädigt werden, gehen oft zuerst zugrunde und die Bäume wachsen kräftiger. Unerwünschte Effekte wie eine Schwächung der Abwehrkraft der Bäume gegen Krankheiten treten später auf. Durch Kohlendioxid, Stickoxide und Methan kommt es zu einer Erwärmung der Atmosphäre. Die Folge ist eine Veränderung des globalen Klimas. Viele Baumarten müssen sich der Erwärmung anpassen oder migrieren. Schaffen sie dies nicht, werden sie verschwinden. Der letzte bedeutende weltweite Temperaturanstieg fand vor etwa 6000 Jahren statt. Sollten durch menschliche Aktivitäten die Temperaturen wieder diese Höhe erreichen, wird das Auswirkungen auf die Bäume haben. Nadelbäume wie Wacholder und Fichte und Laubbäume wie Birke und Buche werden in höhere, kühlere Regionen ausweichen. Eukalyptusarten und Palmen werden neue Gebiete besiedeln. Genauso werden sich Pilze, Bakterien und Insekten verändern, die Bäume befallen können.

REGENWALDZERSTÖRUNG
Die Zerstörung riesiger Regenwaldgebiete, die in Südamerika in großem Maße stattfindet, wird der Menschheit unvorhersehbare Probleme bereiten. Kurzsichtige wirtschaftliche Interessen nehmen keine Rücksicht darauf, dass viele Tier- und Pflanzenarten von der Erde verschwinden und die größte grüne Lunge unseres Planeten zerstört wird.

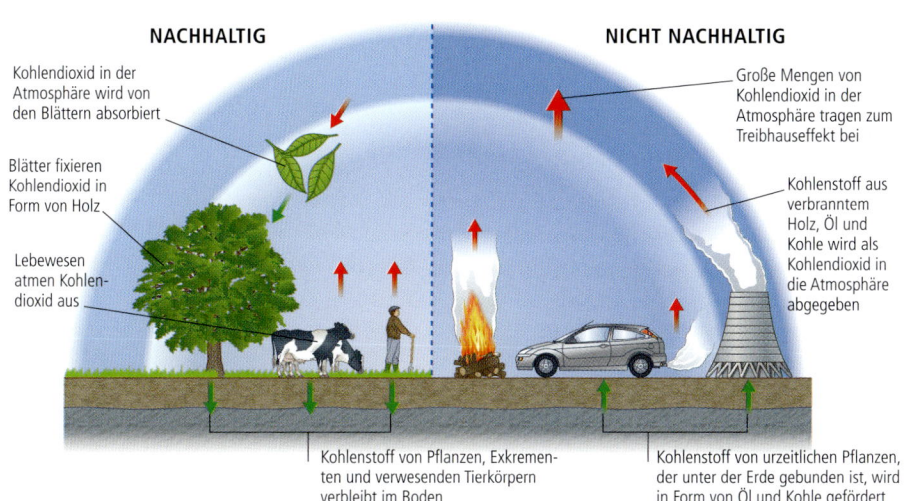

NACHHALTIG

Kohlendioxid in der Atmosphäre wird von den Blättern absorbiert

Blätter fixieren Kohlendioxid in Form von Holz

Lebewesen atmen Kohlendioxid aus

NICHT NACHHALTIG

Große Mengen von Kohlendioxid in der Atmosphäre tragen zum Treibhauseffekt bei

Kohlenstoff aus verbranntem Holz, Öl und Kohle wird als Kohlendioxid in die Atmosphäre abgegeben

Kohlenstoff von Pflanzen, Exkrementen und verwesenden Tierkörpern verbleibt im Boden

Kohlenstoff von urzeitlichen Pflanzen, der unter der Erde gebunden ist, wird in Form von Öl und Kohle gefördert

Bäume sind nützlich

Dass wir von Bäumen umgeben sind, ist etwas, was wir oft für selbstverständlich hinnehmen. Dabei vergessen wir, dass sie eine lebenswichtige Rolle spielen.

Baumwurzeln sind ein ungleich besserer Schutz vor Erosion als jede künstliche Befestigung. Sie verhindern, dass Boden weggespült wird. Stamm und Zweige fangen bei starkem Regen und Überschwemmungen Schutt und Schlamm ab, bis der Wasserspiegel sinkt.

Salztolerante Arten wie Mangroven erfüllen diese Funktion sogar an Meeresküsten.

KOHLENSTOFFKREISLAUF

Das Diagramm oben zeigt den Kontrast zwischen einem nachhaltigen Kohlenstoffkreislauf, bei dem die Emissionen etwa der Absorption gleichen und einer nicht nachhaltigen Nutzung, bei der die Kapazität der Bäume, Kohlendioxid zu absorbieren, bei weitem überschritten wird.

Bäume können auch ein Windschutz sein. Sie können das Mikroklima verändern, sodass auf vorher unfruchtbarem Land der Anbau von Feldfrüchten oder die Haltung von Nutztieren möglich ist. Im Süden der Vereinigten Staaten pflanzt man Magnolien als Windschutz.

Schutz der Bäume

Es kann Hunderte von Jahren dauern, bis ein Baum ausgewachsen ist. Um ihn zu zerstören, braucht man dagegen nur wenige Stunden. Mit modernen Techniken und Maschinen können wir heute Bäume ohne Schwierigkeiten fällen.

An Bäumen wird seit Jahrtausenden Raubbau betrieben. Oft wird die Meinung vertreten, dass die Forstindustrie nicht aufgegeben werden darf, solange Gemeinden auf das Holzfällen angewiesen sind und eine Nachfrage nach den Produkten herrscht. Die Nachfrage nach den Produkten trägt sicher dazu bei, manche Baumarten zu erhalten. Bei seltenen Arten, die nur langsam wachsen, ist das jedoch oft nicht möglich. Wenn sich jedoch eine nachhaltige Bewirtschaftung der Wälder nicht durchsetzt, werden etliche Ressourcen verschwinden.

Natürliche Gefährdung

Obwohl viele einzelne Baumarten durch Raubbau vom Aussterben bedroht sind, sind Wälder im Allgemeinen nicht im selben Maße gefährdet. Arten, die wir kennen und von denen wir abhängig sind, können verschwinden. Andere werden ihren Platz einnehmen. Vulkanausbrüche, Meteoriteneinschläge, die Verschiebung der Kontinente, das Ansteigen des Meeresspiegels und Eiszeiten konnten die Bäume bisher nicht völlig ausrotten. Bäume haben sich im Lauf der Erdgeschichte über lange Zeiträume entwickelt und die Evolution dauert an. Wo ein großer Baum abstirbt, gehen neue Sämlinge auf.

FÄCHERPAPAGEI
Die Zerstörung des Lebensraums bedroht diese südamerikanische Vogelart.

EDEN PROJECT
In einer ausgedienten Tongrube in Cornwall, England, entstand das Eden Project. In mehreren Kuppeln sind ein Botanischer Garten und ein Naturschutzzentrum untergebracht.

VERMISCHUNG DER GENE
In manchen Fällen kreuzen sich eingeführte Arten zufällig mit einheimischen Bäumen, bis keine reinerbigen Nachkommen mehr existieren. Die oben abgebildete Salweide (*Salix caprea*) ist von diesem Phänomen betroffen.

Schutz von Lebensräumen

Für Naturschutzprogramme ist es wesentlich, den gesamten Lebensraum zu erhalten, dem einzelne Baumarten angehören. Wenn Wälder abgeholzt werden, verändert sich die Gemeinschaft von Pflanzen und Tieren. Tierarten verschwinden und die biologische und genetische Vielfalt nimmt ab. Es entsteht ein anderer Lebensraum. »Künstliche« Kulturlandschaften sind dafür ein Beispiel. Wenn etwa vor 300 Jahren »fremde« Arten gepflanzt wurden und sich seither mit einheimischen Arten kreuzten, betrachtet man die Nachkommen oft wieder als einheimisch.

Arboreten und Samenbanken

Baumarten zu erhalten ist die Aufgabe Botanischer Gärten. Samenbanken leisten einen Beitrag, unser Baumerbe zu bewahren. Trotzdem ist fraglich, ob viele der dort bewahrten Arten je wieder in freier Natur vorkommen werden. Außerdem besteht die Gefahr, dass Baumarten, die in einen bestehenden Lebensraum eindringen, die dortigen Bäume verdrängen. Viele der geschützten Pflanzen haben in künstlichen Anpflanzungen die besten Überlebenschancen. Die Pflanzungen sollten aus möglichst vielen verschiedenen Individuen bestehen. Biodiversität ist wesentlich, um Bäume gesund zu erhalten und Schädlinge und Krankheiten abzuwehren.

GEFÄHRDETE BAUMARTEN

Diospyros ebenum
Wegen der großen Nachfrage nach schwarzem Ebenholz ist diese Art bedroht.

Araucaria araucana
Die genetische Vielfalt dieser Art wurde durch übermäßige Rodungen stark vermindert.

Sorbus leyana
Diese Baumart wurde in Wales, Großbritannien, bis auf wenige Exemplare ausgerottet.

Dendrosicyos socotranus
Diese Art ist durch menschliche Aktivitäten und Klimaveränderung bedroht.

DENDROSICYOS SOCOTRANUS

MILLENIUM SEED BANK

Die Millenium Seed Bank, eine Samenbank, die zu den Royal Botanic Gardens in Kew, Großbritannien, gehört, ist ein internationales Pflanzenschutzprogramm und Zentrum. Diese weltweite Initiative hat zum Ziel, 24 000 Pflanzenarten für die Zukunft zu bewahren und sie vor der Ausrottung zu schützen. Das Projekt begann im Jahr 2000 und hat bereits die Zukunft der meisten Blütenpflanzenarten Großbritanniens gesichert. Die Samenbank hat außerdem zum Ziel, weltweite natürliche Ressourcen zu bewahren.

AUFBEWAHRTE SAMEN

BÄUME DER
WELT

BAUMFARNE

Baumfarne gehören den Familien Cyatheaceae und Dicksoniaceae an. Diese primitiven Pflanzen vermehren sich durch Sporen. Aus ihnen wachsen Prothallien, die Eizellen und Spermatozoiden produzieren. Die befruchteten Eizellen wachsen zu neuen Baumfarnen heran.

B aumfarne sind in tropischen Regenwäldern heimisch, wo sie 20 m hoch werden können. Der Stamm, der selten verzweigt ist, trägt ausdauernde, dichte sprossbürtige Wurzeln. Baumfarne bilden kein Holz aus. Der Stamm lagert Lignin ein, das ihn stabilisiert. Er trägt eine Krone aus gefiederten Wedeln, die vier Meter lang werden können. In jeder Wachstumsperiode bilden ausgewachsene Baumfarne zwei Arten von Wedeln: Sterile Wedel, die keine Sporangien (Sporenbehälter) tragen und fruchtbare Wedel mit Sporangien. Bei manchen Arten unterscheiden sich die Wedel junger Pflanzen stark von denen ausgewachsener Baumfarne.

Holzähnlicher Stamm   Blattbasen

STAMMQUERSCHNITT
Die Wedel des Schwarzen Becherfarns (*Cyathea medullaris*) sitzen mit der Basis am Stamm. Hier sieht man, wie sie um den Stamm angeordnet sind.

JUNGER WEDEL ENTROLLT SICH

Australischer Taschenfarn

Höhe bis 15 m
Typ Immergrün
Verbreitung Australien (SO-Queensland, New South Wales, Küste von Victoria, Tasmanien)

Der Australische Taschenfarn ist langsamwüchsig, kann aber bis zu 400 Jahre alt werden. Er wächst etwa 3,5–5 cm pro Jahr und bringt frühestens im Alter von 20 Jahren Sporen hervor. Dichte braune, faserige Wurzeln stützen den Stamm, der oben mit braunen Haaren bedeckt ist. Die Wedel bilden eine ausladende Krone. In freier Natur kommt diese Art an feuchten Standorten vor, meist in geschützten Wäldern. Sie toleriert aber auch Frost und Trockenheit. Das

Mark kann roh oder gekocht gegessen werden und ist stärkereich. **Rinde** Dunkelbraun, mit alten Blattbasen bedeckt. **Blätter** Dunkelgrüne, raue ausladende Wedel, etwa 3 m lang, mit spitzen Fiedern; Stiele an der Basis stark behaart. **Blüten** Keine Blüten. **Früchte** Keine Früchte; Sporangien stehen in kleinen runden Gruppen zusammen (Sori).

Stiel des
Wedels

Rotbraune
Behaarung

Rinde mit
Wurzeln
und alten
Blattbasen

Fiedern des
Wedels

RINDE

JUNGER WEDEL

SAMENPFLANZEN

Samenpflanzen besitzen Leitgefäße, das sogenannte Xylem und Phloem, die Wasser und Nährstoffe transportieren. Die ersten Samenpflanzen traten etwa vor 350 Millionen Jahren auf. Sie besaßen farnartige Blätter. An spezialisierten Blättern entwickelten sich Samen.

S amenpflanzen brauchen im Vergleich zu Sporenpflanzen für die Befruchtung kein Wasser. Der Pollen, der die männlichen Keimzellen enthält, wird vom Wind oder von Insekten zu den weiblichen Blütenteilen transportiert. Die Spermazellen müssen nicht zur Eizelle schwimmen. Außerdem schützt ein Nährgewebe den Embryo und versorgt ihn mit Nährstoffen.

Einteilung der Samenpflanzen

Samenpflanzen werden in Nacktsamer (Gymnospermen) und Bedecktsamer (Angiospermen) unterteilt. Palmfarne (Cycadeen), Ginkgos und Nadelbäume sind verholzte Nacktsamer. Sie bilden Samen, aber keine echten Früchte. Die Gruppe der Bedecktsamer ist größer und vielfältiger. Sie bilden Früchte, die Samen enthalten. Ihre Blüten bestehen aus vier Teilen, die aber nicht immer alle ausgebildet sind: Blütenstiel, Blütenkrone (Kelch- und Kronblätter), Staubblätter (männliche Teile der Blüte, die Pollen bilden) und/oder Fruchtblätter (weibliche Teile der Blüte mit den Eizellen). Die Blüten der Nacktsamer besitzen keine Blütenkrone.

ÜBERLEBEN DURCH ANPASSUNG
Bedecktsamer konnten durch vielfältige Anpassungen alle Regionen der Erde besiedeln.

Weibliche und männliche Blüten stehen in getrennten Blütenständen. Sie werden durch den Wind bestäubt. Blüten der Bedecktsamer werden durch Wind, Insekten, Vögel oder Fledermäuse bestäubt. Viele haben sich gemeinsam mit ihren Bestaubern weiterentwickelt.

FÄCHER-AHORN
Bedecktsamer verbreiten ihre Samen auf unterschiedliche Weise. Bei diesem Ahorn sind die Samen in geflügelten Früchten eingeschlossen.

ZAPFEN DER PALMFARNE
Weibliche Palmfarne werden durch Spermatozoide befruchtet, die der Wind von einer männlichen Pflanze herbeitransportiert.

Zapfen eines weiblichen Palmfarns

Palmfarne

Palmfarne (*Cycadeen*) sind verholzte Pflanzen, die Samen hervorbringen und Farnen oder Palmen ähneln. Sie sind jedoch einzigartig und mit keiner anderen heute vorkommenden Pflanzengruppe verwandt. Im Zeitalter des Jura vor etwa 150 Millionen Jahren hatten sie den Höhepunkt ihrer Entfaltung. Heute gibt es noch etwa 185 Arten.

Die Hauptwurzeln der Palmfarne sind verdickt und fleischig. Alle Arten bilden außerdem sogenannte koralloide Wurzeln, die nach oben zur Erdoberfläche wachsen. In diesen leben symbiotische Blaualgen, die Stickstoff aus der Luft fixieren. Die verholzten Triebe wachsen entweder unter der Erde oder bilden eine stammähnliche Struktur aus. Die Blätter der meisten Arten sind gefiedert und stehen oft in einer palmenartigen Krone. Palmfarne sind entweder weiblich oder männlich. Sie entwickeln zapfenähnliche Gebilde mit den Sporophyllen, die die Fortpflanzungsorgane tragen.

Neue
Triebe

VERSTEINERTER PALMFARNWEDEL
Ein fossiler Wedel des Palmfarns *Nilssonia compta* aus dem Zeitalter des Jura vor etwa 180 Millionen Jahren.

ANPASSUNG AN WALDBRÄNDE
Triebe, die sich zu neuen Wedeln entwickeln, treiben nach einem Waldbrand aus der Spitze von *Cycas media* aus.

Alte Blätter

Cycas circinalis

Eingerollter Sagopalmfarn

Höhe bis 5 m
Typ Laub abwerfend
Verbreitung Indien (Karnataka, Kerala, Tamil Nadu, Maharashtra)

Der Eingerollte Sagopalmfarn (nicht zu verwechseln mit der Sagopalme) gedeiht in trockenen Wäldern im Hügelland und wirft die Blätter bei extremer Trockenheit ab. Er ist sehr attraktiv und wird oft als Zierpflanze gepflanzt. Das stärkereiche Mark des Stamms ist essbar. **Rinde** Braun, mit alten Blattbasen bedeckt. **Blätter** Glänzend grüne, 1,5–2,5 m lange Wedel mit 170 gegenständigen Fiedern; Blattstiele

WEDEL

behaart. **Blüten** Männliche eiförmige, orangefarbene Zapfen, wollig behaart; weibliche Zapfen in einem Ring um die Triebspitze. **Früchte** Keine; gelbe, rundliche, schwimmfähige Samen.

Gefiederte Wedel

Weibliche Zapfen

CARL VON LINNÉ

Carolus Linnaeus (Carl von Linné) (1707–1778) war ein schwedischer Arzt und Botaniker, der ein taxonomisches System einführte, um Lebewesen in Gruppen einzuteilen. Er beschrieb *Cycas circinalis* als eine einzige Art. Seiner Beschreibung lag jedoch eine frühere Arbeit zugrunde, die mindestens drei verschiedene Arten unterschied.

Ginkgo

Ginkgos gehören zu den Samenpflanzen. Sie sind eine Gruppe von Nackt-samern, die vor etwa 250 Millionen Jahren erschienen und vor 100 Millionen Jahren den Höhepunkt ihrer Vielfalt erreichten. Etwa 40 Millionen Jahre später kam nur noch eine einzige sehr variable Art, *Gingko adiantoides*, vor. Sie ähnelte der einzigen heute noch existierenden Art *Ginkgo biloba*.

BLATTFORM
Die hellgrünen Blätter des Ginkgos (*Ginkgo biloba*) haben eine charakteristische zweilappige, in der Mitte eingeschnittene Form.

Parallele Adern

Goldene Herbstfärbung

Ginkgo biloba, der oft als »lebendes Fossil« bezeichnet wird, ist ein großer Baum mit verzweigtem Stamm. Es ist zweifelhaft, ob noch Ginkgobäume in freier Natur existieren, obwohl es Beschreibungen von Exemplaren aus Ostchina gibt. Wahrscheinlich hat die Art nur dank buddhistischer Mönche in Japan und China überlebt. Für sie war der Baum heilig und sie pflanzten ihn in ihren Tempelgärten. Später wurde er weltweit als Gar-tenbaum beliebt, was sein Überleben sicherte. Er ist sehr anpassungsfähig und gedeiht in den meisten gemäßigten und mediter-ranen Klimata. Außerdem ist er sehr widerstandsfähig gegen Luft- und Bodenverschmutzung und Schädlinge. Deshalb sind Ginkgos beliebte Straßenbäume. Meist werden männliche Bäume gepflanzt, da die Samen weiblicher Exemplare sehr unangenehm riechen.

MÄNNLICHE BLÜTEN
Männliche Ginkgoblüten pro-duzieren Pollen mit frei beweg-lichen Spermatozoiden, die zu den größten im Pflanzenreich gehören. Die Befruchtung erfolgt meist durch Windbestäubung.

Ginkgo biloba

Ginkgo

Höhe bis 30 m
Typ Laub abwerfend
Verbreitung Osten Chinas

Dieser ursprüngliche Baum ist den Buddhisten heilig. Man sieht die Art oft in der Umgebung ihrer Tempel. Sie symbolisiert langes Leben, Hoffnung und Eintracht. Heute wird sie weltweit kultiviert, vor allem in den USA. Das Holz verrottet langsam, ist feuerresistent und fein gemasert mit seidigem Glanz. Es wird unter anderem für Schnitzereien, Möbel, Schachbretter und Fässer für Sake-Reiswein verwendet. Blätter und Samen finden in der Naturheilkunde Anwendung. Die Früchte riechen beim Verfaulen sehr unangenehm. **Rinde** Hellbraun,

BLÄTTER | Kerbe zwischen den Lappen

korkig, rissig. **Blätter** Fächerförmig, hellgrün, im Herbst goldgelb, zweilappig, etwa 8 cm breit; parallele Adern gabelig verzweigt. **Blüten** Männliche und weibliche an verschiedenen Bäumen; männliche in kleinen grünen Kätzchen; weibliche in Paaren, gestielt, klein, grün und rund. **Früchte** Keine; Samen mit fleischigem Mantel; Kern essbar.

FRÜCHTE

Silbern bereift

Bis 4 cm lang

SAMEN

MEDIZIN. ANWENDUNG

Die Menschen in China verwendeten die Samen dieser Art bereits vor 1000 Jahren zu heilkundlichen Zwecken. Mit den Blättern behandelte man Kreislauf- und Atembeschwerden. Im Westen wurde der Ginkgo in den letzten Jahren als Naturheilmittel zur Verbesserung mentaler Leistungen und des Kurzzeitgedächtnisses beliebt.

NATURHEILMITTEL

GINKGO
Die ungewöhnliche zweilappige Blattform (daher der
Artname *biloba*) und parallele Äderung ist unverkenn-
bar. Die Blätter werden in der Traditionellen Chine-
sischen Medizin bei unterschiedlichen Beschwerden
eingesetzt, etwa gegen hohe Cholesterin-Werte.

Nadelbäume

Nadelbäume bringen Zapfen hervor, in denen sich die Samen entwickeln. Die ältesten als Versteinerungen erhaltenen Nadelbäume stammen aus dem Zeitalter des Perm vor über 200 Millionen Jahren. Noch heute sind Nadelbäume häufig und kommen in sieben Familien mit über 600 Arten vor. Sie sind weitverbreitet und dominieren die Wälder kalter, trockener Regionen, in denen andere Bäume nicht gedeihen.

Die Blattform variiert innerhalb der Nadelbäume stark. Bei vielen Gattungen wie den Fichten (*Picea*), Tannen (*Abies*) und Kiefern (*Pinus*) sind die Blätter lang und schmal, man spricht von Nadeln. Bei anderen sind sie klein und schuppenförmig wie etwa bei Wacholdern (*Juniperus*) und Zypressen (*Cupressus*). Sie sind meist mit einer Wachsschicht bedeckt und die Spaltöffnungen sind in die Blattoberfläche eingesenkt. So wird der Wasserverlust minimiert und die Bäume ertragen Trockenheit.

Männliche und weibliche Zapfen stehen am selben oder an verschiedenen Bäumen. Die Zapfen fungieren als Blüten oder Blütenstände. Weibliche Zapfen sind meist viel größer als männliche. Männliche Zapfen

WEIBLICHE ZAPFEN UND MÄNNLICHE BLÜTENSTÄNDE
Die männlichen Blütenstände (rechts) erscheinen bei der Dreh-Kiefer (*Pinus contorta*) am selben Baum wie die weiblichen. Die weiblichen entwickeln sich zu Zapfen, die die Samen enthalten (links).

SCHUPPENFÖRMIGE BLÄTTER
Manche Nadelbäume wie die Feuer-Scheinzypresse (*Chamaecyparis obtusa*) haben schuppenförmige Blätter statt Nadeln.

Blätter sind in abgeflachten Trieben angeordnet

erscheinen in Blattachseln oder an jungen Trieben. Meist welken sie gegen Ende der Bestäubungsperiode.

Die Bestäubung erfolgt durch den Wind. Danach schließen sich die Schuppen der weiblichen Zapfen, bis die ausgebildeten Samen aus den reifen Zapfen entlassen werden. Die Zapfen mancher Kiefernarten öffnen sich nur nach der Hitze eines Waldbrands, um die Samen zu entlassen. Die Taxaceae (Familie der Eibengewächse) bringen keine Zapfen hervor. Die einzelnen Samen sind in einem fleischigen Mantel (Arillus) eingeschlossen.

RIESIGE NADELBÄUME
Nadelbäume können sehr hoch werden. Zu den höchsten gehören der Mammutbaum (*Sequoiadendron giganteum*), rechts abgebildet, und die Küsten-Tanne (*Abies grandis*), die bis zu 60 m hoch werden kann.

Abies alba

Weiß-Tanne

Höhe bis 46 m
Typ Immergrün
Verbreitung Mitteleuropa

Der Wipfel der Weiß-Tanne ist oft abgeflacht (»Storchennestkrone«). Das Harz wird zu Terpentin verarbeitet. **Rinde** Grau, glatt, im Alter aufgesprungen. **Blätter** Flache Nadeln, oberseits dunkelgrün, unterseits zwei silberne Streifen. **Blüten** Männliche gelb, gehäuft an der Triebunterseite; weibliche grün. **Zapfen** Aufrecht, zylindrisch, braun.

Abies grandis

Küsten-Tanne

Höhe bis 75 m
Typ Immergrün
Verbreitung Westliches Nordamerika

Die Küsten-Tanne gedeiht in feuchten Regionen. **Rinde** Graugrün, glatt, mit Harzblasen. **Blätter** Flache Nadeln beiderseits der Triebe, 2–6 cm lang, oberseits dunkelgrün, unterseits zwei silberne Streifen. **Blüten** Männliche klein, violett, an den Triebunterseiten; weibliche grün. **Zapfen** Aufrecht, zylindrisch und harzig, braun, 5–12 cm lang.

BLÜTEN

Nadeln 1,5–3 cm lang

NADELN

Abies nordmanniana

Nordmanns-Tanne

Höhe bis 46 m
Typ Immergrün
Verbreitung NO-Türkei, W-Kaukasus

Die Nordmanns-Tanne ist ein beliebter Weihnachtsbaum. Ihre Nadeln stehen dicht, die Gestalt ist zylindrisch. **Rinde** Grau, glatt, im Alter rissig. **Blätter** Flache, gekerbte Nadeln, oberseits glänzend dunkelgrün, unterseits zwei silberne Streifen. **Blüten** In getrennten Blütenständen. Männliche rot; weibliche gelbgrün. **Zapfen** Aufrecht, grünbraun.

Abies koreana

Koreanische Tanne

Höhe 9–18 m
Typ Immergrün
Verbreitung Korea

Strauchförmiger oder breit pyramidenförmiger Wuchs. **Rinde** Violettgrau, glatt, mit Harzblasen, springt in Platten auf. **Blätter** Schmale, gekerbte Nadeln in dichten Spiralen; 1,5–5 cm lang, oberseits grün, unterseits gekielt mit blaugrünen Streifen. **Blüten** Männliche breit oval, rot bis gelb oder grün, violettbraun getönt; weibliche rundlich, blaugrau. **Zapfen** Reifen dunkelviolett; Deckschuppen rotbraun.

JUNGE ZAPFEN

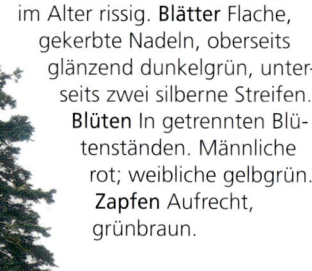

Nadeln 2–3 cm lang

Männliche Blütenstände

NADELN UND BLÜTEN

Edle Tanne

Höhe bis 50 m
Typ Immergrün
Verbreitung Westliches Nordamerika

Dieser Baum toleriert Wind, Schnee und kargen Boden. Sein Holz ist leicht, aber stabil. **Rinde** Silbergrau, glatt, im Alter aufgesprungen. **Blätter** Flache Nadeln mit gerundeten Spitzen, beiderseits blaugrün. **Blüten** Männliche tiefrot, an den Triebunterseiten; weibliche gelb, an den Trieboberseiten. **Zapfen** Aufrecht, fassförmig, 12–25 cm lang.

Nadeln
1–3,5 cm lang

NADELN

Atlas-Zeder

Höhe bis 60 m
Typ Immergrün
Verbreitung Nordafrika

Die Atlas-Zeder hat einen kräftigen Stamm und aufsteigende Äste. Die blaue *Cedrus atlantica* f. *glauca* hat blauweiße Nadeln und ist ein häufiger Parkbaum. **Rinde** Silbergrau, im Alter gefurcht. **Blätter** Grüne oder blaugrüne Nadeln, 1–3 cm lang, in Büscheln. **Blüten** Männliche rosa, weibliche hellgrün. **Zapfen** Eiformig, 5–8 cm lang, Spitze eingedellt.

Himalaya-Zeder

Höhe bis 60 m
Typ Immergrün
Verbreitung Himalaya

Wie die Atlas-Zeder hat dieser Baum einen kräftigen Stamm mit kegelförmiger Krone, die Zweige sind jedoch nach unten gebogen und der Gipfeltrieb hängt bogig über. Mit dem Zedernöl behandelte man früher Hautkrankheiten. **Rinde** Graubraun und glatt, im Alter rau und gefurcht. **Blätter** Blassgrüne Nadeln, bis 5 cm lang, zu 15 bis 20 an Kurztrieben. **Blüten** Männliche gelblich, in Büscheln; weibliche grünlich, aufrecht. **Zapfen** Aufrecht, fassförmig, reifen braun.

ZAPFEN

Bis 12 cm lang

TRIEBE MIT JUNGEN ZAPFEN

Cedrus libani

Libanon-Zeder

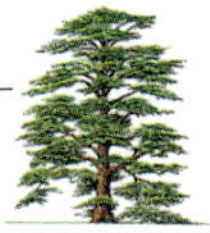

Höhe bis 40 m
Typ Immergrün
Verbreitung Naher Osten

Dieser langsamwüchsige Baum ist anfangs kegelförmig. Später wird der Stamm massiv und die dicht benadelten Zweige breiten sich etagenartig aus. Die Libanon-Zeder kann sehr alt werden. In der Türkei gibt es 1000 Jahre alte Exemplare. In der Bibel wird an vielen Stellen auf diesen Baum verwiesen. Aus seinem Holz soll der Tempel des Königs Salomo errichtet worden sein. Heute verwendet man es für Furniere. **Rinde** Rotbraun, fein rissig. **Blätter** Dunkelgrüne Nadeln, an Langtrieben einzeln stehend, an Kurztrieben zu 10–20 in Büscheln. **Blüten** Männliche reif gelbbraun, bis 6 cm lang; weibliche hellgrün mit violetter Tönung, 7–15 cm lang. **Zapfen** Aufrecht, fassförmig, Spitze gerundet; reifen von violett zu rosabraun.

Zapfen 7–15 cm lang

Nadeln 2–3 cm lang

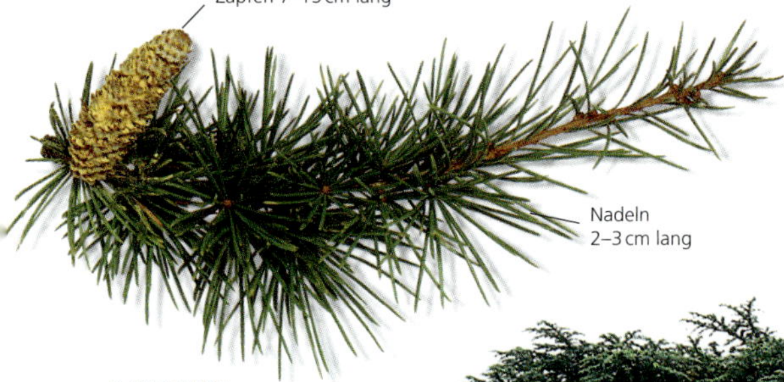

LANGTRIEB MIT ZAPFEN

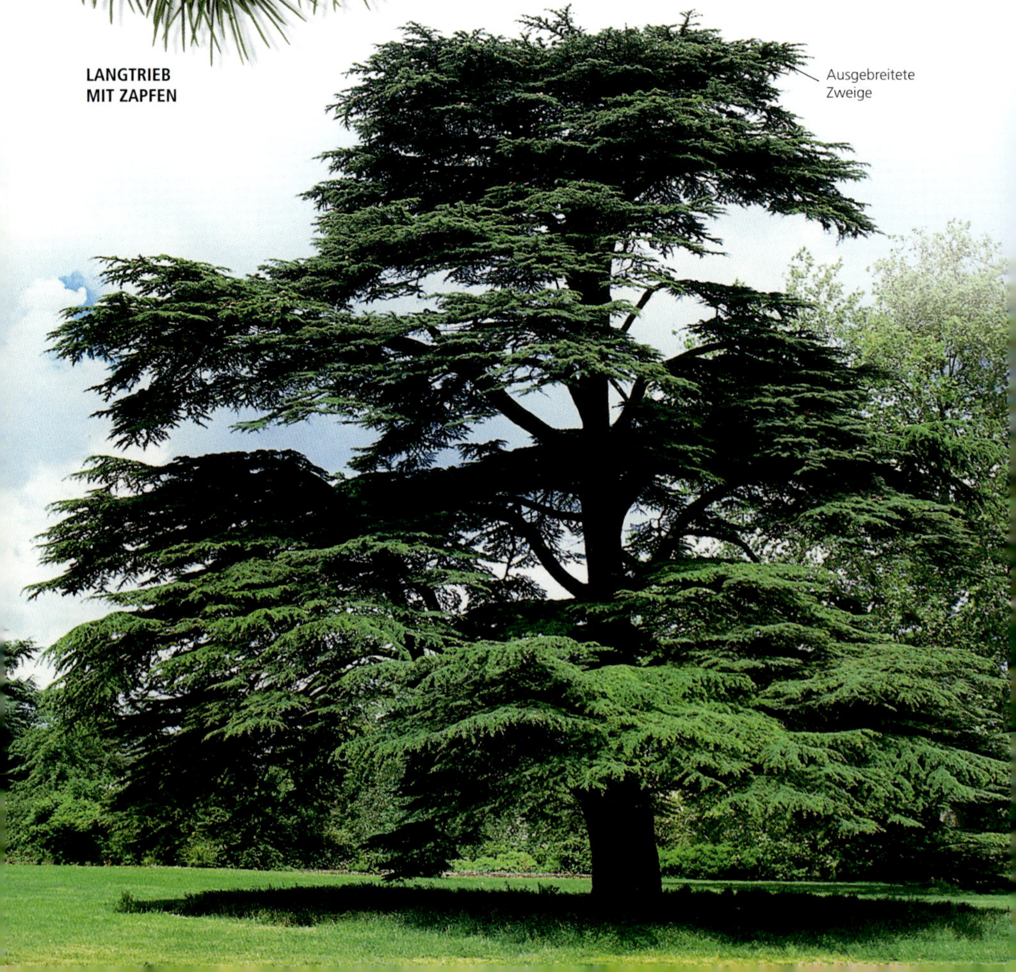

Ausgebreitete Zweige

Larix decidua

Europäische Lärche

Höhe bis 38 m
Typ Laub abwerfend
Verbreitung Mitteleuropa

Die Europäische Lärche entfaltet im Frühjahr als eine der ersten ihr Laub. Das Holz ist stabil und haltbar. **Rinde** Graubraun, im Alter aufgesprungen. **Blätter** Flache, weiche Nadeln, leuchtend grün. **Blüten** Männliche gelb; weibliche hellrot. **Zapfen** Braun, eiförmig mit glatten Schuppen und sichtbaren Deckschuppen.

Bis 4 cm lang

Rinde bei älteren Bäumen schuppig

1,5–3 cm lang

JUNGE ZAPFEN

RINDE

Larix kaempferi

Japanische Lärche

Höhe bis 35 m
Typ Laub abwerfend
Verbreitung Japan

Die Japanische Lärche wird auch als Bonsai gezogen. Als Holzlieferant ist sie beliebt, denn sie wächst schneller als andere Lärchenarten und ist widerstandsfähiger gegen Krankheiten. **Rinde** Rotbraun, im Alter aufgesprungen. **Blätter** Flache, weiche Nadeln, stumpf oder mit kurzer Spitze, unterseits blaugrün mit zwei grauweißen Streifen, meist in Kurztrieben zu 30–40. **Blüten** In Büscheln. Männliche gelb; weibliche grüngelb. **Zapfen** Klein, braun, Deckschuppen nicht sichtbar.

Nadeln bis 4 cm lang

Aufrechter, 3 cm langer Zapfen

ZAPFEN

Larix laricina

Tamarack

Höhe bis 25 m
Typ Laub abwerfend
Verbreitung Nordamerika

Nadeln 1–2,5 cm lang

NADELN UND ZAPFEN

Zapfen 1–2 cm lang

Dieser robuste Baum, auch Amerikanische Lärche genannt, kommt meist im Hochland auf lehmigen Böden vor und gedeiht auch in kalten Regionen. Das Holz wird für Eisenbahnschwellen und zum Schiffbau verwendet. **Rinde** Rotbraun, schuppig, dünn. **Blätter** Flache, weiche Nadeln, stumpf oder kurzspitzig; kräftig blaugrün, im Herbst gelb. **Blüten** Männliche gelblich, sehr klein; weibliche tiefrot, klein. **Zapfen** Klein, eiförmig mit runden, überlappenden Schuppen; färben sich von rosa zu hellbraun.

LIBANON-ZEDER
Während der letzten Jahrhunderte wurden Zedern-
wälder in großem Maße abgeholzt. In gemäßigten
Regionen pflanzt man die Libanon-Zeder (*Cedrus
libani*) als Zierbaum, wie in diesem Garten in Sussex,
Großbritannien.

Picea abies

Europäische Fichte

NADELN

Höhe bis 40 m
Typ Immergrün
Verbreitung Nord-, Mittel- und Osteuropa

Das Holz dieses beliebten Weihnachts-
baums wird als Bauholz, zur Herstellung
von Verpackungen und Papier und zum
Bau von Violinen verwendet. **Rinde** Orangebraun, im Alter graubraun, schuppig.
Blätter Steife, stechende vierseitige dunkelgrüne Nadeln. **Blüten** In aufrechten Blütenständen. Männliche rot; weibliche dunkelrot.
Zapfen Hängend, zylindrisch, Schuppen an
der Spitze gekerbt; 12–16 cm lang, an beiden Enden zigarrenförmig zugespitzt.

Nadeln
1–2 cm lang

NADELN UND ZAPFEN | Rotbraune Zapfen

Picea sitchensis

Sitka-Fichte

Höhe bis 80 m
Typ Immergrün
Verbreitung Nordamerika

Diese Fichte, die nach dem Sitka-Sund in
Alaska benannt ist, benötigt feuchtes Klima
und kommt nur bis 80 km von der Küste
entfernt vor. Das stabile, aber leichte Holz
wird zur Papierherstellung verwendet.
Rinde Grau, im Alter violettgrau, schält sich.
Blätter Dünne, spitze Nadeln, oberseits dun-

Nadeln
2–3 cm lang

kelgrün, unterseits
zwei weiße Bänder.
Blüten In Blüten-
ständen. Männliche
rot; weibliche grün-
violett. **Zapfen** Hän-
gend, leicht zuge-
spitzt, hellbraun.

Zapfen 7–8 cm lang

ZAPFEN UND NADELN

Pinus banksiana

Banks Kiefer

Höhe bis 27 m
Typ Immergrün
Verbreitung Nordamerika

Dies ist die am nördlichsten verbreitete Kiefer. Sie gedeiht auf kargen Böden. Die Samen werden nur bei Waldbränden aus den Zapfen entlassen. **Rinde** Orange bis rotbraun, schuppig. **Blätter** Gedrehte, gelbgrüne Nadeln, beiderseits mit feinen Streifen, in Paaren. **Blüten** Männliche orange bis gelb; weibliche gelbgrün. **Zapfen** Hellbraun, reifen nach zwei Jahren.

Zapfen
3,5–5 cm lang

Nadeln
2–5 cm lang

ZAPFEN UND NADELN

Pinus pinea

Schirm-Kiefer

Höhe bis 25 m
Typ Immergrün
Verbreitung S-Europa

Zapfen
8–12 cm lang

Nadeln
10–18 cm lang

BLÜTEN UND NADELN

Männlicher Blütenstand

ZAPFEN

Diese Kiefer, auch Pinie genannt, hat eine schirmförmige Krone. **Rinde** Hellbraun, springt in Platten auf. **Blätter** Nadeln in Paaren, graugrün, beiderseits mit feinen Streifen. **Blüten** Goldgelbe männliche und grüne weibliche Blüten in getrennten Blütenständen an den Triebenden. **Zapfen** Reifen von grün nach braun, enthalten essbare »Pinienkerne«.

Pinus parviflora

Mädchen-Kiefer

Höhe bis 20 m
Typ Immergrün
Verbreitung Japan und Korea

Die Krone dieser sehr bekannten und dekorativen Kiefer beginnt weit unten, ihr Stamm ist massiv und gerade und spaltet sich manchmal in zwei oder mehr Äste auf. **Rinde** Glatt, grau; wird im Alter rau, rissig und schuppig. **Blätter** Gedrehte Nadeln, im Querschnitt dreiseitig, oberseits dunkelgrün, unterseits hellgrün, in fünfzähligen Büscheln. **Blüten** Männliche Blütenstände in Büscheln um den Trieb; weibliche an Triebspitzen, violettrosa. **Zapfen** 6–8 cm lang, reifen von grün nach violett.

Gelbe oder braune männliche Blüten

Nadeln
3–6 cm lang

NADELN UND BLÜTEN

Pinus pinaster

Strand-Kiefer

Höhe bis 30 m
Typ Immergrün
Verbreitung Westl. Mittelmeer, NW-Afrika

Diese Kiefer gedeiht auf sandigen Böden und wird in Südfrankreich zur Befestigung von Sanddünen gepflanzt. **Rinde** Dunkel mit roter, schwarzer und heller Tönung; dick, schuppig und rissig. **Blätter** Nadeln meist paarig, grün bis gelbgrün mit feinen Streifen. **Blüten** Männliche gelb, an der Basis der Triebe; weibliche rot, am Ende der Triebe. **Zapfen** Lang, eiförmig, glänzend braun.

Nadeln
12–25 cm lang

Zapfen
9–18 cm lang

NADELN UND ZAPFEN

SCHIRM-KIEFER / PINIE
Die schirmförmige Krone und der elegante schlanke Stamm der Schirm-Kiefer (*Pinus pinea*) sind charakteristisch für mediterrane Landschaften. Ihrer essbaren Pinienkerne wegen wird diese Kiefer auch andernorts gepflanzt.

Zirbel-Kiefer, Arve

Höhe bis 22 m
Typ Immergrün
Verbreitung Europa, Russland
(Ural, Sibirien)

Nadeln
5–8 cm lang

NADELN

Dieser Baum kommt in hohen Lagen vor.
Rinde Hellbraun, mit Harzblasen. **Blätter**
Steife Nadeln, je 5 an Kurztrieben, oberseits
glänzend grün, unterseits weißlich. **Blüten**
In Büscheln. Männliche gelb; weibliche rot.
Zapfen Aufrecht, eiförmig.

Karibische Kiefer

Höhe bis 30 m
Typ Immergrün
Verbreitung Karibische Inseln, Mexiko,
Nicaragua

Diese starkwüchsige Kiefer bildet dichte
Bestände. **Rinde** Grau, im Alter plattig. **Blät-**
ter Je 3–5 Nadeln an Kurztrieben. **Blüten**
Männliche Blütenstände ungestielt; weibliche
kegelförmig. **Zapfen** Hellbraun bis rötlich.

Gelbgrüne,
15–25 cm
lange Nadeln

NADELN

Dreh-Kiefer

Höhe bis 50 m
Typ Immergrün
Verbreitung Nordamerika

Die Zapfen dieser Kiefer bleiben jahrelang
geschlossen und öffnen sich erst bei Waldbränden. **Rinde** Rot- oder gelbbraun, im
Alter mit tiefen Rissen und dunklen Schuppen. **Blätter** Nadeln in Paaren, blaugrün, im
Winter gelbgrün. **Blüten** Männliche gelb;
weibliche grün. **Zapfen** Lang, braun.

NADELN UND ZAPFEN

Zapfen bis 5 cm lang

Langlebige Kiefer

Höhe bis 16 m
Typ Immergrün
Verbreitung Nordamerika

Die größte Baumart der subalpinen Stufe
kann sehr langlebig sein. Das älteste
Exemplar ist der 4789 Jahre alte »Methu-
salem-Baum« in den White Mountains in
Kalifornien. **Rinde** Rotbraun, rissig. **Blätter**
Tief gelbgrüne Nadeln zu je fünf. **Blüten**
Männliche violettrot; weibliche violett.
Zapfen Rotbraun, hängend, 6–9 cm lang.

NADELN UND BLÜTEN

Violettrote männ-
liche Blüten

Nadeln 1,5–3,5 cm
lang

Pinus nigra

Schwarz-Kiefer

Höhe bis 50 m
Typ Immergrün
Verbreitung Westl. Mittelmeergebirge

Diese Kiefer mit geradem Stamm und dicker Rinde ist ein guter Holzlieferant. Sie benötigt viel Licht. **Rinde** Grau, dick. **Blätter** Gedrehte, feste dunkelgrüne Nadeln in Paaren, 10–15 cm lang, sehr spitz. **Blüten** Männliche gelb, in Büscheln an der Basis der Triebe; weibliche rot, an Triebspitzen. **Zapfen** 5–8 cm lang, grün, reifen zu grau- bis gelbbraun, fallen bei Reife intakt vom Baum.

Pinus patula

Mexikanische Kiefer

Höhe bis 30 m
Typ Immergrün
Verbreitung Mexiko

Nadeln 15–25 cm lang   Zapfen 7–10 cm lang   **NADELN UND ZAPFEN**

Diese Kiefer bevorzugt sauren, feuchten Boden. Das Holz wird zur Papierherstellung verwendet. **Rinde** Rotorange, später graubraun, längs gefurcht. **Blätter** Hell- bis gelbgrüne Nadeln, 3–5 an Kurztrieben. **Blüten** Männliche und weibliche an derselben Pflanze; weibliche erscheinen ein Jahr später als männliche. **Zapfen** Braun oder gelbbraun, in Gruppen zu 3–6.

Pinus strobus

Weymouths-Kiefer

Höhe bis 65 m
Typ Immergrün
Verbreitung Östliches Nordamerika

Diese Kiefer wurde früher in großer Zahl gefällt und zu Schiffsmasten verarbeitet. **Rinde** Grau, schuppt sich in rechteckigen, violett getönten Platten. **Blätter** Je 5 Nadeln an Kurztrieben. **Blüten** Männliche gelb, in Büscheln an der Basis der Triebe; weibliche rötlich, in Paaren an Triebspitzen. **Zapfen** Gebogen, hellbraun, in Büscheln.

NADELN UND ZAPFEN   Zapfen 8–20 cm lang   Nadeln 6–10 cm lang

Pinus roxburghii

Emodi-Kiefer

Höhe bis 55 m
Typ Immergrün
Verbreitung Himalaya

Das Holz dieses Baums ist reich an Harz. **Rinde** Dunkelrot bis braun, harzig, dick, schuppig und rissig. **Blätter** Je 3 Nadeln in Kurztrieben, 20–30 cm lang. **Blüten** Männliche und weibliche an derselben Pflanze. **Zapfen** Länglich, 10–20 cm lang.

LANGLEBIGE KIEFER
Die Langlebige Kiefer (*Pinus longaeva*) ist
charakteristisch für karge Landschaften wie die
Hänge des Mount Washington in Nevada, USA.
Das Holz verrottet sehr langsam. Einzelne Stücke
auf dem Boden können über 10 000 Jahre alt sein.

Pinus sylvestris

Wald-Kiefer

Höhe bis 40 m
Typ Immergrün
Verbreitung Europa, N-Asien

Die Wald-Kiefer oder Föhre ist in weiten Teilen der Erde verbreitet. Sie gedeiht auf armen, sandigen Böden und toleriert sehr unterschiedliche klimatische Bedingungen, von warmen südeuropäischen Sommern bis hin zu den eisigen Wintern in Sibirien. Das Holz ist stabil und gut zu bearbeiten. Man stellt daraus Bretter, Furniere und

**NADELN,
BLÜTEN UND
ZAPFEN**

Weibliche
Blüten

Männliche
Blüten

Zapfen 3–7 cm lang

KIEFERNSAMEN ALS NAHRUNG

Der Schottenkreuzschnabel, eine gefährdete Art, kommt nur im schottischen Hochland vor und ist auf Kiefernsamen als Nahrung angewiesen. Die Spitzen von Ober- und Unterschnabel überkreuzen sich. So kann der Vogel geschickt die Zapfen öffnen und die Samen herausholen. Das Weibchen ist grünlich, das Männchen orangerot gefärbt.

**SCHOTTEN-
KREUZSCHNABEL**

Telegrafenmasten her. **Rinde** Rotbraun, färbt sich violettgrau, tiefrissig. **Blätter** Blaugrüne, gedrehte Nadeln, 5–7,5 cm lang, paarig, beiderseits weiße Streifen. **Blüten** Männliche gelb, in Büscheln an der Basis der Triebe; weibliche rot, paarig an den Triebspitzen. **Zapfen** Klein, eiförmig, breite Schuppen mit aufgebogenen Spitzen; glänzend grün, reifen im zweiten Herbst braun.

Pinus wallichiana

Tränen-Kiefer

Höhe bis 50 m
Typ Immergrün
Verbreitung Himalaya

Das harte, haltbare Holz wird als Bauholz und für Teekisten verwendet. **Rinde** Orange- oder rotbraun, im Alter aufgesprungen. **Blätter** Je 5 Nadeln, 15–20 cm lang, oberseits grün, unterseits mit bläulich weißen Streifen. **Blüten** Männliche gelb, in Büscheln; weibliche grüngelb, je 6 in Gruppen. **Zapfen** Lang, reifen von grün zu hellbraun.

Schuppen mit breiter Spitze

NADELN UND ZAPFEN

Pseudotsuga menziesii

Gewöhnliche Douglasie

Höhe bis 100 m
Typ Immergrün
Verbreitung Nordamerika

Zapfen 5–8 cm lang

Weibliche Blütenstände

Dieser Baum ist nach dem Pflanzensammler David Douglas benannt. **Rinde** Dunkelgrau oder violett, rissig. **Blätter** Weiche grüne Nadeln, unterseits mit zwei weißen Streifen. **Blüten** Männliche gelb, an Triebunterseiten; weibliche rot, an Triebspitzen. **Zapfen** Hängend, hellbraun.

Dreispitzige Deckschuppen

ZAPFEN

Tsuga canadensis

Kanadische Hemlocktanne

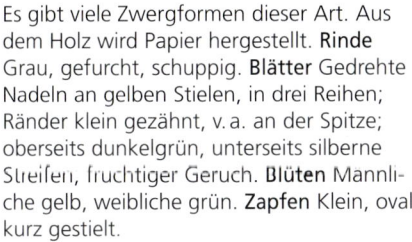

Höhe 30 m
Typ Immergrün
Verbreitung Östliches Nordamerika

Es gibt viele Zwergformen dieser Art. Aus dem Holz wird Papier hergestellt. **Rinde** Grau, gefurcht, schuppig. **Blätter** Gedrehte Nadeln an gelben Stielen, in drei Reihen; Ränder klein gezähnt, v. a. an der Spitze; oberseits dunkelgrün, unterseits silberne Streifen, fruchtiger Geruch. **Blüten** Männliche gelb, weibliche grün. **Zapfen** Klein, oval, kurz gestielt.

Nadeln bis 2 cm lang

NADELN UND ZAPFEN

Zapfen 1,5 2,5 cm lang

Tsuga heterophylla

Westliche Hemlocktanne

Höhe bis 60 m
Typ Immergrün
Verbreitung Westliches Nordamerika

Wird als Bauholz verwendet. **Rinde** Rotbraun, färbt sich violettbraun, schuppig. **Blätter** Stumpfe Nadeln, oberseits dunkelgrün mit zwei bläulich weißen Streifen; riecht bei Zerreiben unangenehm. **Blüten** Rötlich; männliche an Triebunterseiten, bei Pollenreife hellgelb; weibliche an Triebspitzen. **Zapfen** Klein, oval, bronzegrün bis braun mit runden Schuppen.

Agathis australis

Kaurifichte

Höhe bis 50 m
Typ Immergrün
Verbreitung Neuseeland

Baum mit rundlicher Krone, wenn er den Wald überragt. Die Maori bauten aus dem Holz Kanus. **Rinde** Schält sich in dicken Schuppen. **Blätter** Wechselständig, streifenförmig. **Blüten** In Büscheln. Männliche zylindrisch; weibliche rundlich, graugrün. **Zapfen** Rundlich.

RINDE   Grau bis violett gefleckte Rinde   Dickes grünes Laub

Agathis robusta

Queensland-Kaurifichte

Höhe bis 50 m
Typ Immergrün
Verbreitung Australien (Queensland)

Wächst am Rand des Regenwalds. **Rinde** Orange- bis graubraun, glatt bis schuppig. **Blätter** Steif, lineal bis eiförmig. **Blüten** Männliche zylindrisch; weibliche birnenförmig. **Zapfen** 9–15 cm, Samen geflügelt.

Araucaria bidwillii

Bunya-Bunya-Baum

Höhe bis 50 m
Typ Immergrün
Verbreitung Australien (SO- und N-Queensland)

Der Baum, der den Aborigines heilig ist, trägt große, hartschalige essbare Nüsse. **Rinde** Dunkelbraun bis schwarz. **Blätter** Ausgewachsen eiförmig, überlappend. **Blüten** Männliche zylindrisch; weibliche rund. **Zapfen** Riesig, bis 10 kg schwer, dunkelgrün mit 50–100 Samen.

Araucaria columnaris

Neukaledonische Araukarie

Höhe bis 60 m
Typ Immergrün
Verbreitung Süden Neukaledoniens, Loyalty-Inseln

Baum mit sehr begrenztem Verbreitungsgebiet. **Rinde** Dunkelbraun bis schwarz. **Blätter** Junge Blätter nadelförmig, alte eher dreieckig. **Blüten** Männliche Blütenstände einzeln, 20 cm lang; weibliche 10–15 cm lang. **Zapfen** Groß, eiförmig.

Krone
kegelförmig

Araucaria araucana

Chilenische Araukarie

Höhe 30 bis 40 m
Typ Immergrün
Verbreitung S-Chile, SW-Argentinien

Diese Art steht in freier Natur unter Schutz und ist in kühl gemäßigten Regionen ein beliebter Zierbaum. **Rinde** Graubraun und harzig, glatt mit ringförmigen Narben alter Äste. **Blätter** Schuppenförmig, werden 10–15 Jahre alt; breit dreieckig, 0,8–2,5 cm breit, beiderseits glänzend grün, spitz. **Blüten** Männliche in aufrechten Zapfen,

gelbbraun, 7–15 cm lang und 5 cm breit; Schuppen mit nach außen gebogenen Spitzen; weibliche rundlich, grün, 10–18 cm lang und 8–15 cm breit. **Zapfen** Rund mit überlappenden spitzen Schuppen, reifen nach 2–3 Jahren zu braun.

Runde Krone

Sich entwickelnder Blütenstand

Zugespitztes Blatt

Alter männlicher Blütenstand

DIE PEHUENCHE

Für das Volk der Pehuenche in Chile sind die Samen der Chilenischen Araukarie ein Grundnahrungsmittel. Sie sind nährstoffreich und gekocht sehr schmackhaft. Auch an Tiere werden sie verfüttert. Der Baum spielt bei den Ernte- und Fruchtbarkeitszeremonien der Pehuenche eine wichtige Rolle.

CHILENISCHE ARAUKARIE
Die Chilenische Araukarie (*Araucaria araucana*) ist im
Malacahuello-Nationalpark in Chile heimisch. Bäume
der Familie der Araukariengewächse kommen heute
nur auf der Südhalbkugel vor. Früher waren sie auch
auf der Nordhalbkugel verbreitet.

Neuguinea-Araukarie

Höhe bis 60 m
Typ Immergrün
Verbreitung Australien (N-Queensland bis New South Wales), W-Neuguinea

Dieser Nadelbaum wird in Australien als Zierbaum und in Plantagen gepflanzt. Die Qualität seines weißen bis hellbraunen Holzes ist hervorragend, besonders als Furnierholz. **Rinde** Graubraun, rau, schuppt sich in feinen Streifen. **Blätter** Junge Blätter spiralig an Trieben, graugrün bis grün mit glatten Rändern; ausgewachsene Blätter überlappend, beiderseits gekielt, schuppenförmig, 0,8– 2 cm lang. **Blüten** Männliche zylindrisch, 2–3 cm lang; weibliche eher oval, 8–10 cm lang. **Zapfen** Oval, bis 10 cm lang, entlassen bei Reife schmalflügelige Samen.

Araukarien-Art

Höhe bis 85 m
Typ Immergrün
Verbreitung Papua-Neuguinea

Junge Bäume sind pyramidenförmig, im Alter ist die Spitze abgeflacht. Die Art ist gefährdet. **Rinde** Dunkelbraun, harzig, schuppt sich in korkigen Platten. **Blätter** Junge Blätter pfriemlich; ausgewachsene lanzettlich, 6–15 cm lang, flach. **Blüten** Männliche schmal, zylindrisch; weibliche eiförmig. **Zapfen** Oval, bis 20 cm lang.

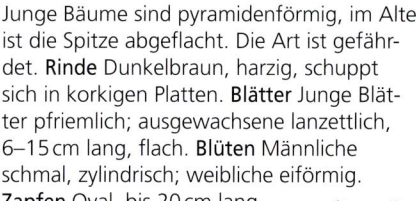

Zimmertanne

Höhe 50–70 m
Typ Immergrün
Verbreitung Norfolk-Insel (östlich von Australien)

Die Zweige sind in Quirlen von 4–7 angeordnet. **Rinde** Graubraun. **Blätter** Junge Blätter pfriemlich, ältere schuppenförmig. **Blüten** Männliche in Büscheln, 4 cm lang, gelbbraun oder rötlich; weibliche breiter als lang mit dreieckigen Schuppen und einem Hochblatt. **Zapfen** Entlassen geflügelte Samen.

Blätter leuchtend grün

Podocarpus macrophyllus

Großblättrige Steineibe

Höhe bis 15 m
Typ Immergrün
Verbreitung China, Japan

Podocarpus kommt vom griechischen »Fuß« und »Frucht« und bezieht sich auf die fußförmige Basis der Frucht. **Rinde** Grau, rot, braun, Schuppen länglich. **Blätter** Wechselständig, lanzettlich, oberseits grün, unterseits graugrün. **Blüten** Männliche in Kätzchen, 3 cm lang; weibliche einzeln. **Samen** Rund, grün oder violett, 1 cm breit.

Cephalotaxus harringtonia

Harringtons Kopfeibe

Höhe bis 12 m
Typ Immergrün
Verbreitung China, Japan

Kann strauchförmig wachsen. **Rinde** Grau, schuppt sich in Streifen. **Blätter** Nadeln in zwei Reihen; oberseits glänzend grün, unterseits zwei helle Bänder. **Blüten** Gelb; weibliche größer als männliche. **Zapfen** Eiförmig.

WEIBLICHE BLÜTEN

Männliche Blüten

Gelbe Blüten

NADELN

Sciadopitys verticillata

Japanische Schirmtanne

Höhe 20–30 m
Typ Immergrün
Verbreitung Japan

Dieser Baum ist in Japan heilig. **Rinde** Rotbraun, dick, weich, faserig. **Blätter** Am Stamm braune Schuppenblätter; fleischige Nadeln zu 10–30 an Kurztrieben, oberseits glänzend grün. **Blüten** Männliche gelb, in Blütenständen; weibliche grün, einzeln. **Zapfen** Reifen braun; Samen orangebraun.

ZAPFEN

NADELN UND BLÜTEN

3,5–6,5 cm lang

Männliche Blüten

Taxus brevifolia

Pazifische Eibe

Höhe bis 20 m
Typ Immergrün
Verbreitung Nordamerika (NW der Pazifikküste)

Nordamerikanische Indianerstämme stellten aus dieser Eibe Waffen und Werkzeuge her. Laub, Samen und Rinde sind giftig, enthalten jedoch Taxol, einen Wirkstoff gegen Krebs. **Rinde** Schuppig, außen violettbraun, innere Schichten rotviolett. **Blätter** Quirlständig, lineal, 0,8–3,5 cm lang; grün, unterseits zwei gelbgrüne Bänder. **Blüten** Männliche hellgelb; weibliche kleine grüne Kugeln. **Samen** Eiförmig in fleischigem roten Mantel (Arillus).

Taxus baccata

Europäische Eibe

Höhe bis 25 m
Typ Immergrün
Verbreitung Europa, W-Asien

Rinde, Laub und Samen der Europäischen
Eibe sind giftig. In verschiedenen Reli-
gionen ist sie ein Symbol für das ewige
Leben, vielleicht, weil sie immergrün und
sehr langlebig ist. Vielleicht wurde sie auch
ihrer Giftigkeit wegen mit Tod und ewigem
Leben in Verbindung gebracht. **Rinde** Glatt,
rotbraun; schuppt sich, untere violettrote
Schichten werden sichtbar. **Blätter** Nadeln,
an waagrechten Zweigen zweireihig, an
aufrechten Trieben spiralig; lineal, oberseits
dunkelgrün, unterseits mit zwei graugrünen
Streifen, Mittelrippe erhöht. **Blüten** Männliche
rundlich, an Triebunterseiten; weibliche klein,

DER LANGBOGEN

Im Mittelalter stellte man
aus dem elastischen,
dichten Holz der Eibe
Langbögen her. Die Eng-
länder kämpften mit diesen
Bögen, mit denen die Pfeile
Rüstungen durchdringen
konnten, in der Schlacht von
Agincourt 1415 gegen die Fran-
zosen. Der Verbrauch an Eiben-
holz war so groß, dass die heimischen
Bestände bald ausgebeutet waren.

an Triebspitzen. Beide in Kätzchen an verschiedenen Bäumen. **Samen** Mantel (Arillus)
schließt einen braunen Samen ein.

Nadeln
1–3 cm lang

Hellgelbe
männliche
Blüten

Leuchtend
roter Arillus

**REIFE UND
UNREIFE SAMEN**

Gelbe
Frucht

**T. BACCATA
'LUTEA'**

MÄNNLICHE BLÜTENSTÄNDE

Torreya californica

Nusseibe

Höhe bis 20 m
Typ Immergrün
Verbreitung USA (Kalifornien)

Dieser Baum gedeiht an feuchten Standorten. Die Blätter riechen streng, wenn man sie zerreibt. **Rinde** Grau bis graubraun. **Blätter** Nadeln oberseits glänzend grün, unterseits mit zwei weißen Rillen. **Blüten** Männliche gelblich weiß; weibliche grün. **Samen** In fleischigem Mantel (Arillus).

Calocedrus decurrens

Kalifornische Flusszeder

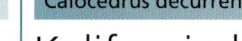

Höhe 18–46 m
Typ Immergrün
Verbreitung Westl. USA, Mexiko

Aromatisches Laub. **Rinde** Hell rotbraun. **Blätter** Glänzend grün, schuppenförmig. **Blüten** Männliche rot- bis hellbraun, weibliche rot bis goldbraun. **Zapfen** Mit bis zu vier Samen.

Reifer geöffneter Zapfen

Längsrisse

Rundliche männliche Blüten

Blätter bis 3 mm lang

BLÜTEN UND BLÄTTER **RINDE** **ZWEIG MIT ZAPFEN**

Chamaecyparis lawsoniana

Lawsons Scheinzypresse

Höhe bis 50 m
Typ Immergrün
Verbreitung USA (SW-Oregon, NW-Kalifornien)

Dieser Baum wird als Zierbaum gepflanzt. Sein Holz ist vielseitig verwendbar. **Rinde** Rötlich braun, faserig. **Blätter** Winzige, überlappende Schuppen, oberseits dunkelgrün, unterseits heller. **Blüten** Männliche rot bis violett mit roten Pollensäcken; weibliche grün, knospenähnlich. **Zapfen** Mattviolett bis rotbraun, mit 8–10 paarigen Schuppen, jede mit 2–4 Samen.

Chamaecyparis pisifera

Erbsenfrüchtige Scheinzypresse

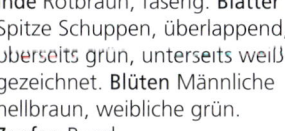

Höhe bis 20 m
Typ Immergrün
Verbreitung Japan

Dieser Zierbaum ist in Japan ein wichtiger Holzlieferant. **Rinde** Rotbraun, faserig. **Blätter** Spitze Schuppen, überlappend, oberseits grün, unterseits weiß gezeichnet. **Blüten** Männliche hellbraun, weibliche grün. **Zapfen** Rund.

RINDE Längsstreifen

Blatt 2–3 mm lang

Zapfen 8–12 mm breit

ZWEIG MIT REIFEN ZAPFEN

Cryptomeria japonica

Japanische Sicheltanne

Höhe bis 50 m
Typ Immergrün
Verbreitung Japan, China

In Japan wichtigster Holzlieferant. Oft bei Tempeln gepflanzt. **Rinde** Rotbraun bis dunkelgrau, schält sich in Streifen. **Blätter** Hellgrüne Nadeln. **Blüten** Männliche violettrot; weibliche grün. **Zapfen** Rundlich.

Zapfen reift zu braun.

REIFER ZAPFEN

Männliche Blüten 5 mm lang

Cupressus lusitanica

Mexikanische Zypresse

Höhe bis 30 m
Typ Immergrün
Verbreitung Mexiko, Guatemala, Honduras

Kegelförmig. **Rinde** Rötlich, graubraun. **Blätter** In vier Reihen, blaugrün. **Blüten** Männliche braun, weibliche blauweiß. **Zapfen** Rundlich.

BLÄTTER UND ZAPFEN

Kleine schuppenförmige Blätter

Reifer Zapfen

RUNDE GESTALT

RINDE

Längsfurchen

Cupressus macrocarpa

Monterey-Zypresse

Höhe bis 30 m
Typ Immergrün
Verbreitung USA (Kalifornien)

Dieser ungewöhnliche Baum ist in freier Natur selten und im Wachstum gehemmt. In Anpflanzungen wächst er oft hoch. **Rinde** Gelblich braun. **Blätter** Schuppenförmig. **Blüten** Männliche gelb, eiförmig; weibliche grün, länglich. **Zapfen** Rundlich.

Bei Reife graubraun

REIFE ZAPFEN

Cupressus sempervirens

Echte Zypresse

Höhe bis 30 m
Typ Immergrün
Verbreitung Mittelmeer-Region

Dieser Baum wird weltweit als Zierbaum gepflanzt. Das Holz ist haltbar und leicht zu verarbeiten. **Rinde** Grau, glatt, wird im Alter graubraun und gefurcht. **Blätter** Schuppenförmig, winzig, weniger als 1 mm lang, mattgrün. **Blüten** Männliche gelbbraun; weibliche grün. **Zapfen** Kurz gestielte glänzend braune bis graue Zapfen mit 8–14 paarigen Schuppen mit gewellten Rändern, braune Samen.

Zapfen 2–3 cm lang

LAUB UND ZAPFEN

× Cupressocyparis leylandii

Bastard-Zypresse

Höhe bis 40 m
Typ Immergrün
Verbreitung Großbritannien

Dieser schnellwüchsige Baum ist eine Hybride zwischen der Nutka-Scheinzypresse (*Chamaecyparis nootkatensis*) und der Monterey-Zypresse (*Cupressus macrocarpa*), die verschiedenen Gattungen angehören. Er wird oft als Hecke oder Sichtschutz gepflanzt. Die ersten Sämlinge wurden von C. J. Leyland gepflanzt, nach dem dieser

Baum benannt ist. Diese Art hat aufsteigende, fast waagrechte Äste. **Rinde** Rotbraun mit flachen Rissen. **Blätter** Dicht und überlappend, schuppenförmig, bis zu 2 mm lang; grün, gelb oder graugrün. **Blüten** In Büscheln an den Spitzen der Triebe; männliche gelb, weibliche grün. **Zapfen** Rund mit vier paarigen Schuppen.

Zapfen
2 cm breit

BLÄTTER UND JUNGE ZAPFEN

Juniperus communis

Gewöhnlicher Wacholder

Höhe bis 6 m **Typ** Immergrün
Verbreitung
Europa, Nordamerika

Kegelförmige Krone

6–9 mm breit

REIFE FRÜCHTE

Nadeln
0,5–2 cm lang

Scharfe Spitzen

Wacholder- und Zedernöl wurde von den alten Ägyptern zum Einbalsamieren verwendet. Im Mittelalter wurden die Zapfen in der Heilkunde eingesetzt. Heute verleihen die Beeren vorwiegend dem Gin sein Aroma. Die zerriebenen Blätter riechen nach Äpfeln oder Gin. **Rinde** Rotbraun, papierartige Schichten lösen sich in Streifen. **Blätter** Flache, pfriemliche Nadeln in dreizähligen Quirlen; oberseits konkav, blaugrün, mit breitem, wächsernen Band; unterseits hellgrau mit Kiel. **Blüten** Männliche und weibliche an verschiedenen Pflanzen. Männliche gelb; weibliche grün, in Blattachseln. **Zapfen** Rund, beerenähnlich; reifen in drei Jahren von grün zu blauschwarz.

Juniperus virginiana

Virginischer Wacholder

Höhe bis 18 m
Typ Immergrün
Verbreitung Östliches Nordamerika

Aus dem Holz dieses Baums wurden Bleistifte hergestellt. Er hat einen schlanken Wuchs und ist die hochwüchsigste Wacholderart. Das Holz ist leicht, haltbar, weich und aromatisch. **Rinde** Rötlich bis graubraun, schält sich längs. **Blätter** Junge Blätter nadelförmig, bis 6 mm lang, an den Triebspitzen; ältere Blätter schuppenförmig, 1–3 mm lang, überlappend, unterhalb der Triebspitzen. **Blüten** Gelbe männliche und grüne weibliche an verschiedenen Trieben. **Zapfen** Glatt, oval, reifen violettbraun.

Kegel- bis säulenförmiger Wuchs

Zapfen 3–5 cm lang

Schält sich in langen Streifen

BLÄTTER UND ZAPFEN   **RINDE**

Metasequoia glyptostroboides

Kegelförmige Gestalt

Urweltmammut- baum

Höhe bis 45 m
Typ Laub abwerfend
Verbreitung China

Dieser Baum war nur von Versteinerungen bekannt, bis man 1941 lebende Exemplare in China entdeckte. **Rinde** Schält sich in Längsschuppen. **Blätter** Weich, nadelförmig, flach; hellgrün, später dunkelgrün, im Herbst rotbraun. **Blüten** Männliche in Paaren, gelb, eiförmig; weibliche in hängenden Büscheln, grün, rundlich. **Zapfen** Verholzen bei Reife, färben sich dunkelbraun.

Blätter bis 2,5 cm lang

LAUB

Orangebraun

Unreifer Zapfen

RINDE   **FRUCHT**

Sequoia sempervirens

Küstenmammutbaum

Höhe bis 110 m
Typ Immergrün
Verbreitung USA (SW-Oregon, NW-Kalifornien)

Höchster Baum der Welt, kann über 2000 Jahre alt werden. Er ist nach einem Indianer vom Stamm der Cherokee, Sequoyah, benannt. **Rinde** Rotbraun, kräftig, faserig, tief gefurcht und schuppig. **Blätter** Spitze Nadeln, oberseits glänzend dunkelgrün, unterseits mit zwei weißen Streifen. **Blüten** In getrennten Blütenständen am gleichen Baum; männliche gelbbraun, rund; weibliche rotbraun, knospenähnlich. **Zapfen** Eiförmig.

TRIEBE MIT BLÜTEN

Blüten an den Enden der Triebe

Sequoiadendron giganteum

Mammutbaum

Höhe bis 90 m
Typ Immergrün
Verbreitung USA (Kalifornien)

Dieser Baum ist der größte der Welt (jedoch nicht der höchste) und kann bis zu 2000 Tonnen wiegen. In der Sierra Nevada wird er bis zu 3000 Jahre alt. **Rinde** Bis 50 cm dick, faserig, gefurcht. **Blätter** Spitz, schuppenförmig, 5–8 mm lang, graugrün. **Blüten** Männliche hellgrün, rund bis oval, an den Spitzen der Triebe; weibliche grün, oval. **Zapfen** Fassförmig, hängend.

Rotbraun

Männliche Blütenknospen

BLÄTTER UND KNOSPEN

5–8 cm lang

RINDE

UNREIFER ZAPFEN

MAMMUTBAUM
Diese riesigen Mammutbäume (*Sequoiadendron giganteum*) im Jedediah Smith State Park in Kalifornien gehören zu den größten Bäumen der Welt. Ihr Blätterdach spendet Schatten. Wo alte Bäume abgestorben sind, dringt Sonnenlicht durch die Lücken.

Platycladus orientalis

Morgenländischer Lebensbaum

Höhe bis 20 m
Typ Immergrün
Verbreitung China, Korea, O-Russland

Dieser meist buschige Baum hat mehrere Hauptäste, die an der Basis entspringen. In seinem ursprünglichen Verbreitungsgebiet wurde er früher häufig kultiviert. Er ist langlebig, einige Exemplare in China schätzt man auf über 1000 Jahre. **Rinde** Rot- bis graubraun, dünn, schält sich in langen Streifen. **Blätter** Schuppenförmig, überlappen an Trieben in vier Reihen. **Blüten** Männliche und weibliche am selben

TRIEB

Zapfen bis 2 cm lang

Baum. Männliche gelbgrün, oval, 2–3 mm lang; weibliche an Enden der Triebe, blaugrün, rund, 3 mm breit. **Zapfen** Mit 6–8 Schuppen; Samen ungeflügelt, grau bis violettbraun, gefurcht.

Kegelförmiger Wuchs

Taxodium distichum

Zweizeilige Sumpfzypresse

Höhe bis 50 m
Typ Laub abwerfend
Verbreitung SO der USA

Wächst in Süßwassersümpfen. **Rinde** Hellbraun, faserig, gefurcht, schält sich an der Basis. **Blätter** Wechselständig, zweizeilig an Kurztrieben. **Blüten** Männliche gelb, Kätzchen; weibliche an derselben Pflanze, grün, in Büscheln. **Zapfen** Rund mit kleinen Stacheln, reifen von grün zu violett.

TRIEB

Tetraclinis articulata

Sandarakbaum

Höhe bis 15 m
Typ Immergrün
Verbreitung SO-Spanien, Marokko, Malta, Algerien, Tunesien

Dieser mittelgroße Nadelbaum toleriert Hitze und wächst oft an trockenen, felsigen Berghängen. Er ist wegen seines Harzes und der Knollen an den Wurzeln bekannt, die von einer Pilzinfektion hervorgerufen werden. Diese sind leuchtend rot gefärbt und in Marokko hoch geschätzt. Das Holz ist aromatisch, schwer und gut zu verarbeiten. **Rinde** Schält sich in langen, schmalen Streifen. **Blätter** Schuppenförmig, in vierzähligen Quirlen, mit Querbänderung. **Blüten** Männliche gelb, weibliche grün; unauffällig. **Zapfen** Mit zwei Paaren glatter Schuppen, die acht rotbraune Samen enthalten.

Unreifer Zapfen

ZAPFEN

Thuja occidentalis

Abendländischer Lebensbaum

Höhe bis 20 m **Typ** Immergrün
Verbreitung Östliches Nordamerika

Blätter 2–5 mm lang

FLACHER TRIEB

Schuppenförmige Blätter

Dieser kegelförmige, mehrstämmige Baum wächst in Sumpfgebieten und wird als Zierbaum gepflanzt. **Rinde** Rotbraun, rissig. **Blätter** In vier Reihen, oberseits dunkelgrün, unterseits gelbgrün, Apfel-Geruch. **Blüten** Männliche rotbraun; weibliche grün oder violett; an Triebspitzen. **Zapfen** Oval, braun.

Thuja plicata

Riesen-Lebensbaum

Höhe bis 50 m
Typ Immergrün
Verbreitung Westliches Nordamerika

Baum mit haltbarem, weichem Holz. **Rinde** Rot- oder graubraun, faserig. **Blätter** Schuppenförmig, in vier Reihen, oberseits dunkelgrün, unterseits hell. **Blüten** Männliche rot, weibliche gelbgrün. **Zapfen** Oval.

Offene Zapfen an Zweig

Thujopsis dolobrata

Hibalebensbaum

Höhe bis 15 m
Typ Immergrün
Verbreitung Japan

Der Hibalebensbaum ist einer von fünf heiligen Bäumen in Japan. **Rinde** Rotbraun, schält sich in Streifen. **Blätter** Schuppenförmig, 4–7 mm lang und 2 mm breit, glänzend, unterseits weißer Fleck. **Blüten** Männliche zylindrisch, schwärzlich grün; weibliche blaugrau. **Zapfen** Oval mit 6 8 Schuppen.

LAUB UND ZAPFEN

Weißer Fleck auf Blattunterseite

Dichter, pyramidenförmiger Wuchs

Xanthocyparis nootkatensis

Nutka-Scheinzypresse

Höhe bis 40 m
Typ Immergrün
Verbreitung Westliches Nordamerika

An den hängenden Zweigen rutscht der Schnee gut ab. **Rinde** Graubraun, rissig. **Blätter** Schuppenförmig, oberseits dunkelgrün, unterseits gelbgrün, in vier überlappenden Reihen. **Blüten** Männliche graubraun, weibliche grün. **Zapfen** Rotbraun, 4–6 Schuppen.

Zweige herabhängend

ZWEIZEILIGE SUMPFZYPRESSE
Dieser Baum wächst in Süßwassersümpfen im Südosten der USA. In seinem natürlichen Lebensraum ist das Wasser sauerstoffarm. Die Zweizeilige Sumpfzypresse (*Taxodium distichum*) lässt deshalb senkrechte »Wurzelknie« über die Wasseroberfläche wachsen.

Bedecktsamer

Bäume, aus deren Blüten sich Früchte entwickeln, gehören zu den bedecktsamigen Pflanzen. Sie traten zur Kreidezeit vor etwa 100 Millionen Jahren auf. Ihre Gestalt ist vielfältig und reicht von mächtigen Eichen der gemäßigten Breiten hin zu blattlosen Kakteen in Wüsten. Diese Vielfalt führte, neben anderen Faktoren, zu ihrer erfolgreichen Verbreitung.

Der Fachbegriff für Bedecktsamer, Angiospermen, ist abgeleitet von den griechischen Wörtern für Gefäß (*angeion*) und Same (*sperma*) und bezieht sich darauf, dass die Pflanzen dieser Gruppe Samen hervorbringen, die in einem »Gefäß«, den Fruchtblättern eingeschlossen sind und so eine Frucht bilden. Alle Bedecktsamer bringen Blüten hervor.

Ein wesentlicher Unterschied zwischen Bedecktsamern und Nacktsamern ist die Bildung der gespeicherten Nährstoffe in den Samen. Bei Bedecktsamern werden zwei Spermazellen aus dem Pollenschlauch entlassen. Einer befruchtet die Eizelle, der andere dringt in den Kern einer anderen Zelle ein, die sich zum sogenannten Endosperm entwickelt. Dieses Gewebe

VON DER BLÜTE ZUR FRUCHT
Alle Bedecktsamer tragen Früchte, jedoch nur manche wie die Orange (*Citrus sinensis*) wurden so gezüchtet, dass möglichst viel essbares Fruchtfleisch die Samen umgibt.

stellt nach dem Keimen Nährstoffe für den Keimling bereit. Bei Nacktsamern ernährt das Gewebe, das die Eizelle umgibt, den Samen, bevor er befruchtet wird. Die Samen der Bedecktsamer sind in Früchten eingeschlossen. Diese können trocken oder fleischig sein. Trockene Früchte können Kapseln, Hülsen oder Schoten sein. Zu den fleischigen Früchten gehören Beeren. Es gibt drei Typen von Bedecktsamern: ursprüngliche Bedecktsamer (S. 112), Einkeimblättrige (S. 123) und Zweikeimblättrige (S. 141).

ÄDERUNG
Die Blätter der Bedecktsamer sind geadert: Die der Einkeimblättrigen sind streifennervig, die der Zweikeimblättrigen netznervig geadert.

Streifennervig

Netznervig

BLATT EINER ZWEIKEIMBLÄTTRIGEN

BLATT EINER EINKEIMBLÄTTRIGEN

PALISANDER IN VOLLER BLÜTE
Die bunten und oft duftenden Blüten locken bestäubende Insekten, Vögel oder Fledermäuse an.

Ursprüngliche Bedecktsamer
Die ersten bedecktsamigen Pflanzen

Diese Gruppe erschien im Zeitalter der Kreide. Ursprüngliche Bedecktsamer sind oft immergrün und verholzt. Die oft einfachen, ledrigen Blätter können spiralig oder wechselständig angeordnet sein wie bei der Duftenden Muskatnuss (*Myristica fragrans*). Manche Vertreter der Gruppe haben im Xylem keine Gefäße. Viele sind aromatisch wie der Wasserapfel (*Annona glabra*)

und die Winterrinde (*Drimys winteri*). Die Blüten sind auffällig und meist radiärsymmetrisch, Kelch- und Blütenblätter (Tepalen genannt) schwierig zu unterscheiden. Die Evolution der Blütenpflanzen verlief parallel zu der der Insekten. »Ursprüngliche« Blüten werden oft von »ursprünglichen« Insekten wie Käfern bestäubt.

URSPRÜNGLICHE BLÜTEN
Die Blüten der Immergrünen Magnolie (*Magnolia grandiflora*) besitzen Tepalen und zahlreiche Staubblätter.

Zahlreiche Staubblätter

Große Tepalen

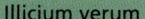

Chinesischer Sternanis

Höhe bis 8 m
Typ Immergrün
Verbreitung S-China, Vietnam

Aus den Früchten wird ein Öl gewonnen. Es dient als Gewürz und enthält Heilstoffe. **Rinde** Weiß bis grau. **Blätter** Wechselständig, lanzettlich, oberseits glänzend dunkelgrün, unterseits matt hellgrün. **Blüten** Hellgelb mit über 15 streifenförmigen Blütenblättern. **Früchte** Sternförmig aus 5–10 Kapseln, die harte Samen enthalten.

BLÄTTER

Ränder nicht gezähnt

FRUCHT

Bootsförmige Kapseln

Samen glänzend braun

Canella winterana

Weißer Zimtrindenbaum

Höhe bis 10 m
Typ Immergrün
Verbreitung Süden der USA

Diese salztolerante Art wird ihrer auffälligen Blüten wegen als Zierbaum gepflanzt. Der Stamm wächst gerade nach oben, die dünnen Äste, die an ihm entspringen, werden nicht länger als 1,2 m. Die aromatische innere Rinde und die Blätter werden als Stärkungsmittel und Gewürz verwendet. Aus den Blättern bereitet man einen Arzneitee. Die Beeren schmecken getrocknet und gemahlen scharf. **Rinde** Graubraun. **Blätter**

Gegenständig, olivgrün, dick, eiförmig, bis 20 cm lang. **Blüten** Rot bis violett und weiß. **Früchte** Leuchtend rot, rund, fleischig, weniger als 1 cm breit.

BLÜTEN

Gelbe Staubblätter

Violette Knospen

Drimys winteri

Unreife Frucht

Unterseite weißlich grün

BLÄTTER UND FRÜCHTE

BLÜHENDER BAUM

Winterrinde

Höhe bis 15 m
Typ Immergrün
Verbreitung Argentinien, Chile

Dieser Baum ist nach Kapitän William Winter benannt, der im 16. Jh. mit dem englischen Seefahrer Sir Francis Drake segelte. Mit der Rinde werden Verdauungsbeschwerden behandelt. Die Blätter riechen beim Zerreiben pfefferähnlich. **Rinde** Rotbraun, glatt, aromatisch. **Blätter** Wechselständig, eiförmig, ledrig, bis 20 cm lang; oberseits glänzend grün, unterseits heller. **Blüten** In Büscheln an Zweigspitzen; 5–7 weißliche Blütenblätter, rote Kelchblätter. **Früchte** Klein, rund, grün, reifen violettschwarz; enthalten schwarze Samen.

Verzweigte Blütenstände

BLÜTEN

Duftende Muskatnuss

Höhe bis 18 m
Typ Immergrün
Verbreitung Molukken (auch als Gewürzinseln bekannt)

Die Gewürze Muskatnuss und Muskatblüte stammen beide von dieser Baumart. Händler aus dem Nahen Osten brachten die Gewürze im 6. Jh. nach Südeuropa. Im 12. Jh. waren sie in ganz Europa bekannt. Die Portugiesen entdeckten die Baumart auf den Molukken und beherrschten den Handel, bis im 17. Jh. die Holländer die Vormachtstellung übernahmen. **Rinde** Grau; gelber Saft tritt aus. **Blätter** Wechselständig, eiförmig mit Spitze, dunkelgrün, oberseits glänzend, 2–7 cm breit; Blattstiele 1 cm lang. **Blüten** Hellgelb, wächsern, fleischig und glockenförmig; meist

6–9 cm lang

FRÜCHTE UND BLÄTTER

5–15 cm lang

RINDE

Oberfläche glatt

BLATT

männliche und weibliche Blüten an verschiedenen Bäumen; männliche 5–7 mm lang, in Gruppen von 1–10. Weibliche bis 1 cm lang, in Dreier-Gruppen. **Früchte** Steinfrüchte, die Aprikosen ähneln, fleischig, gelb und glatt mit Längsfurche. Springen bei Reife auf und entlassen einen violettbraunen ovalen Samen (Muskatnuss), 2–3 cm lang, in rotem Samenmantel (Muskatblüte).

EIN VIELSEITIGES GEWÜRZ

Das Gewürz Muskatnuss stammt aus den harten Samen der Muskatfrucht. Man würzt damit Speisen, Kuchen und verschiedene Getränke. Aus dem Öl wird Parfüm gewonnen, außerdem verleiht es Tabak Aroma. Die Frucht enthält ein dickes, gelbes Fett, die sogenannte Muskatbutter, aus der Kerzen hergestellt werden. Es ist auch Bestandteil von Salben und Arzneien. Muskatnuss wird seit Jahrtausenden gegen Kopfschmerzen und Fieber, als Verdauungshilfe und Aphrodisiakum eingesetzt.

MUSKATNUSS UND MUSKATBLÜTE

Liriodendron tulipifera

Amerikanischer Tulpenbaum

Höhe bis 30 m
Typ Laub abwerfend
Verbreitung Östliche USA

Pyramidenförmige Krone. **Rinde** Graugrün mit weißen Flecken. **Blätter** Wechselständig, vierlappig. **Blüten** Sechs Blütenblätter, am Rand hellgrün, in der Mitte orangefarben. **Früchte** Fruchtstände zapfenähnlich, verholzt, Früchte einsamig mit einem Flügel.

BLÄTTER MIT BLÜTE

Blüte 4–5 cm breit

Blatt 10–20 cm lang

Michelia champaca

Champaka

Höhe bis 33 m
Typ Immergrün
Verbreitung SO-Asien, Indien

Dieser Baum dient als Holzlieferant. In Indien wird er seiner schönen Blüten wegen auch als Zierbaum gepflanzt. Die orangefarbenen Blüten erscheinen fast das ganze Jahr über. Das aus den Blüten gewonnene Öl ist Bestandteil teurer Parfüms. **Rinde** Hellgrau, glatt, 2 cm dick. **Blätter** Wechselständig, lanzettlich, oberseits glänzend und unterseits matt, Blattstiel 2–3 cm lang. **Blüten** Gelb mit drei Kelchblättern, sechs streifenförmigen Blütenblättern und einem verlängerten Blütenboden. Es gibt eine weiße Varietät. **Früchte** Oval, grünlich, enthalten kantige Samen.

FRÜCHTE

AUFGESCHNITTENE FRUCHT

BLATT

Samen in Fruchtfleisch

13–25 cm lang

Magnolia grandiflora

Immergrüne Magnolie

Höhe bis 27 m
Typ Immergrün
Verbreitung Küsten der USA (North Carolina bis Florida, östlich bis Texas)

Diese Magnolie ist die Staatsblume von Mississippi und Louisiana. **Rinde** Braun bis grau, dünn, glatt, später schuppig. **Blätter** Wechselständig, ledrig, oberseits dunkel glänzend, Unterseite rostbraun, samtig. **Blüten** Auffällig, duftend, weiß, 20–30 cm Durchmesser. **Früchte** Fruchtzapfen mit Balgfrüchten; springen auf und entlassen rote, nierenförmige Samen, die an Fäden heraushängen.

BLÄTTER MIT KNOSPE

Blatt 13–20 cm lang

Unreifer Fruchtzapfen

Annona cherimola

Rahmapfel

Höhe bis 9 m
Typ Laub abwerfend
Verbreitung Zentralamerika

Die fleischige, cremige Frucht dieses Baums gilt als Delikatesse. **Rinde** Graubraun, glatt. **Blätter** Wechselständig, eiförmig bis lanzettlich, 7,5–15 cm lang. **Blüten** Drei grüne äußere und drei rosafarbene innere Blütenblätter. **Früchte** Hellgrün, gefleckt mit schwarzen, glänzenden Samen.

FRUCHT   10–20 cm lang

Annona muricata

Stacheliger Rahmapfel

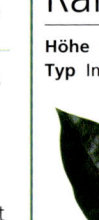

Höhe bis 9 m
Typ Immergrün

Verbreitung Karibik, Südamerika, in SO-Asien eingeführt

BLÄTTER

Glänzend dunkelgrün

6–20 cm lang

Alle Teile dieses Baums werden als Naturheilmittel eingesetzt. **Rinde** Rotbraun. **Blätter** Wechselständig, eiförmig bis elliptisch, zugespitzt. **Blüten** Einzeln; drei gelbgrüne äußere, drei hellgelbe innere Blütenblätter. **Früchte** Herzförmig, 10–30 cm lang.

Annona glabra

Basis innen rot

EINZELNE BLÜTE

Wasserapfel

Höhe bis 15 m
Typ Halb Laub abwerfend
Verbreitung Amerika, W-Afrika

Der Wasserapfel ist eine von wenigen Baumarten, die sowohl an Flussufern und in Süßwassersümpfen als auch in brackigem Küstenschlamm vorkommt. Früchte und Samen schwimmen, deshalb gilt der Baum in einigen tropischen Regionen als invasive Art. **Rinde** Graubraun und schuppig. **Blätter** Wechselständig, 7,5–12,5 cm lang, ledrig, oberseits kräftig grün, unterseits blasser, aromatisch. **Blüten** Einzeln; 2,5 cm breit, cremeweiß bis hellgelb mit drei ledrigen äußeren und drei kleineren inneren Blütenblättern. **Früchte** Beeren, die grünen Äpfeln ähneln, reif aromatisch und fleischig; enthalten etwa 140 kürbiskernähnliche Samen.

7,5–12,5 cm lang

REIFE FRUCHT

Blatt eiförmig bis elliptisch

Asimina triloba

Papau

Höhe bis 12 m
Typ Laub abwerfend
Verbreitung Nordamerika

Blatt 12,5–27,5 cm lang

JUNGE FRÜCHTE MIT BLÄTTERN

Violettbraune Blütenblätter

BLÜTEN

Frucht 6–10 cm lang

REIFE FRUCHT

Dieser Baum wird seiner nahrhaften Früchte wegen geschätzt. Diese sind nicht lange haltbar, enthalten jedoch ein natürliches Insektizid, weshalb sie nicht mit Pestiziden behandelt werden müssen. **Rinde** Graubraun, glatt, mit warzigen Lentizellen. **Blätter** Wechselständig, mattgrün, eiförmig bis verkehrt eiförmig, 5–7,5 cm breit. **Blüten** Glockenförmig, 5–7,5 cm breit, sechs Blütenblätter; erscheinen kurz vor oder mit den Blättern. **Früchte** Grün, oval, reifen von gelb zu braun.

Cananga odorata

Ylang-Ylangbaum

Höhe bis 21 m
Typ Immergrün
Verbreitung Indonesien, Malaysia

Der Ylang-Ylangbaum ist des duftenden Öls wegen berühmt, das aus seinen Blüten gewonnen wird. Es wird in Parfüms und zur Aromatherapie verwendet und soll eine beruhigende Wirkung haben. Coco Chanel komponierte 1923 Chanel No. 5 mit dem Duft der Blüten. Viele Teile des Baums werden als Naturheilmittel gegen Malaria und Fieber eingesetzt. **Rinde** Hellgrau. **Blätter** Wechselständig, eiförmig, grün. **Blüten** Duftend, mit sechs schmalen gelben Blütenblättern, in dichten Blütenständen. **Früchte** Klein, oval, schwarz, mit 6–12 Samen.

BLÜTEN

Herabhängende Blütenblätter

BLATT

Vorne zugespitzt

BLÄTTER UND BLÜTEN

Polyalthia longifolia

Indienbaum

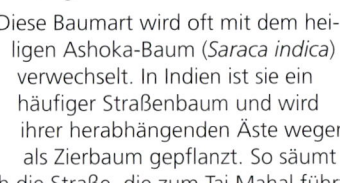

Höhe bis 15 m
Typ Immergrün
Verbreitung Indien

Diese Baumart wird oft mit dem heiligen Ashoka-Baum (*Saraca indica*) verwechselt. In Indien ist sie ein häufiger Straßenbaum und wird ihrer herabhängenden Äste wegen als Zierbaum gepflanzt. So säumt sie auch die Straße, die zum Taj Mahal führt. Eine beliebte Sorte ist *Polyalthia longifolia* 'Pendula' mit schmalem, säulenförmigem Wuchs. Die Teile dieses Baums werden ihrer antimikrobiellen Wirkung wegen geschätzt. **Rinde** Bräunlich, glatt. **Blätter** Wechselständig, lanzettlich, bis zu 20 cm lang, glänzend grün mit gewellten Rändern. **Blüten** Sternförmig, hellgrün. **Früchte** Rund, schwarze Beeren, Durchmesser 2,5 cm.

UNREIFE FRÜCHTE   Beeren an Fruchtständen

Gewellte
Ränder

Schlanke,
glänzende
BLÄTTER   Blätter

Unreife
Beeren

DIE LUFT REINIGEN

In den letzten Jahren hat der Verkehr in indischen Städten enorm zugenommen, was zu einer starken Luftverschmutzung geführt hat. Vor allem die Konzentrationen von hochgiftigem Blei sind gestiegen. Diese Baumart absorbiert Blei aus der Luft und vermindert so die Luftverschmutzung. Sie fungiert als Bioindikator, denn durch Analysen der Blätter kann der Bleigehalt der Atmosphäre bestimmt werden.

Chlorocardium rodiei

Art der Lauraceae

Höhe bis 39 m
Typ Immergrün
Verbreitung Guyana, Französisch-Guyana, Surinam, Brasilien; in Vietnam eingeführt

Dieser große Waldbaum ist in Guyana der wichtigste Holzlieferant und von großer wirtschaftlicher Bedeutung. Das Holz ist haltbar, wenn es Meerwasser ausgesetzt ist und wird für Schiffe, Docks und Molen verwendet. Seit der Mitte des 20. Jh. hat der Bestand wegen Ausbeutung der natürlichen Bestände abgenommen. Pflanzung in Plantagen ist nur begrenzt erfolgreich. Der Baum trägt nur alle 15 Jahre einmal Früchte. **Rinde** Aschgrau, glatt, dicht. **Blätter** Glatt, ledrig, 10–15 cm lang. **Blüten** Klein, weißlich. **Früchte** Nüsse mit harten, stacheligem Perikarp, enthalten einen großen, fleischigen Samen.

Dicke Blattstiele

BLATT

ZIMTSTANGEN

In Bechern

FRÜCHTE

Cinnamomum zeylanicum

Ceylon-Zimtbaum

Höhe bis 18 m
Typ Immergrün
Verbreitung Asien

Wird in Südindien gepflanzt. Zimt war einst wertvoller als Gold und für die Holländische Ostindien-Kompanie das lukrativste Gewürz. **Rinde** Hell, rosabraun. **Blätter** Gegenständig, eiförmig lineal, 10–15 cm lang, 4–8 cm breit, drei parallele Adern. **Blüten** Gelbgrün, in achselständigen Blütenständen. **Früchte** Ovale Steinfrucht, 1 cm lang.

Cinnamomum aromaticum

China-Zimtbaum

Höhe bis 15 m
Typ Immergrün
Verbreitung Südchina

RINDE

Adern fast parallel

Bis 1,5 cm dick

BLÄTTER

Chinesischer Zimt, ein Gewürz aus der Rinde dieses Baums, ähnelt Zimt, ist jedoch preiswerter. Es wird auch gegen Ungeziefer eingesetzt. Das Öl, das aus den Blättern destilliert wird, hat einen kräftigen, aufdringlichen Geruch und war zu biblischer Zeit geschätzt. **Rinde** Grau, glatt. **Blätter** Lang, lanzettlich, ledrig, jung rötlich. **Blüten** Weiß, stehen in lockeren Dolden. **Früchte** Elliptische, aromatische schwarze Steinfrüchte.

Cinnamomum camphora

Kampferbaum

Höhe bis 30 m
Typ Immergrün
Verbreitung China, Japan

Dieser robuste Baum wird oft als Zierbaum gepflanzt und übersteht Feuer und Luftverschmutzung. Auch als Windschutz kann er dienen. Er ist leicht zu erkennen, denn die Blätter riechen beim Zerreiben nach Kampfer. Aus Blättern, Zweigen und Holz wird der Kampfer gewonnen, der unter anderem gegen Zahnschmerzen oder Parasiten eingesetzt wurde. Das Holz ist seiner rotgelben Maserung wegen geschätzt. **Rinde** Hellgrün mit roter Tönung, glatt, im Alter dunkel graubraun, uneben. **Blätter** Wechselständig, eiförmig, bis 12,5 cm lang, ledrig; oberseits dunkelgrün und glänzend, unterseits grün und weißlich mit drei charakteristischen Adern. **Blüten** Cremegelb und klein, in Rispen. **Früchte** Kleine runde schwarze Beeren, stehen in Bechern am Blütenstand.

Gewellter Blattrand

LAUB

Rissig — **RINDE**

Grün mit roter Tönung

JUNGER TRIEB

Glänzend grüne Blätter

BLÄTTER

Endiandra palmerstonii

Art der Lauraceae

Höhe bis 35 m
Typ Immergrün
Verbreitung Australien (N-Queensland)

Dieser Baum mit ausladendem Blätterdach kommt in den Regenwäldern im Norden von Queensland vor. Das Holz wird zu Möbeln und Furnieren verarbeitet. Die giftigen Samen der Früchte sind ein traditionelles Nahrungsmittel der Aborigines. Speziell verarbeitet und gekocht sollen sie wie Brot schmecken. **Rinde** Silbergrau, glatt. **Blätter** Glänzend grün, eiförmig. **Blüten** Cremegelb und klein, sechszählig, behaart, duftend. **Früchte** Grün bis rot, fleischig mit einem großen, runden Samen.

Brettwurzeln

STAMM

Laurus nobilis

Lorbeerbaum

Höhe bis 18 m
Typ Immergrün
Verbreitung N-Asien, Mittelmeergebiet

Der Lorbeerbaum spielt in der griechischen und römischen Mythologie eine wichtige Rolle. Er ist dem Gott Apoll geweiht und symbolisiert Sieg und Ruhm. Mit einem Lorbeerkranz gekrönt zu werden war eine ehrenvolle Auszeichnung. Heute noch steht das Baccalaureat für ein erreichtes Ziel (*baca lauri* lateinisch für »Frucht des Lorbeers«). Die aromatischen Blätter werden zum Kochen verwendet. **Rinde** Glänzend grau, glatt. **Blätter** Wechselständig, ledrig, 7,5–10 cm lang, mit gewellten Rändern; rote Blattstiele. **Blüten** Männliche und weibliche an verschiedenen Bäu-men, Blütenstände in Blattachseln; klein, gelb, mit sechs Blütenblättern, männliche mit zahlreichen Staubblättern. **Früchte** Schwarze bis violette, runde Beeren, bis 1,3 cm lang.

MÄNNLICHE BLÜTEN

Gelbe Staubblätter

Elliptische Blätter

Breit kegelförmiger Wuchs

Beeren reifen von grün zu schwarz.

ZWEIG MIT REIFEN FRÜCHTEN

Persea americana

Avocado

Höhe bis 18 m
Typ Halb Immergrün
Verbreitung S-Mexiko

Der schnellwüchsige Baum wurde zuerst in Zentralamerika kultiviert. Heute wird er vielerorts in den Tropen gepflanzt. Die Früchte haben ein gelbliches, butterartiges Fruchtfleisch, das reich an Proteinen und Ölen ist. Im ursprünglichen Lebensraum wirft der Baum während der Trockenzeit sein Laub kurz ab, während er blüht. **Rinde** Dunkel graubraun, glatt. **Blätter** Wechselständig, oberseits glänzend dunkelgrün, unterseits weißlich, variable Gestalt. **Blüten** Hellgrün bis gelbgrün, in Trauben, drei blütenblattähnliche Lappen mit neun Staubblättern. **Frucht** Gelb bis schwarz, oft mit gelben Flecken oder warzig.

Dichtes Laub

Birnenförmige Frucht

FRÜCHTE TRAGENDE ZWEIGE

Samen rund bis oval

REIFE FRUCHT

Sassafras albidum

Sassafras

Höhe bis 20 m
Typ Laub abwerfend
Verbreitung Östliche USA

Dieser ausladende Baum hat aromatische Blätter. Rinde, Zweige und Blätter werden gerne von Wild gefressen. Sie können auch zur Verbesserung ausgelaugter Böden eingesetzt werden. Aus dem orangefarbenen Holz werden Fässer und andere Gegenstände hergestellt. Aus den Wurzeln bereitet man einen Tee, das Öl wird zur Parfümherstellung verwendet. **Rinde** Dunkel graubraun, dick. **Blätter** Oberseits graugrün, unterseits weißlich; junge Blätter mit gezähnten Rändern, ausgewachsene zwei- oder dreilappig. **Blüten** Gelbgrün, ohne Blütenblätter; achselständig in hängenden Blütenständen mit wenigen Blüten; männliche und weibliche an getrennten Bäumen. **Früchte** Dunkelblau mit einem Samen und breiigem Fleisch.

Dreilappiges ausgewachsenes Blatt

Gelbe Staubblätter

Ungeteiltes junges Blatt

BLÄTTER

RINDE

Tief gefurcht

Junge Triebe flaumig

MÄNNLICHE BLÜTEN

Umbellularia californica

Blatt lanzettlich

KNOSPEN

Geschlossene Blütenknospen

Berglorbeer

Höhe bis 30 m
Typ Immergrün
Verbreitung USA (Kalifornien, Oregon)

Der oft mehrstämmige Berglorbeer kommt in Wäldern und Gebüschen in Canyons und Tälern vor. Sein hellbraunes Holz ist geschätzt. Es glänzt attraktiv und wird als Furnier für Möbel und Verkleidungen verwendet. **Rinde** Graubraun, dünn, glatt, im Alter rotbraun und schuppig. **Blätter** Wechselständig, dunkelgrün, ledrig, oberseits glänzend; bei Zerreiben pfefferähnlicher Geruch. **Blüten** Gelbgrün, 6–10 je Blütenstiel, in Blattachseln. **Früchte** Steinfrüchte, reifen von grün zu bläulich schwarz, bis 2 cm breit, an gelbem Stiel.

BLÜTEN UND BLÄTTER

Einkeimblättrige

Etwa ein Viertel aller Bedecktsamer.

In den Samen einkeimblättriger Pflanzen (Monokotyledonen) ist nur ein Keimblatt angelegt, das beim Keimen über der Erdoberfläche erscheint. Kelch- und Blütenblätter sind dreizählig vorhanden und die Hauptblattadern verlaufen parallel (streifennervig). Die Leitbündel sind im Stängel oder Stamm verteilt und die Wurzeln sind sprossbürtige Wurzeln.

Einkeimblättrige bilden kein echtes Holz, haben aber erfolgreich baumartige Formen hervorgebracht. Überlappende Blattbasen, verdickte Zellwände und Stützwurzeln sind einige der Strategien, wie sich großwüchsige Exemplare stützen. Manche Arten von *Yucca*, *Dracaena* und *Aloe* haben einen dicken zentralen Stamm, der beblätterte Äste tragen kann. Bei Palmen setzen die Blätter mit der Basis am Stamm an.

PALME
Bei Palmen setzen die Blätter direkt am Stamm an. Manche Arten können sehr hoch werden.

KEIMLINGE VON EINKEIMBLÄTTRIGEN
Beim Keimen wächst eine Wurzel und ein einziges Keimblatt aus. Die junge Pflanze wird von einem Nährgewebe (Endosperm) im Samen ernährt.

DREIZAHL
Die Blütenblätter dieser Palmlilie sind in Dreizahl vorhanden, eines der Merkmale der Einkeimblättrigen.

Ein Keimblatt

Same

Samenschale

Wurzel

Schraubebaum-Art

Höhe bis 9 m
Typ Immergrün
Verbreitung Tropische Pazifikregionen

Bei diesem Baum wachsen unten am Stamm kräftige Stützwurzeln aus, die den Baum in lockerem Boden fest verankern. Sie tolerieren Salz und halten Sand fest, sodass sie an Sanddünen Erosion verhindern. Die Früchte und Wurzelspitzen werden roh oder gekocht gegessen. Mit den Blättern deckt man Dächer und flicht Matten und Körbe. Auf Hawaii spielte der Baum im Schamanismus eine wichtige Rolle und wurde Jahrhunderte lang von Völkern des Pazifiks verehrt. **Rinde** Stachelig, mit Blattnarben. **Blätter** In Spiralen, hellgrün, meist 0,9–1,5 m lang und 5–7 cm breit, mit kleinen, aufgebogenen Stacheln an den Rändern.

Verholzte Segmente

FRUCHT

STAMM MIT STÜTZWURZELN

Blüten Stehen an verschiedenen Bäumen; männliche in 30 cm langen Blütenständen, klein, duftend, von weißen oder cremefarbenen Hochblättern umgeben; weibliche in Blütenköpfen. **Früchte** Ähneln einer Ananas; bis 12 Monate lang am Baum.

Grasbaum-Art

Höhe bis 8 m
Typ Immergrün
Verbreitung SW-Australien

Diese ausdauernde Pflanze, die einem dicken Rhizom oder unterirdischen Stamm entspringt, ist heute bedroht. Buschfeuer spielen bei ihrer Fortpflanzung eine wichtige Rolle, denn sie lösen die Blüte aus. Bis zu 100 Blüten erscheinen, nachdem der Baum einem Feuer ausgesetzt war. Häufig haben die Bäume rußgeschwärzte Stämme. Sie werden in Australien »blackboys« genannt. Der Stamm enthält ein geschätztes Harz. Aus Fasern im Mark stellt man Kricketbälle her. **Rinde** Grau oder rußgeschwärzt, mit Blattbasen bedeckt. **Blätter** Wechselständig, lang, lineal, grasartig; wie ein Bastrock an der Spitze des »Stamms«, blau bis blaugrün mit silbernem Schimmer. **Blüten** Gelblicher, runder Blütenstand an der Spitze eines kräftigen Stiels. **Früchte** Einsamige Kapseln.

Xanthorrhoea australis

Südlicher Grasbaum

Höhe bis 2 m
Typ Immergrün
Verbreitung Australien (New South Wales, Victoria, Tasmanien)

Der Südliche Grasbaum kommt nur im australischen Busch vor. Er ist sehr langsamwüchsig und kann Hunderte Jahre alt werden. Manche Pflanzen verzweigen und haben zwei oder mehr Köpfe. Der Baum blüht im Frühjahr, besonders nach Buschbränden. Er liefert den Aborigines Nahrung, Pflanzensaft, Fasern und Material für Waffen und Werkzeuge. Heute ist er als Gartenpflanze geschätzt. **Rinde** Dick, korkig, mit Blattbasen bedeckt. **Blätter** Lang, schmal,

Speerförmiger Blütenstand

Blütenstand 3 m hoch

»Bastrock« aus Blättern

KLEBSTOFF DER ABORIGINES

Ein hartes, wasserfestes Harz aus den Blättern des Grasbaums benutzten die Aborigines als Klebstoff. Man klebte damit Schäfte und Spitzen an Speere. Aus den geraden Stielen der Blütenstände wurden die kolbenförmigen Speerenden gefertigt.

grün, an der Spitze des Stamms. **Blüten** Sehr klein, dicht an zylindrischen Blütenständen, die aus den Blattbüscheln ragen; sechs weiße oder cremefarbene Blüten- und weiße Staubblätter; sehr nektarreich. **Früchte** Kapseln mit harten schwarzen Samen.

Aloe dichotoma

Köcherbaum

Höhe bis 8 m
Typ Immergrün
Verbreitung S-Namibia, NW-Südafrika

Die Äste dieser Wüstenpflanze gabeln sich wiederholt, daher der Artname »dichotoma« (gegabelt). Der Name »Köcherbaum« kommt daher, dass die leichten Äste gut ausgehöhlt werden können und früher von den Jägern der San in Südafrika als Köcher verwendet wurden. Die gerundete Krone trägt Blattrosetten. Die Rinde und die fleischigen Blätter können Wasser speichern. **Rinde** Hellbraun, korkig und glatt, schält sich in großen Platten. **Blätter** Graugrün, schmal, spitz, mit gezähnten Rändern. **Blüten** Leuchtend gelb, mit Nektar gefüllt, bis 3 cm lang, an verzweigten Blütenständen. **Früchte** Glatte, glänzende Kapseln mit schmalen Samen.

Aloe bainesii

Aloe-Art

Höhe bis 18 m
Typ Immergrün
Verbreitung Südl. Afrika

Dieser Baum ist an seinen trockenen Lebensraum angepasst. Die stacheligen Blätter schützen ihn vor weidenden Tieren, ihr Wachsüberzug vermindert die Verdunstung. **Rinde** Hellgrau, glatt. **Blätter** Sukkulent, lang, schmal, mit tiefer Furche. **Blüten** Rosa oder orangegelbe verzweigte Blütenstände. **Früchte** Runde Kapseln.

Zylindrische
Blütenstände

JUNGE PFLANZE

Blätter in dichter Rosette

Cordyline terminalis

Kolbenlilien-Art

Höhe bis 3 m
Typ Immergrün
Verbreitung O-Australien, tropische Pazifikinseln

Diese beliebte Kübelpflanze stammt wahrscheinlich aus Papua-Neuguinea. Die Hawaiianer stellen aus ihren Blättern die »Hula«-Röcke her. **Rinde** Grau, mit waagrechten Blattnarben. **Blätter** In Büscheln an den Enden der Äste. **Blüten** Gelb oder rot, süß duftend; in hängenden, bis 30 cm langen Blütenständen. **Früchte** Kleine rote Beeren.

Bis 75 cm lang

BLATT

Glänzend grün

Cordyline australis

Kolbenlilien-Art

Höhe bis 20 m
Typ Immergrün
Verbreitung Neuseeland

Diese beliebte Zierpflanze hat süß duftende Blüten. Sie erträgt Trockenheit und gedeiht auch an Küsten. **Rinde** Leicht gefurcht. **Blätter** Streifenförmig, in Büscheln an den Enden der Äste. **Blüten** Weiß, klein, in hängenden, 30 cm langen Blütenständen. **Früchte** Kleine helle lila bis grüne Beeren.

Rinde hellgrau

Dracaena cinnabari

Drachenbaum-Art

Höhe bis 15 m
Typ Immergrün
Verbreitung Sokotra-Insel (Indischer Ozean)

Der Drachenbaum mit seinem kräftigen Stamm und der dichten Krone ist seit der Antike als Heilpflanze bekannt. Seinen Namen hat er seines roten Harzes wegen, von dem man einst sagte, es sei das Blut von Drachen. Das Harz wird als Firnis für Violinen verwendet. **Rinde** Silbrig, rau, dünn. **Blätter** Steif, stachelig, in Büscheln an den Enden der Äste. **Blüten** Hellgelb, in Büscheln. **Früchte** Gelbe Beeren, reifen schwarz.

Josua-Palmlilie

Höhe bis 15 m
Typ Immergrün
Verbreitung USA (Kalifornien, Arizona, Nevada, Utah), Mexiko

Die charakteristische Pflanze der Mojavewüste wächst vor allem auf Hochebenen. Zur Bestäubung ist sie auf die Yucca-Motte angewiesen, kann aber aus Wurzeln und Stümpfen austreiben und so neue Pflanzen bilden. **Rinde** Hellbraun, mit toten Blättern bedeckt, im Alter gefurcht. **Blätter** Streifenförmig, steif, 15–30 cm lang, spitz mit fein gezähnten Rändern, blaugrün. **Blüten** Glockenförmig, cremefarben, gelb oder grün, etwa 4 cm lang, in aufrechten Blütenständen an den Enden der Äste. **Früchte** Fleischige Kapseln, blass bis rotbraun, 6–12 cm lang, mit sechs Segmenten.

Betelpalme

Höhe bis 15 m
Typ Immergrün
Verbreitung SO-Asien

Die Betelpalme ist in vielen tropischen Ländern ihrer Samen wegen beliebt. Die »Betelnüsse« werden gekaut. Sie enthalten ein Alkaloid, das anregend wirkt und Parasiten und Infektionen bekämpfen soll. **Rinde** Dunkelgrün, gefurcht. **Blätter** 5–9 Blätter mit je 30–50 dunkelgrünen Fiedern. **Blüten** An waagrechten Stielen, männliche am Ende, weibliche an der Basis. **Früchte** Rote oder orangefarbene, bis 5 cm lange Beeren.

Molukken-Zuckerpalme

Höhe bis 18 m
Typ Immergrün
Verbreitung Indien, SO-Asien

Aus dem Saft dieses Baums wird Zucker, Essig, Wein und Alkohol hergestellt. **Rinde** Schwarz, faserig, stachelig. **Blätter** 20–25, mit vielen oberseits dunkelgrünen, unterseits silbergrünen Fiedern. **Blüten** Gelb und auffällig, an langen Stielen. **Früchte** Runde bis ovale violette Beeren mit drei Samen.

Blatt bis 12 m lang

Eiförmige Beere

UNREIFE FRÜCHTE

DRACHENBAUM
Diese Drachenbaum-Art (*Dracaena cinnabari*), die nur auf der Insel Sokotra vorkommt, ist eine von vielen Pflanzen- und Tierarten, die nur hier vor der Küste Somalias heimisch sind. Man nimmt an, dass sein Blätterdach charakteristisch für frühe Baumformen ist.

Palmyrapalme

Höhe bis 20 m
Typ Immergrün
Verbreitung Indien, Sri Lanka,
SO-Asien, Neuguinea

Die Palmyrapalme wird ihrer essbaren Früchte und ihres Saftes wegen kultiviert. Während der Trockenzeit, wenn auf den Feldern nichts geerntet werden kann, sind die Palmen eine wichtige Einkommensquelle für die Bauern.
Rinde Dunkel graubraun mit Resten der Blattbasen, vor allem unten; bei älteren Bäumen oben heller und glatter.
Blätter Spitz, handförmig geteilt, steif mit Scheide und stacheligem Blattstiel.
Blüten Männliche und weibliche getrennt, an Basis der ältesten Blätter zu mehreren; klein, 3 mm lang, drei Blüten- und drei Kelchblätter und entweder

drei Staubblätter oder drei Griffel. **Früchte** Rund, glatt, reifen rötlich schwarz; enthalten hartschalige Samen in weichem, faserigem gelbem Fruchtfleisch.

Blatt
1–1,3 m
lang

BLÄTTER

10–12 cm
breit

FRÜCHTE

ZUCKERHALTIGER SAFT

Die Palmyra- palme wird angezapft, um den Saft zu ernten, der 10 % Zucker enthält. Er kann zu Sirup eingekocht werden. Dieser härtet beim Abkühlen zu Zuckerklumpen aus. Er wird außerdem zu Palmwein oder Essig vergoren.

SAFTERNTE

Caryota urens

Brennpalme

Höhe bis 30 m
Typ Immergrün
Verbreitung Indien, Myanmar, Sri Lanka

Dieser Baum liefert Fasern, Kitul genannt. Der Saft hat einen hohen Zuckergehalt. Aus ihm wird ein alkoholisches Getränk hergestellt. Die Samen enthalten Oxalsäure und sind bei Genuss giftig. Auch die Frucht muss vorsichtig angefasst werden, denn ihr Saft kann die Haut verbrennen. **Rinde** Grau, in regelmäßigen Abständen mit Blattnarben bedeckt. **Blätter** Doppelt gefiedert, 3–6 m lang, mit keilförmigen dunkelgrünen Fiedern, die der Schwanzflosse eines Fischs ähneln.

Blüten Cremefarben, an bis 6 m langen Blütenständen, erscheinen am Ende des Baumlebens, erst am Ansatz der obersten Blätter, später weiter unten. **Früchte** Rote Steinfrucht, 2 cm breit, mit einem oder zwei mattgrauen Samen.

BLÄTTER

»Fischschwanz«-Fiedern

Hängende Blütenstände

3–6 cm lang

BLÜHENDE PFLANZE

Ceroxylon alpinum

Berg-Wachspalme

Höhe bis 20 m
Typ Immergrün
Verbreitung Südamerika (Kolumbien, Venezuela)

Diese hohe Palme mit schmalem Stamm gedeiht in den Nebelwäldern der Anden in Südamerika. Sie kommt in Höhen von 1500–2000 m vor. Der Baum ist in Kolumbien bedroht, denn sein Lebensraum muss oft Kaffeeplantagen weichen. **Rinde** Grau und glatt mit feinen waagrechten Blattnarben und Wachsschicht. **Blätter** Gefiedert, lang, oberseits dunkelgrün, unterseits weiß bestäubt. **Blüten** Männliche und weibliche an verschiedenen Bäumen, in lockeren Blütenständen; klein und grünlich. **Früchte** Leuchten orangerot, ähneln Weintrauben, enthalten je einen harten dunkelbraunen Samen.

Cocos nucifera

Kokospalme

Höhe bis 30 m
Typ Immergrün
Verbreitung S- und SO-Asien, Zentral-
und Südamerika, tropisches Afrika

Die in den Tropen verbreitete Kokospalme
liefert viele Produkte. Mit den Blättern deckt
man Dächer, der Stamm dient als Bauholz.
Das weiße Fleisch der Kokosnuss und der
zuckerhaltige Saft sind essbar. **Rinde** Grau
mit Blattnarben. **Blätter** Mit steifen Fiedern.
Blüten In achselständigen Blütenständen;
männliche an der Spitze, weibliche an
der Basis; je sechs orangegelbe lanzettliche
Blütenblätter. **Früchte** »Kokosnüsse« (Steinfrüchte) mit grüner äußerer Schicht (Exokarp),
faseriger Mittelschicht (Mesokarp),
harter innerer Schicht
(Endokarp), die einen
Samen aus weißem
Fleisch (Kopra), den
Embryo und Kokos-
milch (Endosperm)
umgibt.

Blattnarben

STAMM

**REIFE
KOKOSNUSS**

Mesokarp
4–8 cm lang

FRÜCHTE

COIR-KOKOSFASERN

Reife Kokosnüsse wiegen
1–3 kg. Die äußere faserige
Schicht ist bis 8 cm dick.
Sie schützt den Samen
und lässt ihn im Wasser
schwimmen. Bei der Ernte
wird das Fasermaterial,
Coir genannt, von der
Nuss getrennt, gereinigt
und zu Ballen verpackt. Es
wird zu Matten und Seilen
verarbeitet.

FASERN VERSPINNEN

Copernicia prunifera

Karnaubapalme

Höhe bis 9 m
Typ Immergrün
Verbreitung Brasilien

Das hitzebeständige Wachs, das aus den Blättern gewonnen wird, ist ein wichtiges Exportprodukt Brasiliens. Jedes der etwa zwei Dutzend Blätter liefert etwa 7 kg Wachs. **Rinde** Grau, mit spiralig angeordneten Blattbasen. **Blätter** Fächerförmig, blau bis grün, in 30–60 Segmente unterteilt. **Blüten** Braun, gestielt. **Früchte** Rund, bräunlich, 2–5 cm breit.

BLÄTTER Blatt tief geteilt

Corypha umbraculifera

Große fächerförmige Blätter

Talipotpalme

Höhe bis 24 m
Typ Immergrün
Verbreitung Südindien, Sri Lanka

Die Lebensgeschichte dieser Palme verläuft dramatisch. Sie blüht in ihrem 30–80-jährigen Leben nur ein einziges Mal. Unzählige Blüten regnen herab, bevor die Palme bald danach abstirbt. **Rinde** Grau. **Blätter** 30–40 handförmig geteilte, bis 4,5 m breite Wedel; Mittelrippe reicht bis zur Blattmitte und trägt 110–130 Fiedern. **Blüten** Cremefarben, an hohen, verzweigten Stielen. **Früchte** Olivgrüne einsamige Steinfrüchte.

Basis geteilt

BLATTSTIELE

KOKOSPALME
Die schlanke, zierlich wirkende *Cocos nucifera* ist
erstaunlich robust und kann bis zu 100 Jahre alt
werden. An Küsten, wo sie sich mit einem starken
Netz von Wurzeln im Boden verankert, übersteht sie
heftige Stürme.

Ölpalme

Höhe bis 20 m
Typ Immergrün
Verbreitung W-Afrika, in SO-Asien
eingeführt

Die Ölpalme, die in tropischen Regenwäldern gedeiht, ist die ertragreichste der Pflanzenarten, aus denen Öl gewonnen wird. **Rinde** Grau, mit waagrechten Blattnarben. **Blätter** Blattstiele mit gesägten Rändern tragen 100–150 Paare grüner Fiedern, die 0,6–1,2 m lang und 3,5–5 cm breit sind. **Blüten** Blütenstände 10–30 cm lang, männliche an kurzen Ästen, weibliche nahe am Stamm an kurzen, kräftigen Stielen. **Früchte** Pflaumenähnlich, in großen Bündeln, reifen schwarz; fleischiges weißes Mesokarp umgibt Samen in faseriger Schale.

Früchte bis
3,5 cm lang

UNREIFE FRÜCHTE

3,5–5 m lang

Auffällige
Mittelrippe

PALMWEDEL

PALMÖLERNTE

Aus den Palmfrüchten werden zwei Arten von Öl gepresst. Palmöl mit einem hohen Anteil an ungesättigten Fettsäuren wird aus dem hellen Mesokarp gewonnen, die Samen liefern Palmkernöl. Beide Öle werden zum Kochen verwendet.

Hyphaene thebaica

Dumpalme

Höhe bis 9 m
Typ Immergrün
Verbreitung Küsten N- und O-Afrikas

Diese Palme, die in Grasland und Wüsten vorkommt, hat ungewöhnlicherweise einen verzweigten Stamm. **Rinde** Grau, unten glatt, oben mit Blattnarben. **Blätter** Gefiedert, steif, blaugrün. **Blüten** Lange, verzweigte violette und gelbe Blütenstände. **Früchte** Ovale einsamige Steinfrüchte mit orangegelber faseriger äußerer Schicht.

65–75 cm lang

FÄCHERFÖRMIGE WEDEL

Jubaea chilensis

Honigpalme

Höhe bis 25 m
Typ Immergrün
Verbreitung Zentralchile (Küstenregionen)

Dieser Baum, der in trockenen Kanälen und Wasserrinnen gedeiht, hat den größten Stamm aller Palmen. **Rinde** Grau, mit Blattnarben. **Blätter** Gefiedert, oberseits mattgrün, unterseits grau. **Blüten** Violett, klein und zahlreich, in Gruppen von zwei männlichen und einer weiblichen. **Früchte** Runde gelbe Steinfrüchte, 5 cm breit, Stein ähnelt einer winzigen Kokosnuss.

Metroxylon sagu

Sagopalme

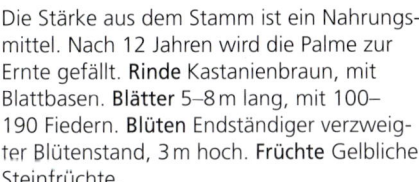

Höhe bis 15 m
Typ Immergrün
Verbreitung SO-Asien (stammt vermutlich aus Papua-Neuguinea)

Die Stärke aus dem Stamm ist ein Nahrungsmittel. Nach 12 Jahren wird die Palme zur Ernte gefällt. **Rinde** Kastanienbraun, mit Blattbasen. **Blätter** 5–8 m lang, mit 100–190 Fiedern. **Blüten** Endständiger verzweigter Blütenstand, 3 m hoch. **Früchte** Gelbliche Steinfrüchte.

Lodoicea maldivica

Seychellennuss

Höhe bis 34 m
Typ Immergrün
Verbreitung Seychellen

Die Samen dieser Palme sind die größten der Welt und sehr reich an Fetten, Ölen und Proteinen. **Rinde** Graubraun, auffallende Blattnarben. **Blätter** Fächerförmig, 4,5 m breit. **Blüten** Männliche Kätzchen sind mit bis 1 m die längsten bekannten. **Früchte** Groß, zweilappig, bis 20 kg schwer.

Dattelpalme

Höhe bis 30 m
Typ Immergrün
Verbreitung Stammt aus N-Afrika, wurde vielerorts eingeführt

Die Dattelpalme gedeiht in vielen Klimata, aber nur in warmen Regionen mit geringer Luftfeuchtigkeit trägt sie Früchte. Alle Teile der Pflanze werden verwendet, sie ist jedoch vor allem ihrer süßen Früchte wegen bekannt. Sie ist von großer historischer, wirtschaftlicher und kultureller Bedeutung und spielt im Judentum, Christentum und Islam eine Rolle. **Rinde** Graubraun mit spiralig angeordneten Resten der Blattbasen. **Blätter** 20–30, gefiedert, bis 6 m lang; obere Blätter nach oben weisend, untere herabhängend; scharfe Fiedern. **Blüten** Männliche und weibliche an verschiedenen Bäumen; hängende Blütenstände bis 1,2 m lang; Blüten klein, weißlich, duftend. **Früchte** Bis 4 cm lang, reifen dunkelorange, mit verholztem Samen.

DATTELN ZU MILLIONEN

Es gibt Hinweise, dass die Dattelpalme bereits um 4000 v. Chr. kultiviert wurde. Laut der Food and Agricultural Organization (FAO) wachsen 64 Millionen der weltweit 90 Millionen Bäume in arabischen Ländern. Irak ist der Hauptexporteur von Datteln, gefolgt von Saudi-Arabien, Ägypten und Algerien.

FÜR DEN EXPORT VERPACKT

Nach oben weisende Blätter

Hängender Fruchtstand

FRÜCHTE

Fiedern kräftig, lineal

WEDEL

Phoenix canariensis

Kanarische Dattelpalme

Höhe bis 20 m
Typ Immergrün
Verbreitung Kanarische Inseln

Zierbaum mit runder Krone. **Rinde** Braun, dick, Blattnarben. **Blätter** Gefiedert, bis 5,5 m lang, tiefgrün, am Stiel gelblich. **Blüten** Männliche und weibliche an verschiedenen Bäumen; klein, weißlich, an bis 2 m langen Stielen. **Früchte** Orangefarbene Steinfrüchte.

BLÄTTER UND FRÜCHTE

Raphia farinifera

Bastpalme

Höhe bis 10 m
Typ Immergrün
Verbreitung Madagaskar, Ostafrika

Diese afrikanische Palme ist der Baum mit den größten Blättern. Aus ihnen wird Raffiabast, eine Naturfaser, gewonnen. Die Blüten stehen zu Tausenden an einem herabhängenden Trieb, der aussieht wie ein langes Seil. **Rinde** Hellgrau oder braun, mit Blattnarben. **Blätter** Gefiedert, bis 20 m lang. **Blüten** Am selben Blütenstand, männliche an der Spitze, groß, röhrenförmig; weibliche an der Basis, klein. **Früchte** Ovale, schuppige braune Steinfrüchte.

Roystonea regia

Kubanische Königspalme

Höhe bis 20 m
Typ Immergrün
Verbreitung In Kuba und Honduras heimisch, in Florida eingeführt

Elegant, schnellwüchsig und salztolerant. **Rinde** Hellgrau, glatt. **Blätter** 15–20 Wedel, hellgrün, mit linealen Fiedern. **Blüten** Männliche und weibliche an denselben Trieben, klein, weiß. **Früchte** Steinfrüchte, reifen von grün zu schwarzviolett.

Trachycarpus fortunei

Chinesische Hanfpalme

Höhe bis 30 m
Typ Immergrün
Verbreitung China

Diese winterhärteste Palmenart kann gewisse Zeit ohne Blätter überleben. Der Stamm ist oft an der Basis schmaler. **Rinde** Grau oder braun, rau, im Alter glatt. **Blätter** Ungleich geteilt, oberseits dunkelgrün, unterseits silbern, 1,2 m breit. **Blüten** Männliche und weibliche in verzweigten Blütenständen an verschiedenen Bäumen. **Früchte** Runde bis längliche blauschwarze Beeren.

Frucht 1,3 cm breit

BLÜTEN UND FRÜCHTE

Blüten hellgelb

Auffallende Blattnarben

RINDE

Fächerförmig

WEDEL

Washingtonia filifera

Kalifornische Washingtonpalme

Höhe bis 18 m
Typ Immergrün
Verbreitung USA (SO-Kalifornien, W-Arizona), Mexiko (Baja California)

Wächst in Wüsten und Halbwüsten und wird auch Petticoat-Palme genannt, weil die alten Blätter am Stamm herabhängen wie ein Petti-coat. **Rinde** Hell rotbraun, glatt. **Blätter** Hand-förmig geteilt, graugrün, bastartige Fäden. **Blüten** Weiß oder gelb, an Stielen zwischen den Blättern. **Früchte** Schwar-ze, fleischige Beeren, 12,5 cm breit, kleine rote Samen.

Tote Blätter

RINDE

LAUB   Fächerförmige Blätter

Ravenala madagascariensis

Baum der Reisenden

Höhe bis 12 m
Typ Immergrün
Verbreitung Madagaskar, in tropischen Regionen oft gepflanzt

Der Baum der Reisenden ist keine echte Palme. Bei jungen Pflanzen ist der Stamm unter der Erde. Bei älteren erscheint er über dem Boden. Sein Name kommt daher, dass sich bei Regen Wasser in den Blattscheiden sammelt, mit dem Reisende ihren Durst löschen konnten. **Rinde** Grün mit Ringen von Blattnarben. **Blätter** Bis 4 m lang, 25–50 cm breit, lange Stiele, symmetrisch am Stamm entspringend. **Blüten** Klein, cremeweiß mit Hochblättern in 30 cm langen Blütenständen. **Früchte** Braune Beeren mit blauen Samen.

Zweikeimblättrige
Die meisten Bedecktsamer einschließlich der Baumarten.

Bei Zweikeimblättrigen (*Dicotyledonen*) besitzt der Embryo im Samen zwei Keimblätter. Die Blätter haben ein verzweigtes Adernetz (netznervig). Zweikeimblättrige haben unterschiedlichste Blütenformen, Blüten- und Kelchblätter sind jedoch meist fünfzählig. Vierzählige Blüten sind weniger häufig, ein Beispiel ist die Rot-Buche (*Fagus sylvatica*). Bei Zweikeimblättrigen sind die Leitbündel, die Xylem (Wasser leitendes Gewebe) und Phloem (Zucker transportierendes Gewebe) enthalten, in einem Ring angeordnet. Harthölzer haben ein Xylem, das bestimmte Zellen, die Tracheiden und dicht gepackte, dickwandige Faserzellen enthält, die dem Holz Härte verleihen. Ebenholz beispielsweise (*Diospyros ebenum*) ist so dicht, dass es im Wasser nicht schwimmt.

Staubblätter

Fünfzählige Blütenblätter

FÜNFZÄHLIGE BLÜTEN
Mandelblüten (*Prunus dulcis*) haben fünf Blütenblätter. Bei den meisten Zweikeimblättrigen sind die Blütenteile fünfzählig.

Keimblatt

Samenschale

Jahresring

SAMEN VON ZWEIKEIMBLÄTTRIGEN
Wenn ein Same keimt, erscheint zuerst die Keimwurzel. Die paarigen Keimblätter erscheinen später.

JAHRESRINGE
Die Gefäße, die im Frühjahr gebildet werden, sind großlumiger als die, die im Sommer entstehen. So kommen die Jahresringe zustande, die man in diesem Stammquerschnitt sieht.

Grevillea robusta

Silbereiche

Höhe bis 30 m
Typ Immergrün
Verbreitung Osten Australiens

Blüte 2–3 cm lang

Griffel ragen
weit heraus

Dieser Baum wird in Australien im Hochland oft zur Beschattung von Kaffee- und
Teeplantagen gepflanzt. Sein Holz ist
geschätzt. Seiner auffälligen Blüten wegen
wird er auch als Zierbaum kultiviert. **Rinde**
Hellgrau. **Blätter** Wechselständig, farnähn-
lich, 15–30 cm lang, oberseits graugrün,
unterseits silbrig. **Blüten** Orangegelb,
gestielt; in endständigen, 8–15 cm langen
flaschenbürstenartigen Blütenständen.
Früchte Braunschwarze, ledrige Kapseln
mit einem oder
zwei flachen geflü-
gelten Samen.

BLÜTEN UND BLÄTTER

GEMASERTES HOLZ

Das Holz der Silbereiche ist seiner dekorativen Maserung wegen hoch geschätzt. Es war eines der beliebtesten Furnierhölzer. Das Kernholz ist
hellrosa und dunkelt rot nach, wenn
es trocknet. Das Nutzholz ist mittel-
hart und gut zu verarbeiten.
Es wird zur Herstellung von
Möbeln, Verpackungsmaterial,
Bodenbelägen und Wandver-
kleidungen verwendet.

Kapseln bis 2 cm lang

UNREIFE FRÜCHTE

SCHRÄNKCHEN

Macadamia integrifolia

Macadamianuss

Höhe bis 20 m
Typ Immergrün
Verbreitung New South Wales, Queensland, O-Australien

Dieser Baum wird seiner »Nüsse« wegen kultiviert, die die Kerne seiner Samen sind. Sie ist die einzige australische Pflanze, die Nahrungsmittel in bedeutsamen Mengen liefert. Er gedeiht in Regenwäldern an der Küste und ist sehr ertragreich. Während 3–12 Monaten im Jahr trägt er Blüten und Früchte. Auch das Holz wird verarbeitet. Aus den Kernen der Samen kann ein Salatöl gepresst werden. Meist werden sie jedoch ganz als Snacks verkauft. **Rinde** Braun, rau, nicht gefurcht. **Blätter** In dreizähligen Quirlen, junge hellgrün oder bronzefarben, später grün und länglich, 10 cm breit, gestielt; Ränder können einige Stacheln tragen. **Blüten** Klein, cremeweiß, ohne Blütenblätter; stehen zu dreien bis vieren an langem Blütenstand. **Früchte** Rund mit harter Samenschale und weißem Kern.

BLÄTTER, BLÜTEN UND FRÜCHTE

Ausgewachsenes Blatt 10–30 cm lang

Blatt glänzend grün

Ausladende Krone

Blütenstand

Frucht bis 2,5 cm breit

Blätter in Quirlen

DIE MACADAMIANUSS

Die »Nuss«, die als eine der wohlschmeckendsten der Welt gilt, hat einen Ölanteil von 75–80 %. Die Früchte reifen in 6–7 Monaten heran und fallen zu Boden, wenn sie reif sind. Nach der Ernte entfernt man die äußere Schale, wäscht und trocknet sie. Zur Weiterverarbeitung wird die Samenschale geknackt. Die geschälten Kerne werden vakuumverpackt.

VERPACKTE NÜSSE

FRISCHE NÜSSE

Platanus × hispanica

Bastard-Platane

Höhe bis 45 m
Typ Laub abwerfend
Verbreitung Südeuropa

Dieser attraktive Baum mit ausladender bis breit säulenförmiger Krone wird in vielen Städten gepflanzt. Er eignet sich besonders als Straßenbaum, da sich die Borke erneuert, indem sie sich in Platten schält. So werden die Poren nicht durch die verschmutzte Luft verstopft. **Rinde** Glatt und grau, schält sich, sodass gelbliche oder grüne darunter liegende Schichten sichtbar werden. **Blätter** Wechsel-ständig mit drei, fünf oder sieben zugespitzten Lappen, die bis etwa zur Hälfte der Spreite einge-schnitten sind; oberseits ledrig, glänzend grün, unterseits mattgrün mit flaumiger Behaarung. **Blüten** Ohne Blütenblätter; männliche und weibliche in getrennten runden Blütenständen am selben Baum; männliche gelb, weibliche rötlich. **Früchte** Kugelige, borstige hängende Fruchtstände, reifen von grün zu braun.

ZUFÄLLIGE KREUZUNG

Die Bastard-Platane ist eine Kreuzung zwischen *P. orientalis* und *P. occidentalis*. Einer Legende zufolge entstand sie in den Gärten des britischen Botanikers John Tradescant. Wahrscheinlicher aber entstand sie zur Mitte des 17. Jh. zufällig in Spanien oder Frankreich.

Bis zu vier Blütenstände an einem Stiel

Schält sich mosaikartig

15 cm breit

BLATT HANDFÖRMIG GETEILT

FRÜCHTE

RINDE

Platanus occidentalis

Nordamerikanische Platane

Höhe bis 30 m
Typ Laub abwerfend
Verbreitung Östliches Nordamerika

Baum mit ausladender Krone und zickzackförmig wachsenden Ästen. **Rinde** Dünn, grün, braun und weiß marmoriert; im Alter graubraun, schuppig. **Blätter** Wechselständig, handförmig geteilt, mit 3–5 gezähnten Lappen; Adern können unterseits behaart sein. **Blüten** Tiefrot; männliche und weibliche in getrennten dichten runden Köpfen, etwa 1 cm breit. **Früchte** Runde Fruchtstände hängen an 7,5–15 cm langem Stiel; Samen geflügelt.

LAUB | 10–20 cm breit

Buxus sempervirens

Europäischer Buchsbaum

Höhe bis 9 m
Typ Immergrün
Verbreitung S-Europa, N-Afrika, W-Asien

Dieser Baum ist als Hecke oder Strauch bekannt. **Rinde** Hellbraun, springt in kleine korkige Rechtecke auf. **Blätter** Gegenständig, vierkantige Stängel, elliptisch bis länglich, an der Spitze gekerbt; oberseits dunkelgrün,

unterseits gelbgrün, gelbe Mittelader. **Blüten** Je 5–6 ungestielte männliche Blüten umgeben eine kurz gestielte weibliche; hellgelb, ohne Blütenblätter, duftend. **Früchte** Kapseln mit drei Hörnern, reifen von grün zu braun; schwarze Samen.

Blätter 12–25 cm lang

Urnenförmige Kapsel

FRÜCHTE UND BLÄTTER

FORMSCHNITT

Buchsbaum wird oft kunstvoll beschnitten und bildet so attraktive Hecken. Das Laub lässt sich leicht zu Pyramiden, Kegeln oder runden Formen schneiden.

BESCHNITTENE BUCHSBÄUME

BASTARD-PLATANE
Platanus × hispanica ist ein typischer Straßenbaum. Er spendet angenehmen Halbschatten, erträgt Verschmutzung und kann stark beschnitten werden. Kann er sich frei entfalten, wird er sehr groß und hat ausladende Äste.

Triplaris weigeltiana

Art der Polygonaceae

Höhe bis 5 m
Typ Immergrün
Verbreitung Südamerika

Dieser recht invasive Baum dominiert Wälder in Surinam und alte Plantagen in Ost-Guyana. **Rinde** Hellgrau. **Blätter** Dunkelgrün und glänzend, 10–22 cm lang, 4–6 cm breit, vorne zugespitzt; auffallende Mittel- und viele paarige seitliche Adern, glatter Rand. **Blüten** Männliche und weibliche in 6–10 cm langen getrennten Blütenständen.

Blütenstände mit cremefarbenen Blüten

MÄNNLICHE BLÜTEN

Männliche klein, cremeweiß; weibliche mit drei rotvioletten Blütenblättern, die etwa 3 cm lang und 5 mm breit sind. **Früchte** Trocken, 1 cm lang.

BLÜHENDE ÄSTE

Charpentiera densiflora

Art der Amaranthaceae

Höhe bis 12 m
Typ Immergrün
Verbreitung Hawaii-Inseln (Kauai)

Feuchte Wälder in Tälern und Schluchten sind der natürliche Lebensraum dieser Baumart. Sie ist bedroht, es gibt nur noch knapp 400 Exemplare. **Rinde** Glatt, graubraun. **Blätter** Elliptisch bis eiförmig, ledrig, 13–40 cm lang. **Blüten** Zahlreich, stehen in 22–48 cm langen verzweigten Blütenständen. **Früchte** Nicht beschrieben.

Sehr kleine Blüten

BLÜTENSTAND

Blatt 13–40 cm lang

Haloxylon persicum

Saxaul

Höhe bis 7 m
Typ Immergrün
Verbreitung W-Asien (Russland, Iran bis China)

Der Salzbaum oder Saxaul kommt in der Wüste vor. Das Holz wird zu Möbeln verarbeitet und als Brennholz verwendet. **Rinde** Grauweiß. **Blätter** Dreieckig, schuppenförmig, am Stamm anliegend, mit gelblicher Spitze. **Blüten** Hellgelb, einzeln, 4–7 mm lang; männliche und weibliche an derselben Pflanze, in schuppenförmigen Tragblättern an Kurztrieben der letztjährigen Äste. **Früchte** Rund, geflügelt, 2,5 mm breit.

Laub grasartig

Carnegiea gigantea

Riesenkaktus

Höhe bis 15 m
Typ Immergrün
Verbreitung SW der USA (Sonora-Wüste), Mexiko

Der Riesenkaktus ist der größte Kaktus der Welt und die Staatspflanze von Arizona. Er wächst nur etwa 2 cm pro Jahr und kann in seinem säulenförmigen Stamm sehr viel Wasser speichern. Die ältesten Exemplare schätzt man auf 200 Jahre.

NEKTARGEFÜLLTE BLÜTEN

Der Riesenkaktus blüht jedes Jahr, auch wenn es nicht regnet. Die cremeweißen Blütenblätter umgeben eine Röhre. Gelbe Staubblätter bilden oben in der Röhre einen Kreis. Am Grund befindet sich Nektar. Dieser und die Farbe der Blüten lockt Vögel, Fledermäuse und Insekten an, die die Blüten bestäuben.

Staubblätter stehen dicht.

GEÖFFNETE BLÜTEN

Blütenblätter cremeweiß

BLÜHENDER KAKTUS   Dornen weisen nach unten.

Rinde Glatt, wächsern, grün. **Blätter** Kräftige, 5 cm lange Dornen in Büscheln auf Rippen. **Blüten** Glockenförmig, duftend, etwa 10–12 cm lang und 9–12 cm breit, zu mehreren an den Enden der Äste; zahlreiche Staubblätter umgeben eine Röhre; nur wenige öffnen sich gleichzeitig und jede blüht nur eine Nacht. **Früchte** Grünliche bis rötliche, ovale essbare Beeren mit rotem Fruchtfleisch und kleinen schwarzen Samen.

RIESENKAKTUS

Der Riesenkaktus (*Carnegiea gigantea*) ist hervorragend an das Leben in den Wüsten im Westen der USA angepasst. Der gefaltete Stamm und die Äste dehnen sich aus, wenn sie während der seltenen Regenperioden Wasser aufnehmen.

Bella Sombra

Höhe bis 18 m
Typ Immergrün
Verbreitung Argentinien,
Brasilien, Uruguay

Diese schnellwüchsige Baumart ist die einzige, die im Grasland der südamerikanischen Pampas vorkommt. Sie ist gut an Wassermangel und Feuer angepasst, denn der dicke Stamm speichert Wasser und übersteht Buschbrände. Der giftige Baumsaft hält weidende Tiere fern. Auch als Schattenspender ist der Baum geschätzt. **Rinde** Hellbraun, sehr schwammig. **Blätter** Dunkel, glänzend grün, eifömig oder elliptisch. **Blüten** Klein, grünlich weiß, in Trauben. **Früchte** An gestielten Fruchtständen wie aufgerollte grüne Raupen; reifen von grün nach rot, bis 1 cm breit.

Blatt
eiförmig

**BLÄTTER
UND BLÜTEN**

Blüten in
langen Trauben

Art der Loranthaceae

Höhe bis 10 m
Typ Immergrün
Verbreitung W-Australien

Dieser Baum wird im Westen Australiens auch als Weihnachtsbaum bezeichnet. Der immergrüne Strauch oder kleine Baum ist ein Halbschmarotzer, der Wasser und Nährstoffe von den Wurzeln anderer Pflanzen in bis zu 150 m Entfernung bezieht. Die auffälligen Blüten öffnen sich um Weihnachten. Mit seinen dünnen, langen Blättern wirkt der Baum zerzaust. **Rinde** Rau, graubraun. **Blätter** Lineal, dunkelgrün. **Blüten** An verzweigten Blütenständen. **Früchte** Trocken mit drei breiten Flügeln.

BLÜTENSTÄNDE
Gelborange Blüten

Santalum album

Blätter dunkel-
grün, glänzend

Blüten
rotbraun

**BLÄTTER
UND BLÜTEN**

RINDE

Weißes Sandelholz

Höhe bis 9 m
Typ Immergrün
Verbreitung China, Indien, Indonesien, Philippinen

Aus dem Holz und Öl dieses Baums werden
Parfüms, Naturheilmittel und edle Möbel
hergestellt. Als Halbschmarotzer zapft er das
Wurzelsystem anderer Pflanzen an. **Rinde**
Rotbraun. **Blätter** Elliptisch bis lanzettlich,
bis 3 cm lang. **Blüten** Klein, in verzweigten
Blütenständen. **Früchte** Kleine dunkelrote
einsamige Steinfrüchte.

Cercidiphyllum japonicum

Kuchenbaum

Höhe bis 18 m
Typ Laub abwerfend
Verbreitung China, Japan

Der Kuchenbaum ist ein beliebter Solitär. Im
Herbst verströmen die Blätter einen Geruch
nach karamellisiertem Zucker. **Rinde** Anfangs
glatt mit vielen Poren, im Alter dunkler,
springt in dünne, eingerollte Streifen auf.
Blätter Herzförmig mit gekerbten Rändern,
5–8 cm lang; jung violett, im Herbst scharlachrot bis gelb. **Blüten** Männliche und weibliche an verschiedenen Bäumen, unauffällig,
in rötlichen Hochblättern; erscheinen vor

BLÄTTER | Herbstfärbung

den Blättern. **Früchte**
Bis 2 cm lang, gebogen,
anfangs rot.

BLÄTTER

Wuchs kegelförmig
bis rundlich

Gegenständig
angeordnet

Liquidambar orientalis

Orientalischer Amberbaum

Höhe bis 12 m
Typ Laub abwerfend
Verbreitung Türkei

Sein Harz verwendet man seit über 700 Jahren als Heilmittel. **Rinde** Violettgrau, korkig. **Blätter** Wechselständig, handförmig. **Blüten** Weiß. **Früchte** Stachelig, rund.

HERBSTLAUB Färbung orange, scharlachrot oder violett

Liquidambar styraciflua

Amerikanischer Amberbaum

Höhe bis 23 m
Typ Laub abwerfend
Verbreitung Osten und Süden der USA

Jung pyramidenförmig, später rund. **Rinde** Hellgrau, im Alter rissig. **Blätter** Wechselständig, ledrig, grün. **Blüten** Gelbgrüne Blütenköpfe. **Früchte** Stachelig, rund.

Frucht
2,3–3 cm
breit

BLÄTTER UND JUNGE FRÜCHTE
Blatt handförmig geteilt

Parrotia persica

Parrotie

Höhe bis 12 m
Typ Laub abwerfend
Verbreitung Iran

Die Wurzeln dieses Baums sind nicht invasiv, er wird nicht von Schädlingen befallen und hat herrliches Herbstlaub, deshalb ist er als Solitär ideal. **Rinde** Silbern, grün, weiß und braun, schuppt sich. **Blätter** Wechselständig, länglich bis eiförmig, Ränder gewellt bis gezähnt, behaart, glänzend grün; junge rotviolett. **Blüten** Keine Blütenblätter, viele rote Staubblätter. **Früchte** Trockene, hellbraune, 1 cm breite Kapsel mit Samen.

Blatt
2–12,5 cm lang

Rand gewellt

BLÄTTER

Staphylea pinnata

Gewöhnliche Pimpernuss

Höhe bis 4,5 m
Typ Laub abwerfend
Verbreitung SO-Europa und W-Asien

Beliebter Zierbaum. **Rinde** Graubraun, glatt. **Blätter** Gegenständig, 3–7 Fiedern länglich bis eiförmig, gezähnt, oberseits mattgrün, unterseits heller. **Blüten** Weiß, gestielt, etwa 1 cm, in hängenden Blütenständen. **Früchte** Aufgeblasene 2–3-lappige Kapsel, gelbbraune essbare Samen.

BLÄTTER, BLÜTEN UND FRÜCHTE
Blatt 5–12 cm lang

Terminalia catappa

Indischer Mandelbaum

Höhe bis 18 m
Typ Laub abwerfend
Verbreitung S- und SO-Asien

Ausladende Äste in Etagen, idealer Schatten-spender. Die Früchte finden unterschiedliche medizinische Verwendung. **Rinde** Glatt, grau. **Blätter** In Büscheln, länglich bis eiförmig, 30 cm lang, 15 cm breit, glänzend grün. **Blüten** In endständigen, 15 cm langen Blütenständen, männliche und weibliche am selben Baum; weibliche grünlich weiß. **Früchte** Grün bis gelb, oval, reifen rötlich; äußere Schicht faserig, inneres Fleisch grün; Kern des Steins essbar, schmeckt nach Mandeln.

FRUCHT | Frucht 5–7 cm lang

Lawsonia inermis

Hennastrauch

Höhe bis 6 m
Typ Immergrün
Verbreitung N-Afrika, SW-Asien

Der orangerote Farbstoff, der aus den Blät-tern gewonnen wird, dient zur Körperbema-lung und als Haartönung. **Rinde** Graubraun. **Blätter** In gegenständigen Paaren, 1–3 cm breit. **Blüten** Vier Blütenblätter; rot, weiß, rosafarben oder gelb, duftend, in endständigen Blütenständen. **Früchte** Beeren mit 40–45 klei-nen Samen.

Blatt 1,2–5 cm lang

Frucht grünlich braun

BLÄTTER   **FRÜCHTE**

Eucalyptus ficifolia

Purpur-Eukalyptus

Höhe bis 12 m
Typ Immergrün
Verbreitung SW-Australien

Häufiger Zierbaum. **Rinde** Faserig, dunkelgrau bis braun. **Blätter** Eiförmig, mattgrün. **Blüten** Lange, hellrote Staubblätter umgeben gelbes Zentrum. **Früchte** Urnenförmige Kapseln.

BLÜTEN   Blütenstände

Blatt 7,5–22,5 cm lang

Eucalyptus brassiana

Eukalyptus-Art

Höhe bis 30 m
Typ Immergrün
Verbreitung Australien (Queensland), Papua-Neuguinea

Dieser Baum stammt von der Kap-York-Halbinsel. Die Blüten sind eine wichtige Nektarquelle für Bienen. **Rinde** Grauweiß, glatt, schält sich in schmalen Streifen. **Blätter** Gestielt, graugrün, Mittelader gelblich oder rot. **Blüten** Dolden mit 3–7 gestielten weißen Blüten. **Früchte** Halbrunde trockene, 6–10 mm lange Kapseln.

Eucalyptus delegatensis

Eukalyptus-Art

Höhe bis 80 m
Typ Immergrün
Verbreitung SO-Australien, Tasmanien

Dieser Eukalyptus kommt in hohen, subalpinen Lagen vor und verträgt auch extreme Umweltbedingungen. Er ist schnellwüchsig und besitzt hochwertiges Holz. **Rinde** Unten rau und faserig, Hauptäste glatt und streifig. **Blätter** Wechselständig; ausgewachsene Blätter schmal lanzettlich, gestielt, mit unsymmetrischer Basis, mattgrün mit rötlicher Tönung; junge Blätter graugrün, breiter. **Blüten** Cremeweiß, zu 7–11 in achselständigen Dolden. **Früchte** Kelchförmige trockene Kapseln, 1 cm lang, meist vierklappig.

Eucalyptus camaldulensis

Roter Eukalyptus

Höhe bis 40 m
Typ Immergrün
Verbreitung Australien

Dieser Baum mit seiner breit säulenförmigen oder ausladenden Krone ist in seinem ursprünglichen Verbreitungsgebiet häufig. Das Holz ist hart, haltbar und termitenresistent. Pollen und Honig ergeben einen hochwertigen Honig. **Rinde** Glatt, weiß, grau, braun oder rot marmoriert. **Blätter** Wechselständig, graugrün, relativ dick, ausgewachsen eiförmig bis lanzettlich. **Blüten** In achselständigen Blütenständen von 7–11, cremeweiß. **Früchte** Halbrunde Kapseln, 7–8 mm lang, 5–6 mm breit, gelbe Samen.

Lange weiße Staubblätter

Blätter bis 20 cm lang

BLÄTTER UND BLÜTEN

Eucalyptus deglupta

Kamarere

Höhe bis 67 m
Typ Immergrün
Verbreitung Papua-Neuguinea

Dieser Eukalyptus fällt seiner attraktiven vielfarbigen Rinde wegen auf. Das Holz wird zur Papierherstellung verwendet. **Rinde** Grün, braun und grau schattiert, schält sich. **Blätter** Lanzettlich, ungezähnt, oberseits dunkler, unterseits heller grün. **Blüten** Cremeweiß, in achselständigen Dolden von 7–11. **Früchte** Runde, trockene Kapseln.

Schält sich in senkrechten Streifen

RINDE

Seitliche Adern blass

BLATT

Eucalyptus diversicolor

Karri-Eukalyptus

Höhe bis 80 m
Typ Immergrün
Verbreitung W-Australien

Der außerordentlich hohe Karri-Eukalyptus ist ein ergiebiger Holzlieferant. **Rinde** Glatt, vielfarbig, schuppt sich. **Blätter** Gegenständig, breit lanzettlich, dick. **Blüten** Cremeweiß, in achselständigen Blütenständen. **Früchte** Trockene runde bis ovale, gestielte Kapsel.

RINDE

Dichte Krone

Eucalyptus gunnii

Mostgummi-Eukalyptus

Höhe bis 36 m
Typ Immergrün
Verbreitung Tasmanien

Eine der winterhärtesten Eukalyptusarten. **Rinde** Rotbraun, grau. **Blätter** Wechselständig, graugrün, sichelförmig; junge gegenständig, rundlich, silbrig. **Blüten** Cremeweiß. **Früchte** Graue Kapseln.

RINDE

BLÄTTER   Schält sich

Eucalyptus globulus

Blaugummibaum

Höhe bis 70 m
Typ Immergrün
Verbreitung Australien

Dieser hohe Baum kommt auf Tasmanien, im Süden Victorias und in New South Wales vor und bildet dichte Bestände. Er ist der Wappenbaum Tasmaniens. Die vier Unterarten unterscheiden sich in der Blütenanordnung und der Schuppung ihrer Rinde. Das Holz ist haltbar und stabil. Aus seinem Öl werden Parfüms und Seifen hergestellt. Der Blaugummibaum ist eine ergiebige Nektarquelle für Bienen. **Rinde** Rau, graublau, schält sich meist in langen Streifen. **Blätter** Ausgewachsene wechselständig, dunkelgrün, 10–30 cm lang, 2,5–5 cm breit; junge silbrig, blaugrau, breit, bis 15 cm lang. **Blüten** Weiß, 5 cm breit, mit vielen langen weißen Staubblättern; stehen einzeln, in Paaren oder zu dreien in Blattachseln. **Früchte** Grau, verholzte gefurchte Kapseln, 2,5 cm breit.

BLÄTTER   Blatt sichelförmig

ROTER EUKALYPTUS
Die am weitesten verbreitete Eukalyptus-Art, der Rote
Eukalyptus (*Eucalyptus camaldulensis*) toleriert ein breites
Spektrum an Umweltbedingungen. Typischerweise findet
man ihn an Wasserläufen wie hier in einem überfluteten
Gebiet am Murribidgee River in Südaustralien.

Eucalyptus marginata

Eukalyptus-Art

Höhe bis 50 m
Typ Immergrün
Verbreitung Westliches Australien

Dieser Baum ist an seinen trockenen
Lebensraum angepasst, in dem Waldbrände
nicht selten sind. Er hat lange Wurzeln und
entwickelt große unterirdische Knollen, die
Kohlenhydrate speichern. So können nach
einem Feuer junge Bäume austreiben. Als
eines der wichtigsten Harthölzer Australiens
wird der Baum in großem Ausmaß gefällt.
Unberührte Wälder dieser Baumart haben
stark abgenommen. **Rinde** Rau, graubraun,
schält sich in langen Streifen. **Blätter** Ausgewachsene wechselständig, oberseits glänzend dunkelgrün, unterseits heller, lanzettlich mit flachem oder hohlem Stiel; junge
matt graugrün, ungestielt. **Blüten** Weiß,
stark duftend, an der Spitze des Baums in
Dolden von 7–11. **Früchte** Runde Kapseln,
1–1,5 cm lang, mit flacher Mittelscheibe.

NAHRUNG FÜR VIELE

Dieser Eukalyptus ist für Bienen eine reiche Nektar-
und Pollenquelle. Die duftenden Blüten blühen alle
zwei Jahre und locken Bienen an, die sie bestäuben.
Der Honig ist sehr schmackhaft. Untersuchungen
haben gezeigt, dass er außerdem
antibakterielle Stoffe enthält und
zur Wundheilung eingesetzt werden
kann. Auch andere Insekten, Vögel
und Beuteltiere trinken den Nektar.

HONIG

STÄMME   Senkrechte Risse

Eucalyptus microtheca

Eukalyptus-Art

Höhe bis 20 m
Typ Immergrün
Verbreitung Australien
(außer Victoria und Tasmanien)

Dieser schnellwüchsige ein- oder mehrstämmige Baum gedeiht in trockenen und halb-
trockenen Gebieten und kann als Erosions-
schutz gepflanzt werden. Das Holz ist eines
der stabilsten der Welt. **Rinde** Graubraun,
dick, faserig, rau, schält sich nicht. **Blätter**
Ausgewachsene schmal lanzettlich, 6–20 cm
lang, oberseits mattgrün, unterseits heller,
ledrig; junge breiter, kräftig grün. **Blüten**
Weiß, sehr klein, kurz gestielt, in verzweigten oder zusammengesetzten Dolden zu
3–7. **Früchte** Kurz gestielte Kapseln, 3–5 cm
lang, schwarze Samen.

Eucalyptus microcorys

Eukalyptus-Art

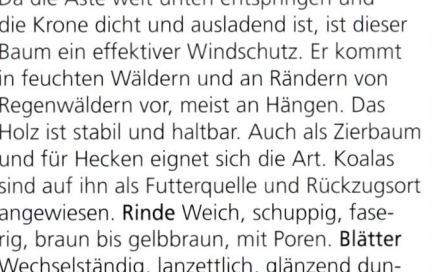

Höhe bis 54 m
Typ Immergrün
Verbreitung Australien (New South
Wales, Queensland)

Da die Äste weit unten entspringen und
die Krone dicht und ausladend ist, ist dieser
Baum ein effektiver Windschutz. Er kommt
in feuchten Wäldern und an Rändern von
Regenwäldern vor, meist an Hängen. Das
Holz ist stabil und haltbar. Auch als Zierbaum
und für Hecken eignet sich die Art. Koalas
sind auf ihn als Futterquelle und Rückzugsort
angewiesen. **Rinde** Weich, schuppig, faserig, braun bis gelbbraun, mit Poren. **Blätter**
Wechselständig, lanzettlich, glänzend dunkelgrün, gestielt. **Blüten** Klein, cremeweiß,
in Dolden zu fünfen; zweigeschlechtlich, von
Bienen bestäubt. **Früchte** Schmale, röhrenförmige Kapseln.

Eucalyptus pilularis

Eukalyptus-Art

Höhe bis 70 m
Typ Immergrün
Verbreitung New South Wales und
Queensland (Küstenregionen)

Dieser wirtschaftlich bedeutende Baum
wächst gut im Unterholz, liefert Brennholz
und bietet Koalas, Insekten und anderen
Tieren Nahrung. **Rinde** Rau, faserig, schält
sich in Streifen. **Blätter** Dunkelgrün, schmal
lanzettlich. **Blüten** Weiß, klein, zu 7–15 in
achselständigen Blütenständen. **Früchte**
Verholzte Kapseln.

Eucalyptus pauciflora

Eukalyptus-Art

Höhe bis 30 m
Typ Immergrün
Verbreitung SO-Australien

Dieser langlebige, langsamwüchsige Baum
hat einen krummen Stamm und gedrehte
Zweige. **Rinde** Glatt, grün, grau oder cremefarben, schält sich in Streifen.
Blätter Ausgewach-
sene dick, glänzend,
lineallanzettlich; junge
eher eiförmig, matt
graugrün. **Blüten**
Weiß, duftend,
stehen in Büscheln zu
11 oder mehr in Blattach-
seln. **Früchte** Halbrunde oder
kegelförmige Kapseln.

Ausgewach-
senes Blatt

Blüten-
stände

**BLÄTTER
UND BLÜTEN**

EUCALYPTUS PAUCIFLORA

Eucalyptus pauciflora ist ein sehr anpassungsfähiger Baum, der an verschiedenen Standorten wächst, auch an exponierten Graten oder in feuchten, schneereichen Gebieten. Er kommt vor allem in den Snowy Mountains in Südost-Australien vor.

Eucalyptus regnans

Eukalyptus-Art

Höhe bis 90 m
Typ Immergrün
Verbreitung Australien

Größter Hartholzbaum der Welt. **Rinde** Weiß oder grau, glatt. **Blätter** Wechselständig, gestielt, lanzettlich. **Blüten** Weiß, klein, achselständige Blütenstände. **Früchte** Birnenförmige dreiklappige Kapsel.

STAMM Rinde schält sich in Streifen

Eugenia uniflora

Surinam-Kirschmyrte

Höhe bis 8 m
Typ Immergrün
Verbreitung Südamerika

Wächst im Amazonas-Regenwald. **Rinde** Braun. **Blätter** Gegenständig, eiförmig lanzettlich. **Blüten** Weiß. **Früchte** Rund.

FRÜCHTE TRAGENDER AST Rote Früchte

Blätter tiefgrün, glänzend

Melaleuca quinquenervia

Melaleuca-Art

Höhe bis 30 m
Typ Immergrün
Verbreitung O-Australien, in den USA (Florida) eingeführt

In Australien kommt dieser Baum an der Ostküste vor. In Florida kann er riesige Wälder bilden und jegliche sonstige Vegetation verdrängen. **Rinde** Weißlich. **Blätter** Wechselständig, kurz gestielt, schmal elliptisch, flach, ledrig. **Blüten** Klein, weiß, Staubblätter verwachsen; in bürstenartigen Blütenständen an Triebspitzen. **Früchte** Zylindrische verholzte Kapseln mit mehreren Samen.

RINDE

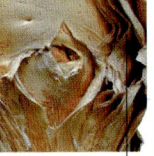

Schält sich in vielen Schichten

Metrosideros excelsa

Pohutukawa-Eisenholz

Höhe bis 25 m
Typ Immergrün
Verbreitung Neuseeland

Wächst an Küsten, blüht um Weihnachten. **Rinde** Graubraun, plattig. **Blätter** Ledrig, unterseits behaart, 10 cm lang. **Blüten** Blütenstände an Triebspitzen; kleine Blütenblätter, viele lange Staubblätter. **Früchte** Papierartige Kapseln.

BLÜTEN Leuchtend rote Staubblätter

Psidium guajava

Guave

Höhe bis 8 m
Typ Immergrün
Verbreitung Tropen Amerikas,
weltweit in warmen Regionen kultiviert

Dieser Baum, der wahrscheinlich aus Süd-
mexiko stammt, kann invasiv sein. In einigen
Ländern ist die Frucht Grundlage einer
bedeutenden Industrie. Das Holz wird zu
Möbeln verarbeitet und dient als Feuerholz.
Rinde und Blätter enthalten Gerbsäure und
werden in der Naturheilkunde eingesetzt.

LECKERE GUAVEN

Die Guave hat einen
hohen Vitamin-C-Gehalt.
Roh verwendet man sie in
Salaten und Desserts. Oft
wird die Frucht gekocht, damit
ihr intensiver Geruch verschwin-
det. Sie kann eingeweckt, zu Gelee,
einer Paste oder »Käse« verarbeitet
werden. Guavensaft ist ein beliebtes Getränk.
Mit Guavensirup gibt man Desserts Geschmack.

**GUAVEN-
KÄSE**

Rinde Hell rotbraun, glatt, schält sich
in großen Schuppen; innere Rinde
grüngrau. **Blätter** Gegenständig,
spröde, eiförmig bis elliptisch,
unterseits behaart. **Blüten**
Weiß, 4–5 Blütenblätter, viele
Staubblätter; in Gruppen zu
1–4 in Blattachseln. **Früchte**
Weißgelbe oder rosa
Beeren, bis 10 cm
lang; Fruchtfleisch
süßsauer, saftig.

UNREIFE FRÜCHTE

**HALBIERTE
REIFE FRUCHT**

Gelbe
Samen

BLÄTTER

10–20 Paare
auffälliger Adern

Syzygium aromaticum

Gewürznelken-baum

Höhe bis 12 m
Typ Immergrün
Verbreitung Indonesien (Molukken), Philippinen

Die Blütenknospen des Gewürznelkenbaums werden schon seit Jahrtausenden als Gewürz verwendet. Nach einer frühen Quelle mussten Besucher des Kaisers von China Nelken in den Mund nehmen, um ihren Atem zu

DICHTES LAUB

erfrischen. Der Baum wurde in den Tropen vielerorts eingeführt. Heute sind die Hauptproduzenten von Gewürznelken und Nelkenöl die Inseln Sansibar und Pemba vor der Küste Ostafrikas. Einst wurden Kriege in Europa und mit den Einheimischen auf den Molukken um die Rechte am lukrativen Gewürzhandel geführt. 1816 vernichteten die Holländer die Baumbestände, um die Preise in die Höhe zu treiben. Das führte zu einem blutigen Aufstand der Einheimischen. **Rinde** Grau und glatt. **Blätter** Länglich, bis 15 cm lang, duftend. **Blüten** Rot und weiß, glockenförmig, in endständigen Blütenständen. **Früchte** Einsamige Beeren.

Wuchs
pyramidenförmig

Glänzende
Oberfläche

BLÄTTER

Gelber
Kelch

BLÜTENKNOSPEN

GEWÜRZNELKEN UND NELKENÖL

Gewürznelken sind die Blütenknospen des Baums und werden geerntet und getrocknet, bevor sie sich öffnen. Das Öl, das aus ihnen extrahiert wird, ist Bestandteil von Kosmetika, Süßwaren und Naturheilmitteln. Es hat außerdem eine leicht betäubende Wirkung und wird äußerlich gegen Zahnschmerzen angewandt.

GEWÜRZNELKEN   **NELKENÖL**

Syzygium cumini

Wachs-Jambuse

Höhe bis 30 m
Typ Immergrün
Verbreitung Indonesien, Indien

Die Wachs-Jambuse wächst in den Tropen und Subtropen. Aus den Früchten wird Saft gepresst, der roh und gekocht konsumiert wird. Auf den Philippinen und in Surinam verarbeitet man ihn zu Essig und Likör. Alle Teile des Baums finden in der Naturheilkunde Verwendung. **Rinde** Grau, glatt; Basis rau und schuppig. **Blätter** Gegenständig, länglich; junge rosa, ältere dunkelgrün. **Blüten** Rosa bis weiß, in verzweigten duftenden Blütenständen; 4–5 verwachsene Blütenblätter, viele Staubblätter. **Früchte** Violettschwarz, oval, bis 5 cm lang; weißliches saftiges Fruchtfleisch mit einem Samen.

Syzygium malaccense

Malayenapfel

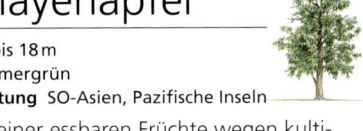

Höhe bis 18 m
Typ Immergrün
Verbreitung SO-Asien, Pazifische Inseln

Wird seiner essbaren Früchte wegen kultiviert. Ein Baum kann über 100 kg Früchte tragen. **Rinde** Grau, glatt, marmoriert. **Blätter** Gegenständig, ledrig, dunkelgrün. **Blüten** Duftend, in Blütenständen zu 2–8; röhrenförmige Basis, fünf grüne Kelch- und vier meist rosa oder dunkelrote Blütenblätter; viele Staubblätter. **Früchte** Birnenförmige Beeren, tiefrot, weiß oder rosa.

BAUM IN BLÜTE

Tibouchina urvilleana

Glänzende Tibouche

Höhe bis 5 m
Typ Immergrün
Verbreitung Brasilien

Wird wegen der auffälligen Blüten gepflanzt, die fast ganzjährig blühen. **Rinde** Hellbraun, dünn. **Blätter** Gegenständig, lanzettlich eiförmig, dunkelgrün, oft mit roten Rändern und 3–5 auffälligen Adern. **Blüten** Violett, 12,5 cm breit, gebogenen Staubblättern, in endständigen Blütenständen. **Früchte** Harte braune Kapseln.

BAUM IN VOLLER BLÜTE

Chrysobalanus icaco

Goldpflaume

Höhe bis 6 m
Typ Immergrün
Verbreitung USA (S-Florida) bis Norden Südamerikas, Afrika

Die meist strauchförmige Goldpflaume wächst in tropischen Küstengebieten und befestigt Dünen und lockere Böden. **Rinde** Graubraun, mit Lentizellen. **Blätter** Wechselständig, ledrig, oberseits glänzend dunkelgrün, unterseits heller, kurz gestielt. **Blüten** Zu mehreren an Zweigspitzen; 4–5 Blütenblätter. **Früchte** Weiß bis violett, pflaumenähnlich, mit weißlichem essbarem Fruchtfleisch.

Blätter rund oder elliptisch

Früchte bis 3 cm breit

BLÄTTER UND FRÜCHTE

Parinari curatellifolia

Mobola-Pflaume

Höhe 8–12 m
Typ Immergrün
Verbreitung Tropisches Afrika

Die Früchte dieses Baums sind in den afrikanischen Tropen hoch geschätzt. **Rinde** Rau, tief rissig; zischt, wenn man sie einschneidet. **Blätter** Wechselständig, länglich bis elliptisch. **Blüten** Gelbgrün, duftend, in hängenden Blütenständen. **Früchte** Pflaumenförmig, olivgrün.

Populus alba

Silber-Pappel

Höhe bis 30 m
Typ Laub abwerfend
Verbreitung Europa, Zentral- und Westasien, Nordafrika

Der Baum kann vor allem an Ufern den Boden stabilisieren. **Rinde** Weißgrau, glatt; im Alter an der Basis tief rissig. **Blätter** Wechselständig, 3–5 Lappen, Ränder gewellt; junge Blätter weiß, später oberseits glänzend dunkelgrün, unterseits weißlich. **Blüten** Männliche und weibliche an verschiedenen Bäumen; ohne Blütenblätter, in Kätzchen; männliche grau mit roten Staubbeuteln, weibliche grüngelb. **Früchte** Grüne Kapseln, Samen mit Haarschopf. **Früchte** Birnenförmige Kapseln, behaarte Samen.

LAUB

Ausladender Wuchs

Pangium edule

Art der Flacourtiaceae

Höhe bis 40 m
Typ Immergrün
Verbreitung Malaysia, Indonesien, Philippinen, Papua-Neuguinea

Stark giftig, nur die Samen sind essbar, wenn sie gründlich gewaschen werden. **Rinde** Rot- bis dunkelbraun. **Blätter** Ei- bis herzförmig, oberseits dunkelgrün. **Blüten** Hellgrün; männliche in Blütenständen, weibliche einzeln. **Früchte** Braun, beerenähnlich.

FRÜCHTE Frucht länglich oval

BLATT   **STAMM**

Rinde rissig

Populus grandidentata

Großzähnige Pappel

Höhe bis 20 m **Typ** Laub abwerfend
Verbreitung Nordosten/Zentrum der USA, SO-Kanada

Ränder grob gezähnt

Blätter eiförmig bis rund

Das Holz wird in großen Mengen verarbeitet. **Rinde** Hell graugrün, Basis im Alter unregelmäßig rissig. **Blätter** Wechselständig, oberseits dunkelgrün, unterseits behaart, im Alter glatt. **Blüten** Männliche und weibliche in zylindrischen Kätzchen an verschiedenen Bäumen; männliche mit roten Staubbeuteln, weibliche grün. **Früchte** Birnenförmige Kapseln, behaarte Samen.

Populus x canadensis

Bastard Schwarz-Pappel

Höhe 15–20 m
Typ Laub abwerfend
Verbreitung Gartenhybride

Eine Hybride zwischen Karolina-Pappel (*P. deltoides*) und Schwarz-Pappel (*P. nigra*). **Rinde** Hell graubraun, tief rissig. **Blätter** Wechselständig, dunkelgrün, breit dreieckig, fein gezähnte Ränder. **Blüten** Männliche und weibliche getrennt stehend, in hängenden Kätzchen; männliche mit hellroten Staubbeuteln, weibliche grün. **Früchte** Kleine Kapseln, behaarte Samen.

Wuchs breit säulenförmig

Populus balsamifera

Balsam-Pappel

Höhe bis 30 m
Typ Laub abwerfend
Verbreitung Nordamerika

Wurde von den nordamerikanischen Indianern als Heilpflanze, zur Klebstoff und Seifenherstellung genutzt. Heute wird das weiche Holz als Bauholz und zur Papierherstellung verwendet. **Rinde** Hellgrau bis braun, glatt; im Alter dunkler und rissig. **Blätter** Wechselständig, eiförmig, oberseits glänzend dunkelgrün, unterseits hellgrün; Geruch harzig. **Blüten** Grün, klein, ohne Blütenblätter, männliche und weibliche an verschiedenen Bäumen, in hängenden Kätzchen. **Früchte** Kleine grüne Kapseln; Samen mit Haarschopf.

Spitze

Auffällige Äderung

BLATT

Ränder fein gezähnt

Populus deltoides

Karolina-Pappel

Höhe bis 30 m
Typ Laub abwerfend
Verbreitung Osten der USA

Wird zur Papierherstellung verwendet. **Rinde** Grünlich gelb; im Alter dunkelgrau, gefurcht. **Blätter** Wechselständig, dreieckig bis eiförmig, Ränder gezähnt. **Blüten** Männliche und weibliche in getrennten Kätzchen; männliche: hellrote Staubbeutel; weibliche grün. **Früchte** Kapseln.

Populus maximowiczii

Maximowiczs Pappel

Höhe bis 30 m
Typ Laub abwerfend
Verbreitung NO-Asien, Japan

Aus ihr wurden Streichhölzer und Papier hergestellt. Heute pflanzt man sie in Japan, um Flussufer zu stabilisieren. **Rinde** Grünlich weiß, im Alter grau mit tiefen Rissen. **Blätter** Wechselständig, ledrig, elliptisch eiförmig, Rand gezähnt. **Blüten** Männliche und weibliche an verschiedenen Bäumen; grün, ohne Blütenblätter, Kätzchen. **Früchte** Kapseln mit behaarten Samen.

Krone gerundet

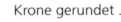

FRÜCHTE MIT SAMEN

Behaarte Samen

SILBER-PAPPEL

Populus alba mit ihrem oft fast weißen Stamm mit
dunkler Zeichnung ist ein sehr kräftiger Baum, der
andere Arten oft verdrängt. Diese Eigenschaft als
Pionierpflanze ist bei der Bepflanzung von Flächen, auf
denen sich andere Arten schlecht etabilieren, nützlich.

Populus nigra

Schwarz-Pappel

Höhe bis 30 m
Typ Laub abwerfend
Verbreitung Europa, W-Asien

Aus dem Stamm dieses Baums stellt man ein Furnier her. **Rinde** Dunkel graubraun, tief rissig. **Blätter** Wechselständig, dreieckig bis eiförmig, Ränder fein gezähnt, oberseits glänzend dunkelgrün, unterseits hellgrün. **Blüten** In langen Kätzchen, männliche mit roten Staubbeuteln; weibliche grün. **Früchte** Kleine Kapseln, Samen mit Haarschopf.

Ränder durchsichtig

BLÄTTER

Kleine grüne Kapseln

Populus tremula

Zitter-Pappel

Höhe bis 30 m **Typ** Laub abwerfend
Verbreitung Europa, N-Afrika, W-Asien

Die Blätter der Zitter-Pappel oder Espe flattern mit typischem Geräusch im Wind. **Rinde** Glatt, hellgrau, Lentizellen rautenförmig; wird dunkler, rau und gefurcht. **Blätter** Wechselständig, rund, gezähnt, oberseits dunkelgrün, unterseits hellgrün. **Blüten** In Kätzchen, männliche mit roten Staubbeuteln; weibliche grün. **Früchte** Kleine Kapseln, Samen mit Haarschopf.

Breit eiförmig bis rundlich

BLATT

Samen in Kätzchen mit Haarschopf

Populus tremuloides

Amerikanische Espe

Höhe bis 30 m
Typ Laub abwerfend
Verbreitung Zentrum und Westen Nordamerikas (Mexiko bis Alaska)

Diese Espe pflanzt sich vegetativ mit Ausläufern fort und bildet Bestände aus Klonen. Der größte bekannte männliche Klon in Utah bedeckt knapp 7 ha und besteht aus mehr als 47 000 Stämmen. **Rinde** Dünn, glatt, weißlich bis gelbbraun. **Blätter** Wechselständig, breit eiförmig, 2–7 cm lang. **Blüten** Zylindrische Kätzchen; männliche mit rosafarbenen Staubbeuteln; weibliche grün. **Früchte** Kleine Kapseln.

BLATT

Gewellter Rand

Populus trichocarpa

Haarfrüchtige Pappel

Höhe bis 60 m
Typ Laub abwerfend
Verbreitung Westliches Nordamerika

Wie die meisten Pappeln hat diese Art leichtes Holz. Es wird zu hochwertigem Papier verarbeitet. **Rinde** Aschgrau, mit tiefen, breiten Furchen, schält sich. **Blätter** Wechselständig, eiförmig lanzettlich bis dreieckig, oberseits dunkelgrün, unterseits weißlich bis rostfarben. **Blüten** Lange, zylindrische Kätzchen; männliche mit roten Staubbeuteln; weibliche grün. **Früchte** Kleine Kapseln.

Salix alba

Silber-Weide

Höhe bis 25 m
Typ Laub abwerfend
Verbreitung Europa, W-Asien, N-Afrika

Die Rinde dieser Weide hat heilsame Wirkung: Sie enthält Salicylsäure, das der Wirkstoff im Schmerzmittel Aspirin ist. **Rinde** Graubraun, tief rissig. **Blätter** Wechselständig, unterseits blaugrün mit seidiger Behaarung. **Blüten** In zylindrischen Kätzchen, ohne Blütenblätter; männliche gelb, weibliche grün. **Früchte** Kleine grüne Kapseln.

Blatt lanzettlich

BLÄTTER

Salix babylonica

Trauer-Weide

Höhe bis 10 m
Typ Laub abwerfend
Verbreitung China

Diese Weidenart wurde früher meist an Gewässern gepflanzt. **Rinde** Graubraun, unregelmäßig rissig. **Blätter** Wechselständig, lanzettlich, gezähnt, unterseits graugrün. **Blüten** Zylindrische Kätzchen; männliche gelb; weibliche grün. **Früchte** Grüne Kapseln.

Salix purpurea

Purpur-Weide

Höhe bis 5 m
Typ Laub abwerfend
Verbreitung Europa, N-Asien

Es gibt mehrere Sorten dieses kleinen Baums. **Rinde** Olivgrau. **Blätter** Wechselständig oder fast gegenständig, lanzettlich, an der Spitze fein gezähnt, unterseits grün bis blauweiß, spärlich behaart. **Blüten** In zylindrischen Kätzchen, ohne Blütenblätter; männliche gelb, weibliche grün. **Früchte** Kleine grüne Kapseln.

ZITTER-PAPPEL

Das goldene Herbstlaub der Zitter-Pappel oder Espe (*Populus tremula*), hier eine Aufnahme aus dem Tarhee Nationalpark, Idaho, ist typisch für den »Indian Summer«. Die Baumart ist aber auch in Europa und Asien verbreitet.

Salix × sepulcralis

Trauer-Weide

Höhe 9–10 m
Typ Laub abwerfend
Verbreitung Gartenhybride

Diese Hybride aus *S. alba* und *S. babylonica* hat eine gerundete, ausladende Krone und herabhängende Zweige. Die größte Sorte ist »Chrysocoma«. **Rinde** Hell graubraun. **Blätter** Wechselständig, Ränder fein gezähnt, unterseits glatt oder fein seidig behaart, lang zugespitzt. **Blüten** Zylindrische Kätzchen an verschiedenen Bäumen; einzelne Blüten klein, ohne Blütenblätter; männliche gelb, weibliche grün. **Früchte** Kleine grüne Kapseln mit behaarten weißen Samen.

HEILIGER WEG IN PEKING

Trauer-Weiden werden weltweit als Ziergehölze gepflanzt und in vielen Kulturen mit dem Tod in Verbindung gebracht. Als Symbol für Trauer und Leid werden diese Bäume oft bei Friedhöfen gepflanzt. Diese Allee führt zu den Ming-Gräbern in Peking. *S. babylonica* gilt auch als Baum der Inspiration und Erheiterung.

RINDE

Risse

BLÄTTER

Lanzettliche Blätter

Lichtnussbaum

Höhe bis 25 m
Typ Immergrün
Verbreitung Thailand, Malaysia bis
W-Polynesien und O-Australien

Die Krone dieses Baums ist unregelmäßig.
Rinde Rau mit Lentizellen. **Blätter** Wechselständig, eiförmig, dunkelgrün. **Blüten**
Grünlich weiß; männliche und weibliche an
derselben Pflanze in endständigen Blütenständen. **Früchte** Nüsse in Gruppen zu 3–6,
oliv- bis gelbgrün.

BLATT

3–5 Lappen

Ränder leicht
gewellt

Graubraun bis
schwärzlich

RINDE

Kaktus Wolfsmilch

Höhe bis 10 m
Typ Laub abwerfend
Verbreitung Mosambik, Simbabwe, Südafrika

Der Milchsaft dieses dicht verzweigten
Baums ist hochgiftig. **Rinde** Grau, rissig.
Blätter Bei jungen Pflanzen lanzettlich,
später dreieckig. **Blüten** Rötlich. **Früchte**
Halbrunde Kapseln mit 2–3 Fächern.

Sukkulente Äste

Art der Euphorbiaceae

Höhe 15–25 m
Typ Immergrün
Verbreitung Indien bis S-China, Thailand,
Malaiische Halbinsel, Andamanen

Krone unregelmäßig, Zweige pagodenartig
angeordnet. **Rinde** Graubraun, glatt oder
leicht schuppig. **Blätter** Wechselständig,
eiförmig bis eilanzettlich, unterseits glatt bis
spärlich behaart. **Blüten** Gelbgrün; männliche
und weibliche an verschiedenen Pflanzen.
Früchte Hängend, rund, zu mehreren, rot bis
orangerosa, reifen violett; essbar; süßsauer.

Kandelaber-Wolfsmilch

Höhe bis 12 m
Typ Laub abwerfend
Verbreitung Ostafrika

Die sukkulenten endständigen Äste dieses
Baums bilden eine runde Krone. **Rinde** Grau,
rau rissig. **Blätter** Bei jungen Pflanzen lanzettlich, später dreieckig. **Blüten** Grüngelb, an
den obersten Segmenten der Äste. **Früchte**
Halbrunde Kapseln mit 2–3 Fächern.

Grüne Äste

Hevea brasiliensis

Amazonas-Para-
kautschukbaum

Höhe bis 30 m
Typ Halb immergrün
Verbreitung Tropisches Südamerika,
in Südostasien eingeführt

Der Amazonas-Parakautschukbaum wurde in
Südostasien in zahlreichen Plantagen gepflanzt.
Der Stamm enthält viel weißen Latex, der ge-
erntet und zu Naturgummi verarbeitet wurde.
Während des Zweiten Weltkriegs führten unre-
gelmäßige Erträge zur Entwicklung syntheti-
schen Gummis. Der natürliche Latex verlor an
Bedeutung. **Rinde** Grau bis hellbraun, glatt,
mit Ringen. **Blätter** Wechselständig, dreiteilig,
Fiedern glatt, elliptisch. **Blüten** Grüngelb, ohne
Blütenblätter, in achselständigen Blütenstän-
den; männliche und weibliche am gleichen
Trieb. **Früchte** Ovale dreilappige Kapseln mit
gefurchten Samen.

NATURGUMMI

Die Erfindung mit Luft ge-
füllter Reifen gab den An-
stoß zur Entwicklung von
Gummi aus Kautschuk.
Auch wurde er verwendet,
um Gegenstände zu im-
prägnieren. Zunächst wurde
der Kautschuk aus Brasilien
exportiert. Dann wurden
die Samen des Baums
nach Großbritannien
geschmuggelt und
gelangten in seine
Kolonien.

Rand
ungezähnt

FIEDERN

Kamala-Baum

Höhe bis 25 m
Typ Immergrün
Verbreitung Tropisches Asien, Australien

Dieser Baum hat einen kurzen Stamm und eine dichte Krone. Der rote Staub, der die Früchte bedeckt, wurde früher als Farbstoff verwendet. Er ergibt herrliche Gelb- und Orangetöne. In kleinen Mengen verwenden ihn Kunsthandwerker noch immer. In Indien wird die Frucht in der Ayurveda-Heilkunde eingesetzt. **Rinde** Graubraun, glatt. **Blätter** Wechselständig, eiförmig bis lanzettlich. **Blüten** Grünlich, klein; männliche und weibliche an verschiedenen Bäumen; männliche einzeln oder in Ähren; weibliche in end- oder achselständigen Blütenständen. **Früchte** Dreilappige Kapseln, mit rotem Granulat bedeckt.

REIFE FRÜCHTE AN ZWEIGEN

Tungölbaum

Höhe bis 20 m
Typ Laub abwerfend
Verbreitung S-China, Myanmar, N-Vietnam

Dieser Baum wird seines Öls und seiner Samen wegen angebaut. Das Öl wird für Farben und Polituren verwendet und ist der Hauptbestandteil in »Teak-Öl«. **Rinde** Glatt. **Blätter** Wechselständig, eiförmig, Basis herzförmig. **Blüten** Rosafarben, groß; männliche und weibliche an derselben Pflanze. **Früchte** Ovale bis birnenförmige grüne bis violette Kapsel mit 4–5 Samen.

Schwach gelappt

BLÄTTER

Zwei rote Drüsen

BLATTBASIS

Souarinuss

Höhe bis 40 m
Typ Immergrün
Verbreitung Südamerika

Dieser Baum blüht meist nachts und wird von Fledermäusen bestäubt. Die Frucht ist von einer faserigen Schale bedeckt, der Kern ölhaltig. In Brasilien wird aus der Frucht Likör hergestellt. Das haltbare Holz wird zum Schiffbau verwendet. **Rinde** Mattgrau, im Alter tiefe senkrechte Sprünge. **Blätter** Gegenständig, dreiteilig; Fiedern elliptisch bis lanzettlich, manchmal leicht gezähnt. **Blüten** Groß, puderquastenartig; Blütenblätter blutrot, viele Staubblätter. **Früchte** Nierenförmig mit essbarem gelbem Fruchtfleisch.

Calophyllum inophyllum

Indischer Lorbeer

Höhe bis 20 m
Typ Immergrün
Verbreitung Indien, Indonesien, Philippinen, Papua-Neuguinea, Malaysia, Pazifische Inseln

Blätter Gegenständig, elliptisch bis verkehrt elliptisch. **Blüten** In achselständigen Blütenständen; 4–8 weiße Blütenblätter, zahlreiche gelbe Staubblätter. **Früchte** Gelbgrün, rund.

Den Indischen Lorbeer findet man an Sand- und Kiesstränden. Er hat eine breite Krone mit knorrigen Ästen. Manchmal wird er als Straßenbaum gepflanzt. **Rinde** Graubraun bis schwärzlich, tief rissig, gelber Saft.

Ränder ungezähnt

Frucht rund   **BLÄTTER UND FRÜCHTE**

Garcinia mangostana

Mangostane

Höhe 6–25 m
Typ Immergrün
Verbreitung Nur in Kultur bekannt

Die Mangostane ist eine der teuersten Tropenfrüchte und wird meist frisch gegessen. Kultivierte Bäume sind immer weiblich, pflanzen sich ungeschlechtlich fort und ihre Nachkommen sind mit ihnen genetisch identisch. Vermutlich stammen alle Bäume von einer einzigen Elternpflanze ab. **Rinde** Dunkelbraun bis schwarz, schuppt sich. **Blätter** Gegenständig, länglich bis elliptisch, Ränder ungezähnt. **Blüten** Einzeln oder paarig an Triebspitzen; große, fleischige Blütenblätter, gelbgrün mit rötlichen Rändern. **Früchte** Rotviolett; Samen in weißem, essbaren Fruchtfleisch eingebettet.

REIFE FRÜCHTE

Essbares Fruchtfleisch

BLÄTTER MIT FRUCHT   Unreife Frucht

Blätter glänzend, tiefgrün

Rhizophora mangle

Mangrovebaum

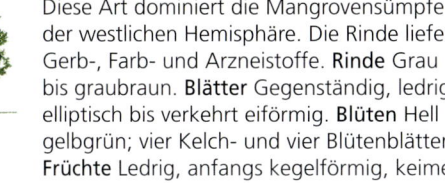

Höhe bis 25 m
Typ Immergrün
Verbreitung USA (S-Florida),
Westindische Inseln, Küsten der
amerikanischen Tropen, W-Afrika

Diese Art dominiert die Mangrovensümpfe der westlichen Hemisphäre. Die Rinde liefert Gerb-, Farb- und Arzneistoffe. **Rinde** Grau bis graubraun. **Blätter** Gegenständig, ledrig, elliptisch bis verkehrt eiförmig. **Blüten** Hell gelbgrün; vier Kelch- und vier Blütenblätter. **Früchte** Ledrig, anfangs kegelförmig, keimen am Elternbaum.

BLÄTTER MIT FRÜCHTEN

Blattrand ungezähnt

Keimwurzeln

Erythroxylum coca

Echter Kokastrauch

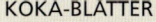

Höhe 3–6 m
Typ Immergrün
Verbreitung Südamerika

Droge mit hohem Suchtpotenzial ist. **Rinde** Grauweiß. **Blätter** Wechselständig, eiförmig bis elliptisch, 4–7 cm lang. **Blüten** Einzeln oder zu mehreren in Blattachseln; klein, gelbgrün. **Früchte** Rote Steinfrüchte.

Die Blatter des Echten Kokastrauchs enthalten das Alkaloid Kokain. Kultiviert wurde er bereits vor 2000–3000 Jahren. Früher war Kokain in Stärkungs- und Arzneimitteln enthalten. Heute weiß man, dass es eine

KOKA-BLÄTTER

Die Tradition, Koka-Blätter zu kauen, war bei den Indianervölkern der Anden tief verwurzelt.

Sie steigerten damit ihre physischen Kräfte und linderten Schmerzempfinden, Hunger und Durst. Das Koka-Blatt hat in ihrer Kultur und Religion spirituelle Bedeutung und ist Symbol der Identität der Andenindianer.

MANGROVEBAUM
Der Mangrovebaum (*Rhizophora mangle*) ist an das Leben in der Gezeitenzone angepasst, wie bei diesem Exemplar an der Küste der Insel Boipeba, Brasilien, zu sehen. Stelzwurzeln stützen den Baum. Luftwurzeln über der Wasseroberfläche sorgen für Sauerstoffversorgung.

Averrhoa bilimbi

Gurkenbaum

Höhe bis 15 m
Typ Immergrün
Verbreitung Indien, SO-Asien

Dieser Baum hat einen kurzen Stamm und aufsteigende Äste. Die Frucht ist sauer und roh meist ungenießbar. **Rinde** Rötlich braun, glatt, manchmal leicht schuppig. **Blätter** Wechselständig, 7–19 Fiederpaare; an den Enden der Zweige dicht stehend; Fiedern eiförmig, manchmal behaart. **Blüten** In kleinen Rispen; fünf Blütenblätter, gelbgrün oder rosa mit violetter Zeichnung, duftend. **Früchte** Ovale oder fast zylindrische Beere, gelbgrün bis weißlich.

Davidsonia pruriens

Art der Cunoniaceae

Höhe bis 10 m
Typ Immergrün
Verbreitung Australien (Queensland)

Eine beliebte Gartenpflanze. Obwohl die Frucht sehr sauer ist, war sie bei europäischen Siedlern geschätzt. Man verarbeitete sie zu Marmelade und Wein. **Rinde** Braun, korkig und schuppig. **Blätter** Wechselständig, unpaarig gefiedert; Fiedern ledrig, eilanzettlich, dicht behaart, scharf und unregelmäßig gezähnt. **Blüten** Blütenstände am Stamm und in Blattachseln; rotbraun. **Früchte** Violett, ähneln Pflaumen.

Averrhoa carambola

Sternfrucht

Höhe bis 15 m
Typ Immergrün
Verbreitung SO-Asien, Florida

Dieser verzweigte, buschige Baum hat eine breite Krone mit herabhängenden Ästen. **Rinde** Hellbraun, glatt. **Blätter** Wechselständig, unpaarig gefiedert, manchmal behaart. **Blüten** In achselständigen Rispen; hellrot mit violetter Mitte. **Früchte** Eiförmige Beeren, reifen orangegelb.

5 auffällige Rippen

3–6 Fiederpaare

FRUCHT   BLÜTEN UND BLÄTTER

Quillaja saponaria

Seifenspiere

Höhe bis 20 m
Typ Immergrün
Verbreitung Chile, Peru

Ein Rindenextrakt, den schon das Volk der Mapuche in Chile verwendete, wird zum Aufschäumen von Getränken und als Netzmittel in der Fotografie verwendet. **Rinde** Graubraun, feine Erhebungen, wird dunkler und rau. **Blätter** Wechselständig, elliptisch bis eiförmig, Ränder glatt bis gezähnt. **Blüten** Weiß, in endständigen abgeflachten Blütenständen. **Früchte** Balgfrüchte mit geflügelten Samen.

BLÄTTER

Einfache, ledrige Blätter

Acacia aneura

Mulga-Akazie

Höhe 5–10 m
Typ Immergrün
Verbreitung Australien

Dieser aufrechte, ausladende Baum oder
Busch wird in seltenen Fällen 18 m hoch.
Es handelt sich um eine extrem variable Art,
von der es etwa zehn Varietäten gibt. Der
Baum ist langlebig und im australischen
Busch so auffällig, dass Gebiete, in denen er
heimisch ist, als »Mulga-Lands« bezeichnet
werden. Als Futterpflanze für Weidetiere ist
er von wirtschaftlicher Bedeutung. **Rinde**
Dunkelgrau, rissig. **Blätter** Gerade oder leicht
gebogen, in der Form sehr variabel; schmal,
blau- bis graugrün, glatt oder fein behaart.
Blüten Goldgelb, in gestielten achselständigen Blütenständen. **Früchte** Flache, breite
Hülsen, schmal geflügelt, reifen braun.

Acacia dealbata

Mimose
der Gärtner

Höhe bis 20 m **Typ** Immergrün
Verbreitung SO-Australien, Tasmanien

BAUM IN BLÜTE

Dieser breit kegelförmige bis ausladende
Baum wird im Mittelmeergebiet oft
gepflanzt. **Rinde** Glatt, grün oder blaugrün,
verfärbt sich im Alter fast schwarz. **Blätter**
Wechselständig, doppelt gefiedert, 12 cm
lang; zahlreiche Fiedern, etwa 5 mm lang,
ungezähnt, blaugrün und fein behaart.
Blüten In zusammengesetzten Blütenständen; einzelne Blüten klein, leuchtend gelb,
besitzen viele Staubblätter. **Früchte** Flache
Hülsen, reifen von grün über blaugrün und
schließlich zu braun.

Acacia farnesiana

Antillen-Akazie

Höhe 1,5–8 m
Typ Immergrün
Verbreitung Tropisches Amerika,
Teile Afrikas, Australien

Aus den Blüten dieses kleinen Baums oder
dornigen Buschs destilliert man einen Duftstoff, der Bestandteil vieler Kosmetika und
edler Parfüms ist. **Rinde** Dunkelbraun, glatt.
Blätter Wechselständig, doppelt gefiedert;
Fiedern lineal bis länglich, 10–25 Paare. **Blüten** Meist zweigeschlechtlich, in achselständigen runden Blütenköpfen, mit zahlreichen
Staubblättern; süß duftend. **Früchte** Lang
gestreckte braunschwarze Hülsen.

BLÄTTER UND BLÜTEN

Leuchtend goldgelber
Blütenkopf

Acacia longifolia

Sydney Gold-Akazie

Höhe bis 10 m
Typ Immergrün
Verbreitung O-Australien

Dieser invasive Baum wird seit 1792 kultiviert und ist eine der winterhärtesten Akazienarten. Er ist schnellwüchsig, ein hervorragender Sichtschutz, wird jedoch nicht alt. **Rinde** Grau, rissig. **Blätter** Gerade, lineal bis elliptisch. **Blüten** Gold- bis zitronengelb, in Blütenköpfen. **Früchte** Raue braune Hülsen.

Blätter 5–15 cm lang

Gelbe Blütenstände

BLÜHENDER ZWEIG

Acacia mearnsii

Gerber-Akazie

Höhe 5–30 m
Typ Immergrün
Verbreitung SO-Australien

Dieser Baum kommt natürlicherweise in Waldland vor. Er wird kommerziell gepflanzt, da seine Rinde Gerbsäure enthält. **Rinde** Graubraun, glatt. **Blätter** Wechselständig, doppelt gefiedert; Fiedern lineal bis länglich. **Blüten** Cremeweiß bis hellgelb, duftend. **Früchte** Graue behaarte oder glatte Hülsen, schwarze Samen.

BLÄTTER UND BLÜTEN

Runde Blütenköpfe

16–70 Fiederpaare

Acacia mangium

Akazien-Art

Höhe 10–30 m
Typ Immergrün
Verbreitung O-Australien, Aru-Inseln, S-Molukken, SO-Asien

Dieser Baum gedeiht auf armen Böden. Er wird zur Papierherstellung gepflanzt. **Rinde** Grau bis dunkelbraun, gerunzelt oder aufgesprungen. **Blätter** Elliptisch. **Blüten** Grünweiß bis cremefarben. **Früchte** Hülsen mit schwarzen Samen.

Acacia melanoxylon

Schwarzholz-Akazie

Höhe bis 25 m
Typ Immergrün
Verbreitung O- und SO-Australien

Wächst in feuchten Wäldern. Das Holz wird für Wandverkleidungen verwendet. **Rinde** Grauschwarz, tief rissig, leicht schuppig. **Blätter** Wechselständig, schmal elliptisch bis verkehrt lanzettlich. **Blüten** Cremefarbene Blütenköpfe. **Früchte** Lange Hülsen mit schwarzen Samen.

Junge Blätter doppelt gefiedert

Alte Blätter ungeteilt

BLÄTTER

Ägyptischer Schotendorn

Höhe bis 20 m
Typ Laub abwerfend
Verbreitung In Arabien und Indien
eingeführt

Dieser dornige Baum hat eine flache oder runde Krone und ausladende Zweige mit Dornen. Seit der Zeit der Pharaonen wurden große Bäume ihres dunkelbraunen Holzes wegen gefällt, das hart und haltbar ist, wesentlich härter als Teakholz. Es ist hervorragendes Brennholz und liefert eine hochwertige Holzkohle. Da es resistent gegen Termiten ist, eignet es sich gut für Eisenbahnschwellen. **Rinde** Dunkel rotbraun, dünn, rau und rissig. **Blätter** Wechselständig, doppelt gefiedert, oft mit gestielten Drüsen. **Blüten** Duftend, in kugeligen achselständigen Blütenköpfen. **Früchte** Dunkelbraune Hülsen, über den Samen zusammengedrückt; springen bei Reife auf.

ZWEIGE

Lange hellgraue
Dornen

7–25 Fiederpaare

GUMMI ARABICUM

Der Ägyptische Schotendorn liefert Gummi arabicum. Man entfernt ein Stück Rinde und schneidet die umgebende Rinde ein. Das rötliche Gummi wird abgenommen und zu runden oder ovalen »Tränen« geformt. Es ist fast völlig wasserlöslich und geschmacklos und seines Harzes wegen gegen Insekten resistent. Obwohl es anderen Arten von Gummi arabicum unterlegen ist, wird es zur Herstellung von Kerzen, Tinte, Streichhölzern und Farben verwendet. Die Verwendung von Gummi arabicum durch die alten Ägypter reicht etwa 5000 Jahre zurück.

Blütenköpfe
leuchtend gelb

Gummi-arabicum-
»Tränen«

**BLÄTTER UND
BLÜTENKÖPFE**

Gold-Akazie

Höhe bis 8 m
Typ Immergrün
Verbreitung SO-Australien

Die Gold-Akazie ist der Staatsbaum Australiens. Die Rinde ist eine der ergiebigsten
Gerbsäurequellen der Welt. Heute wird
der Baum jedoch nicht mehr kommerziell
genutzt. **Rinde** Dunkel graubraun, glatt
oder fein rissig. **Blätter** Sichelförmig bis
verkehrt lanzettlich, glatt. **Blüten** Runde
Blütenköpfe an zusammengesetzten Blütenständen. **Früchte**
Flache, längliche
Hülsen.

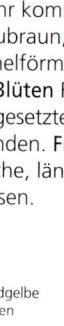

Goldgelbe
Blüten

BLÜTEN   Laub tiefgrün   **BAUM IN BLÜTE**

Seyal Gummi-
Akazie

Höhe 6–15 m
Typ Immergrün
Verbreitung Nördliches tropisches Afrika (Sahelzone)

Baum mit schirmförmiger Krone. Talha-Gummi, der von dieser Art gewonnen wird, ähnelt Gummi arabicum und wird als Emulsion und Verdickungsmittel verwendet. **Rinde** Hellgrün, glatt, schält sich; mit rostroter, pudriger Bedeckung. **Blätter** Wechselstän-dig, doppelt gefiedert. **Blüten** Leuchtend gelb, in Blütenköpfen. **Früchte** Gebogene, hängende Hülsen.

Akazien-Art

Höhe 15–25 m
Typ Halb Laub abwerfend
Verbreitung O-Afrika

Mit ihren ausladenden Zweigen und der
offenen Krone wächst diese Akazie meist
in Mulden oder Pfannen, wo Grundwasser
vorhanden ist oder sich Oberflächenwasser
sammelt. Der englische Name »Fever Tree«
rührt daher, dass frühe europäische Siedler
sie fälschlicherweise mit Fieber in Verbindung
brachten, denn Menschen, die in ihrem
sumpfigen Lebensraum lebten, bekamen
häufig Malaria. **Rinde** Limonengrün bis grüngelb, leuchtend, schuppt sich leicht; mit gelber, pudriger Substanz bedeckt. **Blätter**
Wechselständig, doppelt gefiedert. **Blüten** In
kugeligen Büscheln an kurzen Seitentrieben;
leuchtend goldgelb, süß duftend. **Früchte**
Gelbbraune Hülsen.

Albizia julibrissin

Seidenakazie

Höhe 4–12 m
Typ Halb Laub abwerfend
Verbreitung Asien, Mittelmeergebiet, in den USA eingeführt

Dieser beliebte Zierbaum warmer Regionen ist kurzlebig, die Krone schirmförmig. **Rinde** Hellbraun, glatt. **Blätter** Wechselständig, doppelt gefiedert. **Blüten** In achselständigen Blütenständen zu etwa 20. **Früchte** Flache graubraune Hülsen.

Flauschige orangerosa Blüten

BLÜTEN

40–60 Fiedern

Amherstia nobilis

Tohabaum

Höhe bis 12 m
Typ Immergrün
Verbreitung Nur in Kultur bekannt

Dieser in den Tropen oft kultivierte Baum wurde nur einmal, 1865, in freier Natur entdeckt. Alle heutigen Bäume stammen von einem kultivierten Tempelbaum ab, den der Botaniker Nathaniel Wallich 1829 verbreitete. **Rinde** Dunkel aschgrau. **Blätter** Wechselständig, 6–8 Fiederpaare. **Blüten** Fünf Blütenblätter, leuchtend rot mit gelben Flecken, in hängenden Trauben. **Früchte** Flache Hülsen.

Blütenblattähnliche Hochblätter

Längliche Blätter

BLÄTTER UND BLÜTEN

Bauhinia variegata

Bunte Bauhinie

Höhe bis 15 m
Typ Halb Laub abwerfend
Verbreitung O-Asien (Indien bis China)

Blatt 10–15 cm breit

Blattbasis herzförmig

Blüte 7,6–12,5 cm breit

BLÜTEN UND BLÄTTER

Dieser Baum wird in warmen Regionen der Erde häufig als Zierbaum gepflanzt. Er blüht mehrere Monate. Die Rinde wurde zum Gerben, Färben und als Adstringens verwendet. Die Blüten können als Gemüse gegessen werden. **Rinde** Graubraun, glatt. **Blätter** Wechselständig, bis zu einem Drittel eingeschnitten, schmetterlingsförmig. **Blüten** Zu mehreren an der Spitze der Zweige; erscheinen, wenn der Baum kein Laub trägt; fünf breite Blütenblätter, lavendelfarben bis violettrosa oder weiß schattiert, mittleres Blatt violett. **Früchte** Flache längliche Hülsen.

ACACIA XANTHOPHLOEA
Der Artname dieses eleganten Baums kommt von
den griechischen Wörtern für gelb (*xanthos*) und
Rinde (*phloios*). In der offenen Krone nisten viele
Vögel und die Blätter, Blüten und Früchte sind für
Tiere eine wichtige Nahrungsquelle.

Lackbaum-Art

Höhe 10–15 m
Typ Laub abwerfend
Verbreitung Indien, SO-Asien

Die Blüten dieses Baums liefern einen orangeroten Farbstoff. **Rinde** Hellbraun bis grau. **Blätter** Wechselständig, dreiteilig mit eiförmigen Fiedern. **Blüten** In Trauben, leuchtend orangerot, dicht behaart. **Früchte** Hülsen mit nur einem Samen.

Röhren-Kassie

Höhe 7–20 m
Typ Laub abwerfend
Verbreitung Festland SO-Asiens, Sri Lanka

Dieser Baum mit seinen schlanken, herabhängenden Zweigen wird in den Tropen häufig gepflanzt. **Rinde** Hellbraun, leicht aufgesprungen. **Blätter** Gefiedert, wechselständig. **Blüten** Groß, in hängenden Trauben. **Früchte** Lange Hülsen.

Blüten mit gelben Blütenblättern

Eiförmig   **FIEDER**

Rosafarbene Kassie

Höhe bis 20 m
Typ Laub abwerfend
Verbreitung SO-Asien

Die ausladende Rosafarbene Kassie wird als Zierbaum gepflanzt. **Rinde** Graubraun mit schwarzen Erhebungen. **Blätter** Wechselständig; 10–20 Paare breit elliptischer bis länglicher Fiedern, oberseits glänzend, unterseits behaart. **Blüten** Rosa, dunkelrot oder rosaweiß, in Trauben von blattlosen Trieben. **Früchte** Zylindrische schwarze Hülsen.

Australische Kastanie

Höhe bis 40 m
Typ Immergrün
Verbreitung O-Australien, Fiji-Inseln, Neukaledonien

Das Holz dieser häufig als Zierbaum gepflanzten Art ist eines der teuersten australischen Hölzer, die in der Kunsttischlerei verarbeitet werden. **Rinde** Grau bis braun, rau mit kleinen Erhebungen. **Blätter** Wechselständig, 9–17 elliptische Fiedern, oberseits glänzend grün, unterseits heller. **Blüten** Orangerot und gelb, in achselständigen Trauben. **Früchte** Hülsen mit 3–5 bohnenähnlichen braunen Samen.

Zylindrische Hülsen   **FRUCHT**

Ceratonia siliqua

Johannisbrot-baum

Höhe bis 10 m
Typ Immergrün
Verbreitung Herkunft unsicher, vielleicht Arabische Halbinsel

Dieser Baum, der in freier Natur unbekannt ist, wird seit langer Zeit kultiviert und wurde schon von den alten Griechen gezüchtet. Er wird in der Bibel erwähnt und davon ist auch sein deutscher Name abgeleitet. Der heilige Johannes soll sich von den süßen Hülsen dieses Baums ernährt haben, als er die Wüste durchwanderte. Die Hülsen

KARAT ALS MASSEINHEIT

Der griechische Name des Johannisbrotbaumes ist »keration«, wovon sich das Wort »Karat« ableitet. Die Samen in den Hülsen haben ein relativ einheitliches Gewicht. Im Altertum suchten Goldschmiede nach einer Standard-Maßeinheit für die Masse von Edelsteinen. Sie verwendeten die Samen, um den Wert einzelner Steine festzulegen.

Bis 31 cm lang

2,5–6 cm lang

UNREIFE HÜLSEN

BLÄTTER

werden auch an Vieh verfüttert und dienen als Ersatz für Kakao. **Rinde** Braun, rau. **Blätter** Wechselständig; 2–5 Paare eiförmiger Fiedern mit runden Spitzen, oberseits glänzend dunkelgrün, unterseits heller. **Blüten** Grün mit roter Tönung, achselständig oder an Zweigen und Stamm, in kleinen Büscheln. **Früchte** Längliche Hülsen mit weichem hellbraunen Fruchtfleisch und 5–15 flachen, harten Samen.

Cercis canadensis

Kanadischer Judasbaum

Höhe 12–15 m
Typ Laub abwerfend
Verbreitung Nordöstliches und zentrales Nordamerika

Von diesem beliebten kleinen Zierbaum gibt es mehrere Sorten mit weißen Blüten, hängenden Zweigen sowie 'Forest Pansy' mit violetten Blättern. Indianerstämme nutzten Extrakte aus Wurzeln und Rinde als Heilmittel. **Rinde** Braungrau, rissig, schuppt sich, manchmal in Streifen; zimtfarbene innere Rinde wird im Alter sichtbar. **Blätter** Wechselständig, breit eiförmig bis rund mit herzförmiger Basis, handförmig geädert, glatt. **Blüten** Rosa, stehen in Blütenständen an altem Holz. **Früchte** Rötliche Hülsen, die braun reifen.

Ränder ungezähnt

Zugespitzt

BLÄTTER

Cercis siliquastrum

Gewöhnlicher Judasbaum

Höhe bis 10 m
Typ Laub abwerfend
Verbreitung SO-Europa, W-Asien

Einer Legende nach ist dies der Baum, an dem sich Judas Ischariot erhängt hat. Die Knospen werden eingelegt und als Ersatz für Kapern verwendet. **Rinde** Graubraun, fein rissig, springt in kleine rechteckige Platten auf. **Blätter** Rundlich mit herzförmiger Basis, beiderseits glatt. **Blüten** In Blütenständen an Ästen und am Stamm, erscheinen vor den Blättern. **Früchte** Flache Hülsen, reifen braun.

Blüten rosaviolett

Krone unregelmäßig

Unreif grün

Wechselständige Anordnung

JUNGE HÜLSEN

BLÄTTER

Colophospermum mopane

Art der Leguminosae

Höhe bis 30 m
Typ Laub abwerfend
Verbreitung S-Afrika

Wichtige Futterpflanze. Das schwere, termitenresistente Holz wird zu Möbeln verarbeitet. **Rinde** Graubraun, tiefe Risse. **Blätter** Wechselständig, tief zweilappig, schmetterlingsähnlich. **Blüten** In Büscheln. **Früchte** Halbmondförmige Hülsen.

Colvillea racemosa

Art der Leguminosae

Höhe 8–20 m
Typ Laub abwerfend
Verbreitung Madagaskar

Wird in den Tropen als Zierbaum gepflanzt. **Rinde** Kupferbraun mit kleinen korkigen Lentizellen. **Blätter** Wechselständig, doppelt gefiedert, 15–30 Fiedern. **Blüten** Herabhängende zylindrische bis kegelförmige Blütenstände. **Früchte** Gerade Hülsen.

Orangerote
Blüten

Graugrüne
Blätter

Cynometra cauliflora

Art der Leguminosae

Höhe bis 15 m
Typ Immergrün
Verbreitung Nur in Kultur bekannt

Dieser kleine, vielfach verzweigte Baum hat einen knorrigen Stamm. Die Früchte, die am Stamm entspringen, meist an der Basis, sind essbar. Reif haben sie einen angenehmen süßsauren Geschmack. Unreif können sie mit Zucker eingemacht werden. **Rinde** Graubraun, schuppig. **Blätter** Wechselständig; 1–2 Paare eiförmiger bis eilanzettlicher Fiedern, spärlich behaart. **Blüten** Kauliflorie (Blüten entspringen direkt am Stamm), in kompakten Blütenständen; weiße Blütenblätter und rosaweiße Kelchblätter, die wie Blütenblätter zurückgebogen sind. **Früchte** Ovale bis nierenförmige Hülsen, die hart und rau sind, grüngelb bis braun.

Dalbergia decipularis

Rosenholz-Art

Höhe 8–12 m
Typ Laub abwerfend
Verbreitung Brasilien (Bahia)

Dieser Baum hat meist mehrere Stämme und wird im Wald höher als in offenem Gelände. Das Holz ist wegen seiner Farbe und seines blütenähnlichen Dufts gefragt und wird seit Jahrzehnten aus Brasilien exportiert. Lange Zeit war die Herkunft des Holzes unklar. Erst im Jahr 1966 war eine wissenschaftliche Beschreibung möglich, nachdem ein lebender Baum in Bahia entdeckt worden war. **Rinde** Rotbraun, schält sich in schmalen Streifen. **Blätter** Wechselständig; 5–9 schmal elliptische zugespitzte Fiedern, manchmal unterseits dicht behaart. **Blüten** Weiße Schmetterlingsblüten in doldenähnlichen Blütenständen. **Früchte** Elliptische Hülsen.

Dalbergia melanoxylon

Afrikanische Grenadille

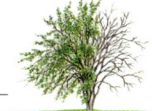

Höhe bis 9 m
Typ Laub abwerfend
Verbreitung O-Afrika

Die Afrikanische Grenadille, die in Laubwäldern und Savannen wächst, hat bedornte Äste. Das Holz wird zum Bau von Musikinstrumenten, besonders von Holzblasinstrumenten verwendet, denn es erzeugt einen schönen Klang. Auch Schachfiguren und Schatullen fertigt man aus ihm. **Rinde** Hellgrau, glatt und papierartig, schält sich manchmal in Streifen. **Blätter** Wechselständig; 7–13 Fiedern. **Blüten** Weiß bis hellrosa duftende Schmetterlingsblüten in achsel- oder endständigen Blütenständen. **Früchte** Dünne, schmale papierartige Hülsen.

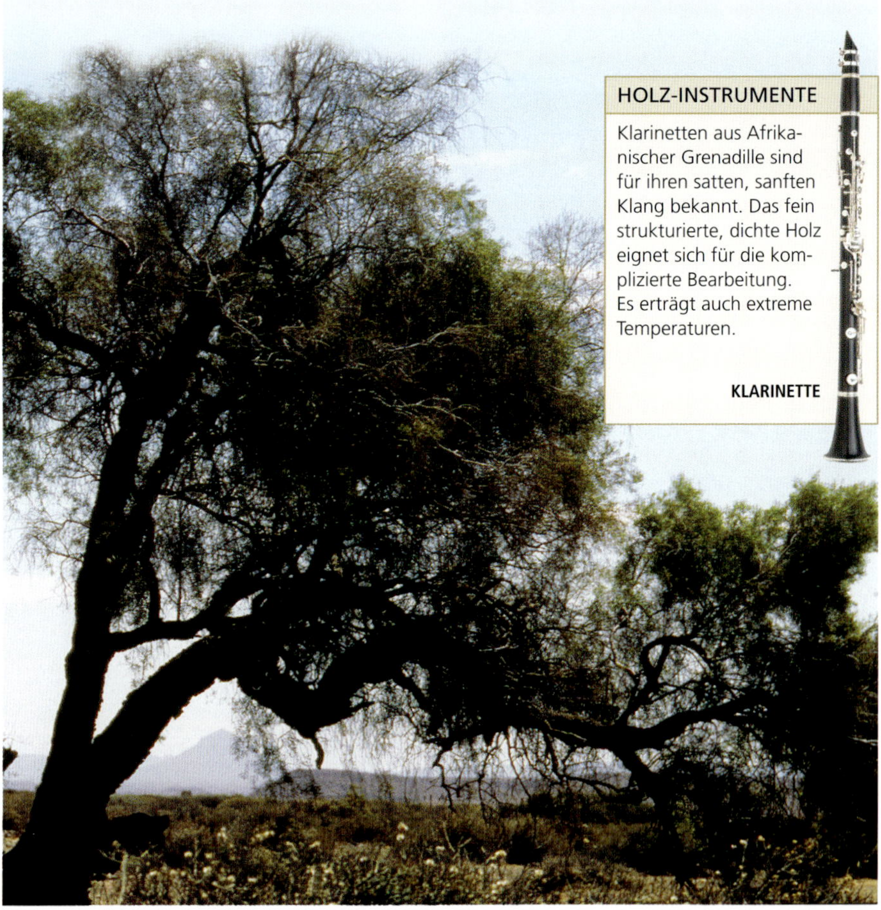

HOLZ-INSTRUMENTE

Klarinetten aus Afrikanischer Grenadille sind für ihren satten, sanften Klang bekannt. Das fein strukturierte, dichte Holz eignet sich für die komplizierte Bearbeitung. Es erträgt auch extreme Temperaturen.

KLARINETTE

Dalbergia nigra

Brasilianisches Rosenholz

Höhe 15–20 m
Typ Laub abwerfend
Verbreitung Brasilien (Bahia bis Sáo Paulo)

Das Holz dieses Baums ist schwer, hart und dunkel mit schwarzer, streifiger Zeichnung. Als Holz für die Kunsttischlerei ist es sehr teuer. Auch zum Gitarren- und Klavierbau wird es verwendet. Die Baumart wurde deshalb fast ausgerottet. Heute ist der Handel mit ihrem Holz illegal. Bestimmte Gitarren werden dennoch immer noch aus ihm hergestellt. Man verwendet dafür alte Baumstümpfe, die im Wald verblieben sind. Der kräftige Geruch des Kernholzes kommt

EDLE MÖBEL

Seines exotischen, attraktiven Aussehens wegen war das Brasilianische Rosenholz im 18. und 19. Jahrhundert bei Kunsttischlern hoch geschätzt. Heute sind diese Stücke gefragte Sammlerstücke.

KÖNIGLICHES MÖBEL AUS BRASILIANISCHEM ROSENHOLZ

vom »Nerolidol«, einem ätherischen Öl. **Rinde** Rotbraun, dünn, schält sich in langen Platten. **Blätter** Wechselständig, mit 11–17 länglichen Fiedern, jung weich behaart, später glatt. **Blüten** Violette, duftende Schmetterlingsblüten an seitlichen Trieben. **Früchte** Geflügelte Hülsen.

Schält sich in Platten

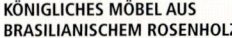

RINDE

Delonix regia

Flamboyant

Höhe bis 15 m
Typ Laub abwerfend
Verbreitung Madagaskar, andernorts gepflanzt

Seiner scharlachroten Blüten wegen ist dies einer der farbenprächtigsten Bäume der Welt. Er wurde 1828 von Wenzel Bojer von einem einzigen Exemplar im Nordosten Madagaskars in alle Welt verbreitet. Der Baum wächst in auffälligen Gruppen in Wäldern, auf verkarstetem Kalkstein und Böschungen. **Rinde** Hellgrau, glatt, Oberfläche bröckelt ab. **Blätter** Wechselständig, einfach oder doppelt gefiedert; 10–25 Fiederpaare 1. Ordnung mit 15–30 Fiederpaaren 2. Ordnung besetzt; elliptisch bis länglich, glatt oder kurz behaart. **Blüten** In Blütenständen; vier löffelförmige, weit geöffnete Blütenblätter, fünftes größer mit gelbweißer und roter Zeichnung, die anderen scharlachrot. **Früchte** Längliche dunkelbraune Hülsen, bis 60 cm lang.

Große, auffällige Blüten

Blütenblätter bis 7,5 cm lang

BLÜTEN

HÜLSE MIT SAMEN

Blaugraue Samen

EINE BEDROHTE ART

Obwohl er vielerorts seiner ausladenden Äste und auffälligen Blüten wegen als Straßenbaum gepflanzt wird, ist der Baum in freier Natur bedroht. Die Rote Liste der IUCN führt den Bestand in Madagaskar als gefährdet, denn sein Verbreitungsgebiet ist ein Kohleabbaugebiet.

STADTBAUM

Dipteryx odorata

Tonkabohne

Höhe 25–40 m **Typ** Immergrün
Verbreitung Orinoco-Gebiet von Guyana
und Venezuela, auf den Westindischen
Inseln eingeführt.

Der Baum ist hoch mit kompakter Krone. Die
Samen enthalten Kumarin, das Pfeifentabak
und Seifen als Duftstoff beigegeben wird. Die
Rinde wird zum Schiffbau verwendet. Die
Rinde Grau, glatt, schuppig, im Alter
gefurcht und korkig. **Blätter** Wech-
selständig, gefiedert; Fiedern länglich.
Blüten Weiß, in achselständigen
Blütenständen. **Früchte** Kleine
einsamige Hülsen.

Ovale
Früchte

Schwarz und gerunzelt

SAMEN

**FRÜCHTE
TRAGENDER
BAUM**

Erythrina caffra

Kap-Korallen-
baum

Höhe 9–12 m
Typ Laub abwerfend
Verbreitung O-Afrika, Südafrika

Blüten produzieren sehr viel Nektar. **Rinde**
Graubraun, teils mit Dornen. **Blätter** Wechselständig, drei breit eiförmige, zugespitzte Fiedern, bis 18 cm lang. **Blüten** Schmetterlingsblüten in Blütenständen.
Früchte Schmale Hülsen;
Samen giftig.

Blütenblätter
orangerot

BLÜTE

Ausladende
Krone

Erythrina crista-galli

Korallenstrauch

Höhe bis 8 m
Typ Laub abwerfend
Verbreitung Südamerika

Die Blüten dieses kurzstämmigen Baums werden von Wildbienen und Kolibris bestäubt.
Der Baum enthält Alkaloide, die zu medizinischen Zwecken verwendet werden. **Rinde**
Grau, glatt, manchmal dornig. **Blätter** Wechselständig, mit drei Fiedern, unterseits weißlich, oft mit Dornen. **Blüten** In endständigen Blütenständen; fünf
Blütenblätter. **Früchte** Lange,
dünne braune Hülsen.

Schar-
lachrote
Schmetter-
lingsblüten

**BLÜTEN
UND BLÄTTER**

Fiedern elliptisch
bis eiförmig

Art der Leguminosae

Höhe bis 40 m
Typ Laub abwerfend
Verbreitung O-Malaysia, Indonesien (Molukken), Papua-Neuguinea bis Salomonen

Dieser Baum wurde in mehreren südostasiatischen Ländern und anderen tropischen Regionen eingeführt. Er hat eine flache, sehr ausladende Krone und wächst extrem schnell, sogar auf nährstoffarmen Böden. Ein einjähriger Baum kann mehr als 6 m hoch sein, ein zehnjähriger bereits fast 30 m. Die

BLÜTEN   Samen schwärzlich

Art wird oft zur Aufforstung oder Beschattung von Kaffeeplantagen gepflanzt. **Rinde** Grünlich weiß bis grau, glatt, manchmal leicht warzig. **Blätter** Wechselständig, doppelt gefiedert, Fiedern sichelförmig. **Blüten** Cremefarben bis grünweiß, ungestielt, zahlreich, in seitlichen Blütenständen. **Früchte** Flache, dünnwandige Hülsen.

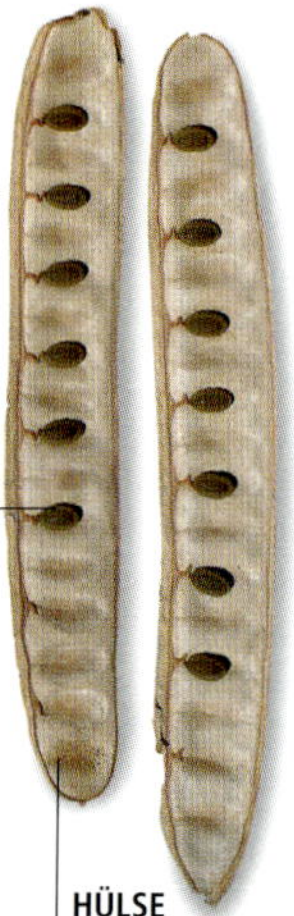

HÜLSE

Reife Hülse gelbbraun

STAMM

LEICHTES HOLZ

Aus dem weichen, leichten Holz des Baums werden Streichhölzer, Papier und Pappkartons hergestellt. Es liefert hochwertiges Fasermaterial für Sperrholz. Auch Kisten, Essstäbchen, Möbel, Spielzeug, Holzschuhe und Musikinstrumente werden aus ihm produziert.

STREICHHÖLZER

Gleditsia triacanthos

Amerikanische Gleditschie

Höhe 22–45 m
Typ Laub abwerfend
Verbreitung USA (NO, Zentrum)

Der Stamm dieses Baums trägt große, verzweigte Dornen. Aus dem Holz wurden früher Bögen und Zaunpfähle hergestellt. Die Hülsen enthalten klebriges Fruchtfleisch, das süß und wohlschmeckend ist, jedoch im Hals reizt. Nordamerikanische Indianer verwendeten es zum Süßen, als Verdickungs- und Heilmittel. **Rinde** Dunkel graubraun, tief rissig. **Blätter** Wechselständig; erste Blätter an altem Holz gefiedert, an neuen Trieben doppelt gefiedert; 18–28 elliptische bis eiförmige, klein gezähnte Fiedern. **Blüten** Hell gelbgrün, in schmalen Trauben. **Früchte** Rotbraune Hülsen, Samen in sukkulentem Fruchtfleisch.

Hellgrün, verfärbt sich gelb

HERBSTLAUB

Fiedern bis 4 cm lang

BLÄTTER

Gedrehte Hülse

FRÜCHTE

Gymnocladus dioicus

Zugespitzt

FIEDERN

Amerikanischer Geweihbaum

Höhe 22–32 m
Typ Laub abwerfend
Verbreitung Zentrum und Osten der USA

Baum mit schwerem, stabilen Holz. Die rohen Samen sind giftig. **Rinde** Dunkelgrau mit roter Tönung, tief rissig. **Blätter** Wechselständig, doppelt gefiedert; Fiedern eiförmig. **Blüten** Weißlich, duftend, kegelförmige Blütenstände; weibliche dreimal so lang wie männliche, an verschiedenen Pflanzen. **Früchte** Rotbraune, lederige Hülsen.

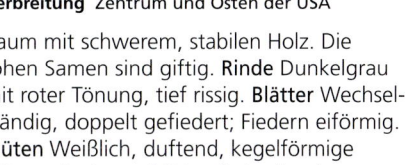

Koompassia excelsa

Art der Leguminosae

Höhe bis 80 m **Typ** Immergrün
Verbreitung Malaiische Halbinsel, Sumatra, Borneo

Dieser Baum wächst meist in Flusstälern und an Berghängen. Geschätzt ist er wegen der Honigwaben in seinen Zweigen. **Rinde** Grau, grünliche Tönung, glatt. **Blätter** Wechselständig, gefiedert, Fiedern elliptisch, unterseits leicht behaart. **Blüten** In endständigen Blütenständen; duftend, cremeweiß. **Früchte** Geflügelte Hülsen.

7–12 Fiedern

BLÄTTER

Koompassia malaccensis

Art der Leguminosae

Höhe bis 45 m
Typ Immergrün
Verbreitung Malaiische Halbinsel, Sumatra, Borneo

Dieser Baum hat bis 3 m lange Brettwurzeln. Das Holz ist schwer und hochwertig und wird in zunehmendem Maß zu Parkettböden verarbeitet. **Rinde** Graubraun, feine Risse, leicht schuppig. **Blätter** Wechselständig; 5–9 eiförmig elliptische bis längliche Fiedern; unterseits leicht behaart. **Blüten** Klein, zart duftend, in endständigen Blütenständen; weiße, an der Basis grünliche Blütenblätter. **Früchte** Hülsen.

Krone ausladend

Laburnum anagyroides

Gewöhnlicher Goldregen

Höhe bis 7 m
Typ Laub abwerfend
Verbreitung Mittel- und Südeuropa

Der Goldregen wird selten an öffentlichen Plätzen gepflanzt, da er stark giftig ist. **Rinde** Grünbraun, glatt, im Alter rissig. **Blätter** Wechselständig, drei Fiedern, oberseits mattgrün, unterseits graugrün. **Blüten** Schmetterlingsblüten in endständigen Trauben. **Früchte** Braune Hülsen.

Fiedern elliptisch

Goldgelbe Blüten

BAUM IN BLÜTE   **BLÄTTER UND BLÜTEN**

Leucaena leucocephala

Pferdetama-rinde

Höhe bis 9 m **Typ** Immergrün
Verbreitung S-Mexiko, Nördliches Zentralamerika

Dieser Baum wurde in den Tropen vielerorts eingeführt und ist oftmals verwildert. Er wurde zur Aufforstung und als Erosions-schutz gepflanzt. Er regeneriert und verbreitet sich schnell. Die Krone ist schütter. Die grünen Teile verwendet man als Grünfutter, aus dem Holz werden Papier und Pfosten hergestellt. **Rinde** Graubraun mit hellbraunen Flecken, glatt. **Blätter** Wechselständig, doppelt gefiedert; Fiedern lineal, mattgrün, oberseits glatt, unterseits behaart;

BLÄTTER UND BLÜTEN

falten sich nachts zusammen. **Blüten** In einzelnen oder paarigen runden Blütenköpfen. **Früchte** Streifenförmige Hülsen.

REIFE HÜLSEN

Blütenkopf gelblich weiß

BLÜTEN

Parkia biglobosa

Sudan-Kaffee

Höhe bis 21 m
Typ Halb immergrün
Verbreitung W-Afrika

Baum mit breiter Krone und kurzem, knorrigem Stamm. Aus den Samen wird ein Verdickungsmittel hergestellt. **Rinde** Grau, rau mit Längsrissen. **Blätter** Wechselständig, doppelt gefiedert; Fiedern lanzettlich. **Blüten** Leuchtend rote, runde herabhängende Köpfe mit etwa 2000 dicht gepackten Einzelblüten; öffnen sich nachts. **Früchte** Lange hellbraune Hülsen mit schwarzen Samen in süßem Fruchtfleisch.

LAUB

14–30
Fiederpaare

Parkia speciosa

Art der Leguminosae

Höhe bis 45 m
Typ Immergrün
Verbreitung SO-Asien

Baum mit Brettwurzeln und schirmförmiger Krone. **Rinde** Rotbraun, schuppt sich. **Blätter** Wechselständig, doppelt gefieder; 20–35 Fiederpaare. **Blüten** Cremeweiß, lang gestielt. **Früchte** Große grüne Hülsen.

Hängende
Hülsen

FRÜCHTE

Peltophorum pterocarpum

Gelber Flammenbaum

Höhe 9–15 m
Typ Laub abwerfend
Verbreitung Tropisches Asien, O-Australien

Dieser Baum trägt fast während des ganzen Jahres Blüten und hat einen niedrigen, gegabelten Stamm. Meist findet

man ihn an Küsten. In Monsungebieten wird er häufig als Straßenbaum gepflanzt. **Rinde** Dunkelbraun, Längsfurchen, innere Rinde rot. **Blätter** Wechselständig, doppelt gefiedert; Fiedern elliptisch. **Blüten** Hellgelb, in achsel- oder endständigen Blütenständen. Blütenblätter knittrig mit rotem Mal in der Mitte. **Früchte** Flache längliche bis elliptische Hülsen.

Gelbe
Blüten

Ausladende
Krone

Afromosia

Höhe bis 36 m
Typ Halb Laub abwerfend
Verbreitung West- und Zentralafrika

Die Krone dieses Baums ist abgeflacht, die Äste sind ausladend. Der Stamm hat Brettwurzeln und ist bis in 25–30 m Höhe astlos. Die Art kommt in trockeneren Teilen von halb immergrünen Wäldern vor. Das Holz dieser als Holzlieferant wichtigen Baumart ist hart, schwer und dunkel gefärbt. Es besitzt eine schwarze, streifige Zeichnung. Es wird als Alternative zu Teakholz im Schiffbau, für Fußböden und dekorative Furniere verwendet. Heute ist der Baum im Großteil seines Verbreitungsgebiets wegen Übernutzung bedroht. **Rinde** Weißlich grau, glatt, schält sich in Flecken; darunter liegt die orangefarbene innere Rinde. **Blätter** Wechselständig; meist neun elliptische bis eiförmige Fiedern. **Blüten** Cremefarbene bis grünweiße Schmetterlingsblüten in endständigen Blütenständen. **Früchte** Lange, flache geflügelte Hülsen.

Innere Rinde orangefarben

Brettwurzeln bis 3 m über der Basis

Krone gerundet

Chilenische Schrauben-bohne

Hohe 3–10 m
Typ Laub abwerfend
Verbreitung Bolivien, Peru, Argentinien, Chile

Dieser Baum kommt ursprünglich in Halbwüsten vor. Er ist als Schattenspender, Brennholzlieferant und Futterpflanze bedeutsam. Für Rinder in trockenen Regionen ist sie eine Grundnahrung. Die unreifen grünen Hülsen sind bitter, die reifen jedoch enthalten Zucker und sind hervorragendes Viehfutter. **Rinde** Graubraun, manchmal rissig. **Blätter** Wechselständig, doppelt gefiedert, Fiedern lineal. **Blüten** Grünweiß bis gelb, bis 5 mm lang, in achselständigen 5–10 cm langen Blütenständen. **Früchte** Breite, herabhängende Hülsen, 10–20 cm lang, reifen gelb; hellbraune Samen in schuppigem Samenmantel.

Schrauben-bohnen-Art

Höhe bis 15 m
Typ Laub abwerfend
Verbreitung Süden der USA, Mexiko; in Australien, Indien, Saudi-Arabien und SW-Afrika eingeführt.

Der aztekische Name dieses Baums lautet »Mesquite«. Der kleine, dornige Baum oder Strauch bildet in sandigem Schwemmland oft Dickichte. Wie andere Halbwüstenarten der Gattung *Prosopis* wird er als Schattenspender, Brennholz und Futterpflanze genutzt. Außerdem war er früher der wichtigste Kautschuklieferant in Nordamerika. Die Samen der Hülsen wurden zu Mehl vermahlen. Das daraus hergestellte Brot war ein Grundnahrungsmittel der Indianerstämme in den Wüstengebieten im Südwesten der USA. **Rinde** Rotbraun, rissig. **Blätter** Wechselständig, doppelt gefiedert, Fiedern lineal. **Blüten** In achselständigen Ähren; klein, grüngelb mit unauffälligen kurzen Blütenblättern. **Früchte** Lange, flache Hülsen mit länglichen Samen.

VERWENDUNGEN DES BAUMS

Das dichte Holz ist sehr gut zu bearbeiten. Man stellt Zäune aus ihm her. Die Rinde wurde als Heilmittel gegen Augenleiden, Hautgeschwüre und Halsschmerzen und als Verdauungshilfe eingesetzt. Aus dem hellen Saft werden Süßigkeiten hergestellt, aus dem dunkleren ein Farbstoff.

HOLZ DES BAUMS

Hülsen 10–30 cm lang

FRÜCHTE

Blütenähre

Blüten grüngelb

BLÜTEN

Pterocarpus indicus

Burma-Flügelfrucht

Höhe 10–15 m
Typ Laub abwerfend
Verbreitung SO-Asien, O-Asien, Pazifische Inseln

Nationalbaum der Philippinen. **Rinde** Gelblich bis grünlich braun, schuppt sich in Platten; innere Rinde sondert roten Saft ab. **Blätter** Wechselständig, 5–11 Fiedern. **Blüten** In Blütenständen, gelb bis orangegelb, duftend. **Früchte** Scheibenförmige Hülsen.

Blattoberfläche glatt

Eiförmige bis längliche Fiedern mit gewellten Rändern

Samen

BLÄTTER UND FRÜCHTE

BLÄTTER

Pterocarpus santalinus

Rote Flügelfrucht

Höhe bis 8 m
Typ Laub abwerfend
Verbreitung Asien, S-Indien

Diese Art kommt in trockenen tropischen Wäldern auf oft steinigen Böden vor. Aus dem Holz, das zur Möbelherstellung geschätzt ist, werden auch Farbstoffe hergestellt. In Indien wird das Fällen der Bäume streng kontrolliert, der Export ist verboten. **Rinde** Schwarzbraun, schält sich. **Blätter** Wechselständig, dreiteilig, selten mit fünf Fiedern. **Blüten** Wenige in endständigen Blütenständen. **Früchte** Verdickte runde Hülsen mit gewellten Flügeln.

Eckige Schuppen

Fiedern breit elliptisch

RINDE

BLATT

Robinia pseudoacacia

Robinie

Höhe bis 25 m
Typ Laub abwerfend
Verbreitung USA, Europa

Dieser Baum, auch Scheinakazie genannt, hat eine schmale Krone und dornige Zweige. **Rinde** Graubraun, gefurcht. **Blätter** Wechselständig; elliptische bis eiförmige Fiedern. **Blüten** Weiße Schmetterlingsblüten in hängenden Trauben. **Früchte** Hängende, rotbraune Hülsen.

7–21 Fiedern

Kelch rotbraun

BLÄTTER UND BLÜTEN

Regenbaum

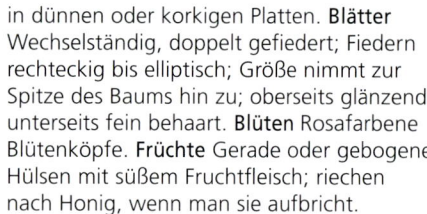

Höhe bis 20 m
Typ Immergrün
Verbreitung Mexiko,
Guatemala, Südamerika (Peru, Bolivien, Brasilien)

Der Baum wurde in vielen tropischen Regionen wie den Westindischen Inseln, Sri Lanka, Indien und 1876 in Singapur eingeführt und wird vielerorts kultiviert. Das kuppelförmige Blätterdach spendet viel Schatten, deshalb ist er ein beliebter Straßenbaum. **Rinde** Dunkelgrau, rau, tief gefurcht, schuppt sich in dünnen oder korkigen Platten. **Blätter** Wechselständig, doppelt gefiedert; Fiedern rechteckig bis elliptisch; Größe nimmt zur Spitze des Baums hin zu; oberseits glänzend, unterseits fein behaart. **Blüten** Rosafarbene Blütenköpfe. **Früchte** Gerade oder gebogene Hülsen mit süßem Fruchtfleisch; riechen nach Honig, wenn man sie aufbricht.

BLÜTENKÖPFE

Ring rosafarbener Blütenblätter

ZIKADEN-»REGEN«

Der Name »Regenbaum« kommt vom herabrieselnden Honigtau, einer wässrigen Ausscheidung von Zikaden, die den Pflanzensaft saugen. Während sie fressen, geben die Zikaden diese Flüssigkeit ab. Wenn viele der Insekten im Blätterdach fressen, tropft die Flüssigkeit vom Baum und der Eindruck eines Regenschauers entsteht.

ZIKADE

Kuppelförmige Krone

Sophora japonica

Japanischer Schnurbaum

Höhe bis 25 m
Typ Laub abwerfend
Verbreitung China, Korea

Der Japanische Schnurbaum wurde oft in Tempelgärten gepflanzt. Von historischer Bedeutung ist er, da seine Nutzung bis ins 6. Jh. belegt ist. 1753 wurde er im Westen eingeführt und ist heute ein Straßen- und Parkbaum. **Rinde** Graubraun mit Rillen und Rissen. **Blätter** Wechselständig, unpaarig gefiedert, oberseits dunkelgrün, unterseits blaugrün, weich behaart. **Blüten** Weiße Schmetterlingsblüten, duftend, in lockeren hängenden Trauben. **Früchte** Hülsen, zwischen den Samen stark eingeschnürt, ähneln Perlenketten.

Ausladender Wuchs

Gerundete Krone

Knospe an der Blattbasis

Zugespitzte eiförmige Fiedern

BLÄTTER

Tamarindus indica

Tamarinde

Höhe bis 25 m
Typ Immergrün
Verbreitung O-Afrika, Indien, in anderen tropischen Regionen oft kultiviert

Dieser Baum hat einen kurzen Stamm, herabhängende Zweige und eine runde Krone. Das essbare süßsaure Fruchtfleisch in den Hülsen ist Bestandteil vieler Chutneys und Soßen. **Rinde** Weißgrau, rau, unregelmäßig schuppig. **Blätter** Wechselständig; 10–20 Paare elliptischer, meist ganzrandiger Fiedern. **Blüten** Rote Knospen öffnen sich zu gelben bis cremefarbenen Blüten. **Früchte** Hülsen, außen trocken, innen fleischig.

Ungleiche Lappen

BLÜTE

Blüte bis 2,5 cm lang

Crataegus monogyna

Eingriffliger Weißdorn

Höhe bis 10 m
Typ Laub abwerfend
Verbreitung Europa, N-Afrika, W-Asien

Dieser kleine Baum hat dornige Äste. Die Stämme alter Bäume sind oft hohl. Ein Naturheilmittel gegen Kreislaufbeschwerden wird aus Blättern und Früchten gewonnen. **Rinde** Dunkel orangebraun oder rosabraun; springt in Rechtecke auf. **Blätter** Wechselständig, tief in 3–7 Lappen geteilt, oberseits glänzend

dunkelgrün, unterseits heller. **Blüten** Weiß, duftend, in dichten Blütenständen. **Früchte** Rote, einsamige Apfelfrüchte.

Staubbeutel rosafarben

BLÜTEN

Blätter 5 cm lang

Früchte 1,2 cm Durchmesser

FRÜCHTE

Cydonia oblonga

Echte Quitte

Höhe bis 8 m
Typ Laub abwerfend
Verbreitung Kaukasus, N-Iran, Südamerika, Mittelmeergebiet

Die Früchte dieses kleinen Baums sind in Südamerika und im Mittelmeergebiet von wirtschaftlicher Bedeutung. **Rinde** Graubraun mit violetter Tönung, schuppt sich orangebraun. **Blätter** Wechselständig, eiförmig bis länglich. **Blüten** Einzeln, groß mit fünf weißen bis rosafarbenen Blütenblättern. **Früchte** Große, duftende birnenförmige Apfelfrucht, jung flaumig behaart; reift gelb.

FRUCHT

Frucht 10 cm lang

BLÄTTER UND BLÜTEN

Blüten 5 cm Durchmesser

Eriobotrya japonica

Japanische Wollmispel

Höhe bis 6 m
Typ Immergrün
Verbreitung China, Japan, Indien, Australien, Südamerika, Kalifornien, Mittelmeergebiet, Südafrika

Blüht zu Winterbeginn. Die essbaren Früchte reifen im Frühjahr. Das Blätterdach ist dicht und dunkelgrün. **Rinde** Dunkelgrau, glatt, schuppt sich. **Blätter** Wechselständig, oberseits glatt, unterseits behaart, Ränder gezähnt. **Blüten** Groß, weiß, duftend, in endständigen Blütenständen. **Früchte** Birnen- bis eiförmige Apfelfrüchte.

Blätter länglich bis eiförmig

BAUM MIT FRÜCHTEN

Gelbe Frucht

REIFE FRÜCHTE

Malus trilobata

Dreilappiger Apfel

Höhe bis 15 m
Typ Laub abwerfend
Verbreitung SW-Asien, NO-Griechenland

Dieser schmal kegelförmige Baum wächst in immergrünem Gebüsch in Asien und Griechenland. Er blüht im Frühsommer. **Rinde** Graubraun, springt in rechteckige Platten auf. **Blätter** Wechselständig, lang gestielt, tief in drei Lappen geteilt; oberseits glatt, unterseits behaart; glänzend dunkelgrün, im Herbst gelb, rot und violett. **Blüten** Weiß, becherförmig mit fünf Blütenblättern und gelben Staubblättern; öffnen sich aus wollig behaarten Knospen, zu mehreren an Trieb-

spitzen. **Früchte** Kleine harte grüne oder rotgrüne Apfelfrüchte, bis 3 cm Durchmesser.

Blüten bis
4 cm Durchmesser

Blätter bis
9 cm lang

BLÄTTER UND BLÜTEN

FRUCHT

2–3 cm
Durchmesser

Malus sylvestris

Holz-Apfel

Höhe 8–12 m
Typ Laub abwerfend
Verbreitung Kaukasus, N-Iran

Dieser Baum ist die Stammart der meisten Kulturapfelsorten und wird als Pfropfunterlage für viele Apfelsorten verwendet. Er kommt in Hecken und an Waldrändern vor. **Rinde** Grau- bis violettbraun, schält sich in rechteckigen Schuppen. **Blätter** Wechselständig, elliptisch bis verkehrt eiförmig mit gezähnten Rändern und gerundeter Basis. **Blüten** Groß, in Büscheln an Kurztrieben. **Früchte** Runde grüne bis gelbrote Apfelfrüchte.

Blüten rosa
bis weiß

BLÜTEN

Prunus africana

Art der Rosaceae

Höhe 3–40 m
Typ Immergrün
Verbreitung Afrika, Madagaskar

In Afrika ist die Rinde dieses Baums ein Naturheilmittel gegen Schmerzen in der Brust, Malaria und Fieber. Ein Extrakt aus der pulverisierten Rinde wird außerdem zur Behandlung bei Vergrößerung der Prostata eingesetzt. Weil dazu viele Bäume gefällt werden müssen, um die Rinde zu gewinnen, ist die Baumart heute bedroht. **Rinde** Dunkelbraun bis schwärzlich, harzig, schält sich. **Blätter** Wechselständig, glänzend dunkelgrün, elliptisch bis länglich; Oberfläche glatt, Ränder fein gezähnt. **Blüten** Klein, weiß bis gelblich, in Blütenständen. **Früchte** Ovale Steinfrüchte, reifen rot bis schwarz.

Prunus armeniaca

Aprikose

Höhe bis 10 m
Typ Laub abwerfend
Verbreitung Zentral- und W-Asien, N-China

Der Aprikosenbaum mit seiner lichten Krone wurde bereits vor 3000 Jahren im Nordosten Chinas kultiviert. Seiner essbaren Früchte wegen wird er heute vielerorts gepflanzt. Es gibt mehrere Kultursorten. **Rinde** Rotbraun, glatt und glänzend. **Blätter** Wechselständig, glänzend

BLÄTTER UND FRÜCHTE

dunkelgrün, breit eiförmig bis rundlich mit Spitze, Ränder fein gezähnt. **Blüten** Groß mit fünf weißen bis rosafarbenen Blütenblättern, stehen im Frühjahr einzeln an altem Holz, bevor die Blätter erscheinen. **Früchte** Rundliche fleischige Steinfrüchte, gelb, orangerot überlaufen, mit hartem Stein, der einen essbaren weißen Kern einschließt.

Blätter bis 10 cm lang

Fleisch orangerot

Stein

FRUCHT

VERARBEITUNG DER APRIKOSEN

Marmelade und Konserven werden aus dem süßen, gekochten Fruchtfleisch der Aprikose hergestellt. Die Römer führten den Baum 70–60 v. Chr. in Europa ein und europäische Siedler brachten ihn nach Amerika. Die Türkei ist der weltgrößte Produzent von Aprikosen.   **MARMELADE**

Süß-Kirsche

Höhe bis 25 m
Typ Laub abwerfend
Verbreitung Europa, W-Asien, Nordamerika

Das Holz der Süß-Kirsche, auch als Vogel-Kirsche bekannt, wird zu Möbeln und Furnieren verarbeitet, vor allem in Frankreich. Die Wurzeln des Baums können Gebäude schädigen. Die Sorte 'Plena' mit gefüllten Blüten ist ein beliebter Zierbaum. **Rinde** Rotbraun, schält sich in waagrechten Bändern. **Blätter** Wechselständig, elliptisch bis länglich oder verkehrt eiförmig, oberseits mattgrün, unterseits weich behaart. **Blüten** Groß, weiß, in Büscheln an Kurztrieben, bevor die Blätter erscheinen. **Früchte** Runde, bittere oder süße essbare rote Steinfrüchte.

BLÜTEN

Blätter bis 15 cm lang

Rote Steinfrucht

BLÄTTER UND FRÜCHTE

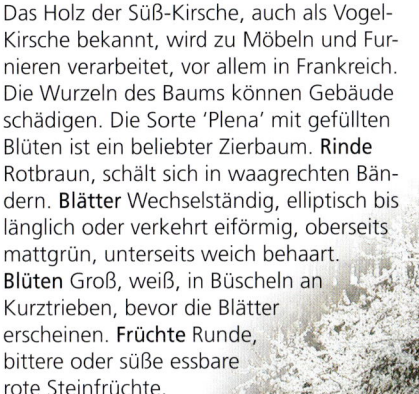

Kirschpflaume

Höhe bis 10 m
Typ Laub abwerfend
Verbreitung Nur in Kultur bekannt

Die Kirschpflaume hat eine gerundete Krone. Oft dient sie als Pfropfunterlage für Pflaumensorten oder wird als Zierbaum gepflanzt. 'Pissardii', die bekannteste Sorte, hat rosa Blüten und violette Blätter.

BLÜTEN

Heute wird meist die Sorte 'Pissardii Nigra' gepflanzt. **Rinde** Violettbraun, dünne Schuppen, waagrechte orangebraune Lentizellen; im Alter rissig. **Blätter** Wechselständig, elliptisch bis verkehrt eiförmig, mit gezähnten Rändern; oberseits glatt, unterseits weich behaart. **Blüten** Weiß, selten rosafarben, stehen einzeln oder in Büscheln, bevor die Blätter erscheinen. **Früchte** Runde rote oder gelbe pflaumenähnliche Steinfrüchte.

APRIKOSENBLÜTE
Die Staubblätter einer Aprikose (*Prunus armeniaca*)
in einer elektronenmikroskopischen Aufnahme. Jedes
Staubblatt besteht aus einem grünen Staubfaden mit
roten Staubbeuteln, die den Pollen entlassen. Er wird
von Insekten zu den weiblichen Blütenteilen transportiert.

Sauer-Kirsche

Höhe bis 10 m
Typ Laub abwerfend
Verbreitung Gartenbaum

Dieser Baum wurde aus wilden Populationen um das Kaspische und Schwarze Meer gezüchtet. **Rinde** Violettbraun, rau, schuppig. **Blätter** Wechselständig, elliptisch bis eiförmig mit gezähnten Rändern. **Blüten** In Büscheln zu 3–5. **Früchte** Rundliche sauer schmeckende Steinfrüchte.

Große weiße Blüten

Blätter 5–12 cm lang

Rote bis schwarze Steinfrucht

BLÜHENDER ZWEIG

FRÜCHTE

Kirsch-Lorbeer

Höhe bis 10 m
Typ Immergrün
Verbreitung O-Europa, SW-Asien

Diesen großen, häufigen Strauch findet man in Parks und Waldland. **Rinde** Dunkel graubraun, glatt. **Blätter** Wechselständig, verkehrt eiförmig. **Blüten** Klein, weiß und duftend. **Früchte** Violettschwarze Steinfrüchte.

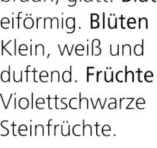

Dunkelgrüne Blätter

Wuchs ausladend

Steinfrüchte

BLÄTTER UND FRÜCHTE

Pflaume

Höhe bis 10 m
Typ Laub abwerfend
Verbreitung Gartenbaum

Viele Pflaumensorten werden wegen ihrer schmackhaften Früchte gepflanzt. Die Krone ist breit ausladend. **Rinde** Graubraun, im Alter rissig. **Blätter** Wechselständig, elliptisch bis verkehrt eiförmig, gezähnte Ränder. **Blüten** In Büscheln an Kurztrieben, fünf weiße Blütenblätter. **Früchte** Eiförmige Steinfrüchte, gelb, rot oder violett, Geschmack süß bis süßsauer.

Oberseits mattgrün

7,5 cm lang

BLÄTTER

FRUCHT

Japanische Aprikose

Höhe 6–10 m
Typ Laub abwerfend
Verbreitung China, Japan

Der Baum wird seit über 1500 Jahren seiner Blüten wegen kultiviert. Es gibt über 300 Sorten. **Rinde** Grau bis grünlich. **Blätter** Wechselständig, eiförmig, behaart, Ränder gezähnt. **Blüten** Groß, weiß bis rosa oder rot, duftend; einzeln oder in Paaren. **Früchte** Runde bis eiförmige Steinfrüchte, fleischig, gelb, selten essbar.

Prunus dulcis

Mandel

Höhe bis 8 m
Typ Laub abwerfend
Verbreitung Zentral- und
W-Asien, N-Afrika

Die Mandel wird ihrer essbaren Kerne wegen und als Zierbaum seit sehr langer Zeit kultiviert. Heute sind die USA der größte Mandelproduzent, hier werden 75 % der weltweiten Mandelerträge geerntet. Der Baum hat eine ausladende Krone und glatte grüne oder rot überlaufene Triebe. **Rinde** Dunkelgrau, springt in kleine Stücke auf. **Blätter** Wechselständig, eilanzettlich bis schmal elliptisch, glatt, dunkelgrün, Ränder fein gezähnt. **Blüten** Einzeln oder in Paaren, groß, rosafarben bis weiß. **Früchte** Eiförmige, zusammengedrückte Steinfrüchte mit samtiger Haut; trockenes Fleisch schließt einen glatten Stein mit Gruben ein, der einen essbaren Kern enthält.

GESCHICHTE DER MANDEL

Entdecker aßen Mandeln, während sie der Seidenstraße zwischen Asien und dem Mittelmeergebiet folgten. Seit langer Zeit gedeihen Mandelbäume im Mittelmeergebiet, vor allem in Spanien und Italien. Der Baum wurde in der Mitte des 18. Jahrhunderts von Franziskanerpatern aus Spanien nach Kalifornien gebracht.

MANDELN

Blüte 5 cm breit

BLÜTEN

Blatt
12 cm lang

**BLÄTTER
UND FRÜCHTE**

Fruchtfleisch
platzt bei
Reife auf.

Prunus padus

Gewöhnliche Traubenkirsche

Höhe bis 15 m
Typ Laub abwerfend
Verbreitung Europa, N-Asien bis Korea, Japan

Kegelförmig, rundet sich im Alter. **Rinde** Graubraun. **Blätter** Elliptisch bis verkehrt eiförmig, oberseits mattgrün, unterseits graugrün, gezähnt. **Blüten** Weiß, duftend. **Früchte** Schwarze Steinfrüchte.

Wechselständige Blätter
Hängende Blütentrauben

Prunus serrulata

Grannen-Kirsche

Höhe bis 20 m
Typ Laub abwerfend
Verbreitung China, Japan, Korea

Es gibt mehrere Sorten dieser orientalischen Kirsche. Im Frühjahr tragen viele von ihnen halb gefüllte Blüten. **Rinde** Violettbraun oder grau. **Blätter** Wechselständig, eiförmig bis verkehrt eiförmig. **Blüten** Rosa bis weiß. **Früchte** Fleischige rotviolette bis schwarze Steinfrüchte.

Gekerbte Blüten-blätter

BLÜTEN

Prunus spinosa

Gewöhnliche Schlehe

Höhe bis 5 m
Typ Laub abwerfend
Verbreitung Europa, N-Afrika, N-Asien

Auch Schwarzdorn genannt, dornige Zweige. **Rinde** Dunkel schwarzbraun. **Blätter** Wechselständig, elliptisch bis verkehrt eiförmig, gezähnt. **Blüten** Einzeln oder in Paaren, weiß. **Früchte** Glatte Steinfrüchte.

4 cm lang

Blauschwarze Steinfrüchte

BLÄTTER   REIFE FRÜCHTE

Prunus subhirtella

Frühjahrs-Kirsche

Höhe bis 10 m
Typ Laub abwerfend
Verbreitung Japan

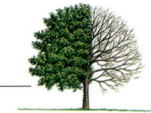

Ränder scharf gezähnt

Junges Blatt bronzegrün

Älteres Blatt tiefgrün

BLÄTTER

Dieser Baum hat eine rundliche Krone und aufrechte Äste. Eine beliebte Sorte, 'Autumnalis', blüht in milden Wintern, wenn die Zweige keine Blätter tragen. **Rinde** Graubraun, glatt, mit waagrechten Lentizellen. **Blätter** Wechselständig, elliptisch bis eiförmig. **Blüten** Hellrosa bis weiß, Blütenblätter gekerbt, in Büscheln von 2–4. **Früchte** Runde fleischige schwarze Steinfrüchte.

Prunus persica

Pfirsich

Höhe bis 8 m
Typ Laub abwerfend
Verbreitung China

Wird seit sehr langer Zeit kultiviert. Es gibt viele Sorten mit verschiedenen Formen, Blüten und Früchten. Wuchs buschig oder mit herabhängenden Zweigen, Blüten einfach oder gefüllt. Pfirsiche sind typischerweise flaumig behaart mit gelbem oder weißem Fruchtfleisch. Bei Nektarinen ist die Haut der Frucht glatt. Dieser Unterschied wird durch ein einziges Gen verursacht. **Rinde** Dunkelgrau, im Alter rissig. **Blätter** Wechselständig, schmal elliptisch bis lanzettlich mit fein gezähnten Rändern. **Blüten** Einzeln oder in Paaren, rosafarben,

manchmal weiß. **Früchte** Große rundliche Steinfrüchte mit samtiger oder glatter Haut; süß, Fruchtfleisch weiß oder orangegelb, Stein mit tiefen Gruben und weißem Kern.

HERKUNFT DES PFIRSICHS

Pfirsiche waren vielleicht die ersten Früchte, die in China vor etwa 4000 Jahren gezüchtet wurden. Der Baum wurde durch die Handelswege der Seidenstraße nach Persien (Iran) gebracht. Griechen und Römer verbreiteten den Pfirsich 300–400 v. Chr. in Europa und England.

BLÜHENDER PFIRSICHBAUM

4 cm
Durchmesser

Stein mit
Gruben

FRÜCHTE UND SAMEN

BLÜTEN

Haut rot
überlaufen

8 cm
Durchmesser

KIRSCHBLÜTE
In Japan, das berühmt ist für seine blühenden Kirschbäume (*Prunus serrulata*), ist die kurze Zeit der Kirsch-
blüte eine Zeit des Feierns, in der Kirschblütenfeste,
»hanami« im Schatten der Bäume abgehalten werden.
Der Baum ist in aller Welt als Zierbaum beliebt.

Prunus × yedoensis

Tokio-Kirsche

Höhe bis 16 m
Typ Laub abwerfend
Verbreitung Japan, Gartenbaum

Diese schnellwüchsige Hybride ist in Japan einer der beliebtesten Kirschbäume. Mit ihrer breit ausladenden Krone, den gewölbten Zweigen und der Blütenpracht im zeitigen Frühjahr ist sie mittlerweile weltweit ein beliebter Zierbaum und wird oft als Straßenbaum gepflanzt. In den Vereinigten Staaten wurde sie 1912 zum ersten Mal gepflanzt. Japan überreichte damals einen Baum als Zeichen der Freundschaft. **Rinde** Violettgrau, Lentizellen in breiten Bändern. **Blätter** Wechselständig, elliptisch bis verkehrt eiförmig, 6 cm breit, zugespitzt mit scharf gezähnten Rändern; junge Blätter hellgrün und flaumig, vor allem unterseits; Oberfläche im Alter glatt und glänzend. **Blüten** Hellrosa, verblassen zu weißlich, mit fünf

Blütenblätter gekerbt

Zweig rotbraun

Blüten 4 cm Durchmesser

BLÜHENDER ZWEIG

großen Blütenblättern; stehen im zeitigen Frühjahr zahlreich in kleinen Büscheln, bevor die Blätter erscheinen. **Früchte** Fleischige runde Steinfrüchte, reifen von rot nach schwarz.

Blatt bis 11 cm lang

BLÄTTER UND UNREIFE FRUCHT

Frucht bis 1,2 cm Durchmesser

KIRSCHPFLANZUNGEN

Unter Japans Shogunen wurden Kirschbäume (ursprüngl. *P. serrula*) in großer Zahl an Flussufern gepflanzt. Yoshimune Tokugawa (1716–1745) spornte das Volk mit der Behauptung zum Pflanzen der Bäume an, Kirschbäume würden das Wasser der Flüsse reinigen.

JAPANISCHE MALEREI

Pyrus communis

Birne

Höhe bis 20 m
Typ Laub abwerfend
Verbreitung Nur in Kultur bekannt
(in Gärten und Obsthainen),
gelegentlich in Europa verwildert

Dieser breit kegelförmige bis säulenförmige Baum ist eine Kreuzung mehrerer europäischer Arten. In vielen Sorten wird er seiner essbaren Früchte wegen gepflanzt. Die Wildform hat in der Jugend einen spitzen Wuchs. Man findet sie meist in Waldland und Gebüschen. **Rinde** Dunkelgrau, springt in rechteckige Platten auf. **Blätter** Wechselständig, eiförmig bis elliptisch, glänzend grün. **Blüten** Fünf weiße Blütenblätter, dunkelrosa Staubbeutel; in Büscheln an Kurztrieben. **Früchte** Fleischige gelbgrüne Apfelfrüchte.

Ränder gezähnt

BLÄTTER

FRÜCHTE TRAGENDE ZWEIGE

BIRNENSORTEN

Die ursprünglichen Birnenfrüchte waren klein, hart, körnig, sauer und adstringierend und ähnelten vielleicht den Holzbirnen, die heute noch vorkommen. Es gibt über 5000 Birnensorten, von denen 10–25 kommerziell gepflanzt werden. In den USA ist dies zu 75% die Sorte 'Bartletts', die der britischen 'Williams'-Birne entspricht und von der es grüngelbe und rote Varietäten gibt.

ROTE BIRNE

WILLIAMS-BIRNE

Bis 10 cm
lang

REIFE FRUCHT

Pyrus pyrifolia

Nashi-Birne

Höhe bis 12 m
Typ Laub abwerfend
Verbreitung Zentral- und W-China

Dieser Baum wurde in China bereits vor 3000 Jahren kultiviert. **Rinde** Dunkelgrau bis violettbraun. **Blätter** Wechselständig, eiförmig, Ränder gezähnt. **Blüten** Weiß, in Büscheln zu 6–9. **Früchte** Braune bis gelbe rundliche Apfelfrüchte.

BLÜTEN UND BLÄTTER

Fünf Blütenblätter

Neue Blätter rötlich

Pyrus salicifolia

Weiden-Birne

Höhe bis 10 m
Typ Laub abwerfend
Verbreitung W-Asien

Dieser ausladende Baum hat schlanke, hängende Triebe und weidenähnliche Blätter. Er gilt als eine der besten Zierbirnen. **Rinde** Hell graubraun. **Blätter** Wechselständig, lanzettlich. **Blüten** Groß, weiß, an Kurztrieben. **Früchte** Gelbbraune Apfelfrüchte, behaart; später glatt.

Zugespitzt

UNREIFE FRUCHT

Zu mehreren

BLÜTEN   **BLÄTTER**

Sorbus aria

Gewöhnliche Mehlbeere

Höhe bis 25 m
Typ Laub abwerfend
Verbreitung Europa

Kommt auf durchlässigen Kalkböden vor. **Rinde** Grau, springt im Alter auf. **Blätter** Wechselständig, eiförmig bis elliptisch, jung behaart; oberseits hellgrün, unterseits weißlich behaart. **Blüten** In endständigen Büscheln; fünf weiße Blütenblätter. **Früchte** Apfelfrüchte, rund bis eiförmig, orangerot.

Sorbus aucuparia

Gewöhnliche Eberesche

Höhe bis 12 m
Typ Laub abwerfend
Verbreitung N-Afrika, W-Asien

Früchte werden für Nahrungsmittel und Getränke verarbeitet. **Rinde** Grau, glatt, glänzend. **Blätter** Wechselständig; 9–15 elliptische bis lanzettliche Fiedern, oberseits dunkelgrün, unterseits blaugrün. **Blüten** Weiß, in Blütenständen. **Früchte** Orangerote Apfelfrüchte.

BLÄTTER UND BLÜTEN

Zugespitzt

REIFE FRÜCHTE

Sorbus domestica

Speierling

Höhe bis 20 m
Typ Laub abwerfend
Verbreitung S-Europa, N-Afrika,
SW-Asien

Breit säulenförmiger Baum, wurde einst seiner Früchte wegen gepflanzt, heute selten. **Rinde** Dunkelbraun, schuppig. **Blätter** Wechselständig; längliche bis lanzettliche Fiedern, oberseits glatt, unterseits behaart. **Blüten** Weiß, in großen Blütenständen. **Früchte** Gelbgrüne Apfelfrüchte.

Pyramidenförmige
Blütenstände

Apfelfrüchte

**FRÜCHTE UND
BLÄTTER**

BLÜTEN

Sorbus torminalis

Elsbeere

Höhe bis 25 m
Typ Laub abwerfend
Verbreitung Europa, N-Afrika,

Das edle Holz dieses breit säulenförmigen, langsamwüchsigen Baums wird zu Möbeln verarbeitet. **Rinde** Dunkelbraun, schuppig. **Blätter** Wechselständig, an der Basis gelappt. **Blüten** Weiß, abgeflachte Blütenstände. **Früchte** Kleine braune Apfelfrüchte.

Geöffnete
Blüten

Springt in
schuppigen
Platten auf

**BLÜTEN
UND BLÄTTER**

Lappen
dreieckig

RINDE

Hovenia dulcis

Japanischer Rosinenbaum

Höhe bis 10 m
Typ Laub abwerfend
Verbreitung China, Japan, Korea

Fruchtstiele essbar, Früchte nicht. **Rinde** Glatt, anfangs grau, im Alter heller und gefurcht. **Blätter** Wechselständig, gezähnt. **Blüten** Cremefarben bis grünlich weiß, klein. **Früchte** Violettschwarz, fleischig.

Krone
oval

Ziziphus jujuba

Chinesische Dattel

Höhe bis 10 m
Typ Laub abwerfend
Verbreitung S-Europa, N-Afrika, W-Asien, China, Süden der USA

Wurde vor mehr als 4000 Jahren in China kultiviert. Die Früchte werden getrocknet oder kandiert. **Rinde** Grau bis mattschwarz, rau. **Blätter** Wechselständig, glatt oder unterseits mit leicht behaarten Adern. **Blüten** Gelbgrün, in Blütenständen. **Früchte** Violettrote Steinfrüchte.

RINDE

Unregelmäßig
aufgesprungen

Ränder fein
gezähnt

3 Hauptadern

BLÄTTER

Ziziphus lotus

Judendorn-Art

Höhe bis 2 m
Typ Laub abwerfend
Verbreitung S-Europa, N-Afrika

BLÄTTER

Blätter
ungestielt

Dieser buschige, wuchernde Baum hat zickzackförmige, dornige Äste. Er ist an Trockenheit und Hitze angepasst. Es wird vermutet, dass von ihm die berühmten süßen Früchte stammen, von denen die Lotusesser Nordafrikas der Antike ihren Namen haben. Man sagte, dass Reisende, die einmal von der Frucht gekostet oder Likör aus den Früchten getrunken haben, nicht mehr in ihr Heimatland zurückkehren wollten. Die Frucht, die reich an Vitaminen und Zucker ist, wird frisch gegessen, eingemacht, getrocknet oder zu Konfekt verarbeitet. Aus dem mehligen Fruchtfleisch kann ein Getränk bereitet werden. Auf der arabischen Halbinsel wird eine Art Brot aus den Früchten hergestellt. Sie werden getrocknet und in einem hölzernen Mörser zerstoßen, um die Steine zu entfernen. Das Mehl wird mit Wasser vermischt und zu Kuchen geformt, die süßem Gingerbread (Ingwerbrot) ähneln. **Rinde** Hell aschgrau. **Blätter** Wechselständig, eiförmig bis länglich, Ränder leicht gezähnt. **Blüten** Kleine weißgelbe Blütenblätter; in achselständigen Blütenständen. **Früchte** Gelbe bis rotbraune runde Steinfrüchte mit süßem, essbarem Fruchtfleisch.

Trema micrantha

Art der Ulmaceae

Höhe 2,5–10 m
Typ Immergrün
Verbreitung USA (Florida), Mexiko, Westindische Inseln, Zentral- und Südamerika

Schnellwüchsige Art mit weichem Holz, aus dem Teekisten und Streichhölzer hergestellt werden. **Rinde** Dunkel oder graubraun, gefurcht. **Blätter** An flachen Trieben, eiförmig, gezähnt, oberseits hellgrün, unterseits weißlich behaart. **Blüten** Ohne Blütenblätter; Kelch grünweiß. **Früchte** Runde orangefarbene Steinfrüchte.

Wechselständige Blätter

LAUB

Ulmus americana

Amerikanische Ulme

Höhe 30–36 m
Typ Laub abwerfend
Verbreitung O-USA, SO-Kanada

Aus ihrem sehr harten Holz fertigte man Radnaben. Indianerstämmen diente ein Rindenabsud als Heilmittel. **Rinde** Aschgrau, tief rissig. **Blätter** Wechselständig, eiförmig bis elliptisch, unterseits flaumig. **Blüten** Rötlich, winzig, ohne Blütenblätter, in Blütenständen. **Früchte** Nüsschen, oben gekerbt, behaarte Ränder.

Rand doppelt gezähnt

BLATT

Schlanke, zickzackförmige Zweige

Rote Staubbeutel

BLÜHENDER TRIEB

Ulmus glabra

Berg-Ulme

Höhe bis 40 m
Typ Laub abwerfend
Verbreitung N- und Mitteleuropa, W-Asien

Baum mit breiter Krone, kurzer Stamm. Das Holz ist unter nassen Bedingungen sehr haltbar und wurde oft zu Trögen und Särgen verarbeitet. Heute baut man daraus Wellenbrecher zur Befestigung von Küsten und Häfen. **Rinde** Grau, glatt. **Blatter** Wechselständig, elliptisch bis verkehrt eiförmig, an der Basis unsymmetrisch; Rand doppelt gezähnt, oberseits dunkelgrün und rau, unterseits meist flaumig behaart. **Blüten** Klein mit rötlichen Staubbeuteln, achselständige Blütenstände. **Früchte** Nüsschen, von häutigem Flügel umgeben.

Auffällige Adern **BLATT**

BLÜTEN-STÄNDE

Ulmus procera

Haar-Ulme

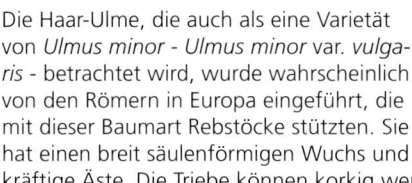

Höhe bis 30 m
Typ Laub abwerfend
Verbreitung W-Europa

Die Haar-Ulme, die auch als eine Varietät von *Ulmus minor - Ulmus minor* var. *vulgaris* - betrachtet wird, wurde wahrscheinlich von den Römern in Europa eingeführt, die mit dieser Baumart Rebstöcke stützten. Sie hat einen breit säulenförmigen Wuchs und kräftige Äste. Die Triebe können korkig werden, wenn der Baum einige Jahre alt ist. Diese Ulme vermehrt sich mit Ausläufern an der Basis.

Blüten öffnen sich an kahlen Trieben.

BLÜTEN-STÄNDE

BLÄTTER

Rand doppelt gezähnt

ULMENSTERBEN

Das Ulmensterben wird von einem Pilz verursacht, dessen Sporen von dem Ulmensplintkäfer verbreitet werden. Der Pilz wurde wahrscheinlich zu Anfang des 20. Jh. aus Asien nach Europa eingeschleppt. Eine zweite Welle, die in den 1970er-Jahren in Europa viele Ulmen absterben ließ, wurde von einer aggressiveren Pilzform verursacht.

ULMENSPLINTKÄFER

Rinde Graubraun, anfangs glatt, wird im Alter rissig. **Blätter** Wechselständig; Form variabel, elliptisch bis verkehrt eiförmig mit unsymmetrischer Basis; oberseits dunkelgrün und rau, unterseits behaart. **Blüten** Rötlich, ohne Blütenblätter, in dichten Büscheln. **Früchte** Nüsschen, leicht gekerbt, glatt, von schmalem häutigem Flügel umgeben. Fast alle Samen unfruchtbar.

Ulmus pumila

Sibirische Ulme

Höhe bis 25 m
Typ Laub abwerfend
Verbreitung N-China, O-Sibirien, Korea

Dieser schnellwüchsige, breit säulenförmige Baum wird in Nordamerika manchmal als Windschutz gepflanzt. **Rinde** Graubraun, tief gefurcht. **Blätter** Wechselständig, elliptisch bis lanzettlich. **Blüten** Rot, sehr klein, ohne Blütenblätter, in dichten Büscheln. **Früchte** Geflügelte, leicht gekerbte Nüsschen.

BLÄTTER

Ränder scharf gezähnt

Celtis australis

Südlicher Zürgelbaum

Höhe bis 25 m
Typ Laub abwerfend
Verbreitung S-Europa, W-Asien, N-Afrika

Baum mit breit säulenförmiger bis ausladender Krone. **Rinde** Grau, glatt. **Blätter** Wechselständig, schmal eiförmig, scharf gezähnt; oberseits dunkelgrün, unterseits behaart. **Blüten** Grünlich, klein, ohne Blütenblätter, lang gestielt; öffnen sich einzeln in Büscheln. **Früchte** Ovale violettbraune bis schwärzliche Steinfrüchte.

Bis 15 cm lang
BLÄTTER

Zelkova serrata

Japanische Zelkove

Höhe bis 30 m
Typ Laub abwerfend
Verbreitung China, Korea, Japan

Ihr Holz wird in Japan zu Möbeln und Tabletts verarbeitet. **Rinde** Glatt, grau, schuppt sich im Alter. **Blätter** Wechselständig, eiförmig oder elliptisch, oberseits dunkelgrün, leicht behaart, unterseits glatt oder an den Adern leicht behaart, Ränder gezähnt. **Blüten** Grün, klein, ohne Blütenblätter; männliche und weibliche in getrennten Blütenständen an derselben Pflanze. **Früchte** Kleine runde Steinfrüchte.

Bis 12 cm lang

BLÄTTER

Celtis occidentalis

Amerikanischer Zürgelbaum

Höhe bis 40 m
Typ Laub abwerfend
Verbreitung NO und nördl. Zentrum der USA

Nordamerikanische Indianerstämme würzten mit den Früchten ihre Speisen. **Rinde** Glatt, dunkelbraun, im Alter schuppig. **Blätter** Wechselständig, eiförmig bis länglich; an der Basis unsymmetrisch; an der Spitze scharf gezähnt. **Blüten** Grünlich, klein, ohne Blütenblätter, einzeln oder in kleinen Büscheln. **Früchte** Orangerote bis violette, essbare Steinfrüchte.

Krone breit säulenförmig

Warzige
Oberfläche

FRÜCHTE

Gelbgrüne Frucht

Artocarpus altilis

Brotfruchtbaum

Höhe bis 30 m **Typ** Immergrün
Verbreitung Neuguinea, Pazifische Inseln

Der Brotfruchtbaum wird seiner essbaren
Früchte wegen vielerorts kultiviert. Er hat
einen geraden Stamm und eine breite
Krone mit ausladenden Ästen. **Rinde** Grau,
glatt, sondert klebrigen weißen Milchsaft
ab. **Blätter** Wechselständig, groß, 5–7 Lappen, vorne zugespitzt; unterseits steif
behaart, mit auffallenden gelben Adern;
Nebenblätter groß, hinterlassen beim
Abfallen Narben. **Blüten** Männliche und
weibliche am selben Baum, unauffällig, in
fleischigen Blütenständen;
männliche gelbbraun,
dicht gepackt in
hängender,
zylindrischer bis
keulenförmiger
Ähre; weibliche
aufrecht, in runden
bis eiförmigen stache-
ligen Köpfen, die sich
zu Sammelfrüchten

entwickeln. **Früchte** Runde bis längliche
Sammelfrüchte, oft mit warziger oder rauer
Oberfläche, 10–30 cm Durchmesser; einzeln
oder zu zweien bis dreien an den Enden der
Zweige; weiß, unreif stärkehaltig, reif meist
duftend, mit wenigen oder keinen Samen.

LAUB   Blätter in
Spiralen

**MÄNNLICHER
BLÜTENSTAND**

Zylindrische Ähre

STÄRKELIEFERANT

Mit diesem Mörser aus Tahiti
stampfte man die Brotfrucht.
Kapitän Cook sagte: »Aus der
Brotfrucht stellen sie zwei
oder drei Gerichte her, indem
sie sie mit einem Steinmörser
schlagen, bis eine Paste entsteht, die sie mit
Wasser oder
Kokosmilch
oder beidem
mischen und der
sie reife Bananen
zugeben …«

MÖRSER

Artocarpus heterophyllus

Jackfruchtbaum

Höhe 10–20 m
Typ Immergrün
Verbreitung SO-Asien, nur in Kultur bekannt

BLÄTTER UND FRÜCHTE

Ober-/fläche wächsern

Unreife Frucht

Die Frucht dieses Baums ist die größte Baumfrucht der Welt. Sie kann frisch, getrocknet als Konfekt oder eingemacht gegessen werden. Auch in Eiscreme und Getränken ist das Fruchtfleisch enthalten. Die Samen werden geröstet gegessen. **Rinde** Schwärzlich braun, dick; gibt weißen Milchsaft ab. **Blätter** Wechselständig, elliptisch bis verkehrt eiförmig. **Blüten** Männliche und weibliche am selben Baum; männliche an neuen Trieben zwischen den Blättern, klein, elliptisch; weibliche größer, an kurzen Stielen am Stamm und den Zweigen. **Früchte** Gelbbraune Sammelfrüchte, bis 50 kg schwer, mit kegelförmigen Warzen bedeckt; goldgelb, Fruchtfleisch aromatisch; 30–500 ovale Samen, von gallertigem Mantel umgeben.

Grüne Färbung

JUNGE RINDE

Antiaris toxicaria

Upasbaum

Höhe bis 45 m
Typ Immergrün
Verbreitung Indien bis S-China, Malaysia, Afrika

Der Upasbaum hat eine kegelförmige Krone und manchmal Brettwurzeln. Der Milchsaft ist giftig und enthält Herzglykoside, die Herzstillstand herbeiführen können. Eingeborenenstämme in Nordindien und Borneo vergifteten damit Pfeilspitzen. **Rinde** Gelblich bis grauweiß, glatt, meist mit Lentizellen; sondert weißlichen, wässrigen Milchsaft ab; innere Rinde faserig. **Blätter** Wechselständig, elliptisch bis verkehrt eiförmig, behaart, manchmal gezähnt. **Blüten** Männliche und weibliche am selben Baum; männliche fleischig, grün, runde Köpfe; weibliche einzeln in urnenförmig umgebildeter Blütenstandsachse. **Früchte** Rotviolette birnenförmige Steinfrüchte, reifen schwarz, in fleischiger Blütenstandsachse eingebettet.

RINDE

Broussonetia papyrifera

Papier-Maulbeere

Höhe 10–20 m
Typ Laub abwerfend
Verbreitung
SO-Asien

FRÜCHTE

Rot reifende Früchte

Der Name Papier-Maulbeere kommt von den feinen Fasern der inneren Rinde des Baums. Aus ihr wurde Papier und die polynesische »tapa«-Kleidung hergestellt, die man bei Zeremonien, als Kleidung und Bettzeug verwendete. Der Baum hat einen ausladenden Wuchs. **Rinde** Dunkel graubraun, glatt; gibt weißen Milchsaft ab. **Blätter** Wechselständig, eiförmig bis elliptisch, zunächst violett, später mattgrün, oberseits behaart und schuppig, unterseits dicht behaart; bei jungen Bäumen mit 3–5 Lappen oder ungeteilt, Ränder gewellt bis

WASHI UND TAPA

In China stellt man aus den Rindenfasern der Papier-Maulbeere seit 105 n. Chr. Papier und Rindenstoffe her. Im 6. Jh. erreichte die Washi-Papierherstellung Japan. Frühe polynesische Völker brachten den Baum und die Technik der Stoffherstellung in den Pazifik, wo die kunstfertigsten Tapa-Stoffe gefertigt wurden.

PAPIERHERSTELLUNG

gezähnt. **Blüten** Männliche und weibliche an getrennten Bäumen; männliche weiß, in herabhängenden Kätzchen; weibliche grün, in runden Köpfchen. **Früchte** Runde Sammelfrüchte, der fleischige Teil färbt sich orangerot.

BLÄTTER UND BLÜTEN

Blatt bis 20 cm lang

Weibliche Blüten mit violetten Narben

BLÄTTER

Ficus benghalensis

Banyan

Höhe bis 25 m
Typ Immergrün
Verbreitung Indien

Dieser ausladende Baum ist eine Würgefeige, deren massive Luftwurzeln von einem
anderen Baum herab zum Boden wachsen.
Bei dieser Art schlagen die Zweige selbst
über eine große Fläche verteilt Wurzeln. Das
ist der Grund, weshalb die Banyan-Feige
als Symbol für die Unsterblichkeit gilt und
in indischen Mythen und Legenden eine
wichtige Rolle spielt. Sie ist außerdem der
Nationalbaum Indiens. Der Name »Banyan«
geht auf die »banian« zurück, Hindu-Kauf-
leute, die ihre Märkte oft im Schatten dieser
Bäume abhielten. **Rinde** Hellbraun bis grau,
glatt, mit weißem Milchsaft. **Blätter** Wechselständig, eiförmig mit herzförmiger Basis,
glatt und ledrig, ungezähnt. **Blüten** Männliche und weibliche am selben Baum, winzig,
in Blütenstandsachse eingeschlossen. **Früchte**
Kleine rote
Feigenfrüchte.

Frucht bis
1,5 cm
Durchmesser

REIFE FRÜCHTE

STAMM

BLÄTTER   Blatt 12,5–25 cm lang

DER GRÖSSTE BANYAN-FEIGENBAUM

Diese Banyan-Feige im Botanischen Garten in
Howrah, Kalkutta, die 1782 ihr Leben als Keimling in der Krone einer Dattelpalme begann, gilt
als größtes Exemplar der Welt. Auf etwa 1,5 Hek-
tar Fläche bildet sie einen kleinen »Wald«.

Ficus benjamina

Benjamin-Feige

Höhe bis 20 m
Typ Immergrün
Verbreitung Indien bis S-China,
SO-Asien, N-Australien, Pazifische Inseln

Diese Würgefeige, die oft zu einem ausladenden Baum heranwächst, bildet meist viele herabhängende Luftwurzeln aus, von denen sich einige zu eigenständigen Stämmen entwickeln. Als Gartenpflanze bleibt sie klein, in freier Natur entwickelt sie eine dichte Krone. Es gibt mehrere Ziersorten. **Rinde** Hellbraun bis weißlich grau; mit weißem Milchsaft. **Blätter** Wechselständig, eiförmig bis elliptisch, glatt und ledrig. **Blüten** Klein, in Blütenstandsachse eingeschlossen; männliche nahe der Öffnung, weibliche unterhalb. **Früchte** Runde ungestielte Feigen, rot mit Flecken.

Blatt
13 cm
lang

Rote Frucht

BLÄTTER UND FRÜCHTE

Ficus carica

Echte Feige

Höhe bis 10 m
Typ Laub abwerfend
Verbreitung W-Asien,
im Mittelmeergebiet eingeführt

Dieser Baum wird seit Tausenden von Jahren seiner essbaren Früchte wegen kultiviert. Überreste wurden bei neolithischen Fundstätten gefunden, die auf 5000 v. Chr. datiert werden. Die arabische Expansion im 6.–8. Jh. brachte neue und bessere Sorten ins Mittelmeergebiet. Heute sind etwa 700 Sorten bekannt. **Rinde** Graubraun, glatt, porös. **Blätter** Wechselständig, eiförmig bis rund mit herzförmiger Basis,

in 3–5 tiefe Lappen eingeschnitten; Ränder gezähnt oder gewellt; oberseits rau, unterseits weich behaart. **Blüten** Klein, fleischig, in Blütenstandsachse eingeschlossen; männliche nahe Öffnung, weibliche unterhalb. **Früchte** Rotviolette Feigenfrüchte.

Tief gelappt

Langer Stiel

BLATT

Ficus elastica

Gummibaum

Höhe 20–30 m
Typ Immergrün
Verbreitung S- und SO-Asien

Diese Würgefeige, die oft in Gärten gepflanzt wird, kann in freier Natur beeindruckend groß werden. Sie bringt an Stamm und Ästen schlanke Luftwurzeln hervor. Oft wird sie als Zier- oder Straßenbaum gepflanzt. Es gibt mehrere Sorten, auch solche mit panaschierten Blättern. **Rinde** Hellgrau, glatt. **Blätter** Wechselständig, ledrig, glänzend dunkelgrün, mit rosa bis violetten Nebenblättern. **Blüten** Sehr klein, in Blütenstandsachse eingeschlossen; männliche nahe der Öffnung, weibliche unterhalb. **Früchte** Längliche ungestielte Feigenfrüchte, reifen gelb.

Panaschierte Blätter

LAUB EINER ZIMMERPFLANZE

Ficus macrophylla

Großblättrige Feige

Höhe 15–55 m
Typ Immergrün
Verbreitung O-Australien

Diese massive Würgefeige ist eine der größten Feigenarten Australiens und bildet Brettwurzeln aus. Die Krone kann im Alter 50 m Durchmesser haben. **Rinde** Graubraun, glatt; mit weißem Milchsaft. **Blätter** Wechselständig, oberseits dunkelgrün, unterseits goldbraun. **Blüten** Klein, in Blütenstandsachse eingeschlossen, männliche nahe der Öffnung, weibliche unterhalb. **Früchte** Feigen, reifen violett.

Blätter eiförmig bis elliptisch

Reife Feige mit weißen Flecken

BLÄTTER UND FEIGEN

GROSSBLÄTTRIGE FEIGE
Ihrer gewaltigen Brettwurzeln wegen eignet sich diese
Feigenart (*Ficus macrophylla*) nur für Parks und weit-
räumiges, offenes Gelände. Die Krone ist ausladend
und auch das Wurzelsystem ist weit verzweigt. Die hier
abgebildeten Bäume wachsen auf Hawaii.

Bobaum

Höhe 15–35 m
Typ Laub abwerfend
Verbreitung Zentral- und O-Indien

Dieser Baum mit seiner breiten Krone ist auch als Buddhabaum bekannt, denn unter diesem Baum soll Buddha sechs Jahre lang meditiert und die Erleuchtung erlangt haben. Die Tochter des indischen Königs Ashoka brachte im 3. Jh. v. Chr. einen Ableger dieses Baums nach Sri Lanka. Er wurde am Mahavihara-Kloster gepflanzt, wo der Bobaum auch heute noch wächst. **Rinde** Grau, glatt, mit Längsrissen. **Blätter** Wechselständig, eiförmig, Ränder leicht gewellt.

Lang zugespitzt

HEILIGER BAUM

Der Bobaum ist sowohl Hindus als auch Buddhisten heilig. Er wird vielerorts gepflanzt, vor allem bei buddhistischen Tempeln. Er steht für die Hindu-Dreieinigkeit Brahma, Vishnu und Shiva.

BUDDHISTISCHER TEMPEL

Blüten Rot, klein, männliche und weibliche in Blütenstandsachse eingeschlossen. **Früchte** Paarige ungestielte Feigenfrüchte; grünlich gelb, färben sich rot.

BLÄTTER

Breite Krone

Ficus sycomorus

Sykomore

Höhe 8–30 m
Typ Immergrün
Verbreitung Tropisches Afrika, Arabische Halbinsel

Natürlicherweise kommt die Sykomore oder Esels-Feige vor allem in Savannengebieten an Flussufern vor, wo der Boden auch in trockenen Sommern feucht bleibt. Sie wurde in Ägypten während der ersten Dynastie (3000 v. Chr.) eingeführt. Heute wird sie in Ägypten, Israel und Syrien kultiviert. Da hier ihre Bestäuber, winzige Erzwespen fehlen, fanden die Ägypter eine Methode, wie sich die Frucht ohne Bestäubung entwickelt. Aus dem Holz des Baums wurden Sarkophage gefertigt. **Rinde** Grüngelb bis beigegrau, glatt. **Blätter** Wechselständig, eiförmig bis elliptisch, Basis herzförmig, Ränder leicht gewellt. **Blüten** Männliche und weibliche am selben Baum, klein, in Blütenstandsachse eingeschlossen; männliche nahe der Öffnung, weibliche unterhalb. **Früchte** Grüne Feigenfrüchte, reifen gelblich bis rötlich.

STAMM | Kurz mit Brettwurzeln

Ausladende Krone

Ficus sumatrana

Feigen-Art

Höhe bis 40 m
Typ Immergrün
Verbreitung SO-Asien

Wie ihre Verwandten wird diese Würgefeige zunächst von einem anderen Baum gestützt. Ihr Leben beginnt im Blätterdach als Same, der mit Vogelkot herbeitransportiert wurde. Er keimt zwischen Moos und toten Blättern. Wenn die Pflanze wächst, sendet sie Wurzeln in Richtung Boden. Nach einigen Jahren umschlingen sie den Stamm des Wirtsbaums. Dieser kann nicht mehr wachsen und stirbt ab. Die Feige nimmt seinen Platz ein. **Rinde** Hellbraun bis weißlich grau. **Blätter** Wechselständig, elliptisch bis länglich. **Blüten** Männliche und weibliche in Blütenstandsachse eingeschlossen. **Früchte** Gelbe bis orangerote, fein behaarte Feigenfrüchte.

Luftwurzeln

Glatte Oberfläche

WÜRGEFEIGE UMSCHLINGT WIRT.

Maclura pomifera

Osagedorn

Höhe bis 20 m
Typ Laub abwerfend
Verbreitung Süden und Zentrum der USA

Wird oft in Hecken gepflanzt. Indianerstämme kultivierten ihn seiner Wurzeln und seines haltbaren Holzes wegen, aus dem man Waffen fertigte und gelben Farbstoff gewann. Er hat einen kurzen Stamm und eine unregelmäßige bis gerun-

dete Krone. **Rinde** Orangebraun, schuppig, unregelmäßig gefurcht, sondert Milchsaft ab. **Blätter** Wechselständig, eiförmig bis schmal lanzettlich, glatt, oberseits glänzend dunkelgrün; gelbe Herbstfärbung. **Blüten** Männliche und weibliche an verschiedenen Bäumen, klein; männliche in kurzen endständigen Blütenständen; weibliche in Blütenköpfchen. **Früchte** Grüne bis orangefarbene Sammelfrüchte.

Ränder ungezähnt

Zugespitzt

BLÄTTER

Bis 10 cm breit

FRUCHT

Blütenstände bis 1 cm lang

Blüten gelbgrün

BLÜTEN

Milicia excelsa

Afrikanisches Teakholz

Höhe bis 50 m
Typ Laub abwerfend
Verbreitung Tropisches Afrika

Dieser Baum hat einen geraden Stamm, meist mit kurzen Brettwurzeln. Er ist einer der wichtigsten Holzlieferanten Afrikas und wurde oft als Ersatz für Teakholz verwendet. Früher kam viel Holz aus Ostafrika, mittlerweile ist die Baumart dort ausgerottet. Trotz Übernutzung kommt heute viel Holz aus Westafrika. Es wird vor allem für Baukonstruktionen verwendet. **Rinde** Grau bis braunschwarz, rau; gibt weißen Milchsaft ab. **Blätter** Wechselständig, elliptisch, 10–20 cm lang. **Blüten** Männliche und weibliche an verschiedenen Bäumen; männliche weiß, in hängenden kätzchenähnlichen Blütenständen; weibliche grünlich, in kurzen Ähren. **Früchte** Runzelig, fleischig, grün, 5–7,5 cm lang, 2,5 cm dick.

Farbton mittel- bis dunkelbraun

HOLZ

Morus alba

Weißer Maulbeerbaum

Höhe bis 14 m
Typ Laub abwerfend
Verbreitung Stammt aus Zentral- und N-China; kultiviert in Asien, Europa, den USA

Etwa 550 v. Chr. schmuggelten zwei Mönche Eier von Seidenspinnerfaltern und Samen des Weißen Maulbeerbaums, der Nahrungspflanze der Seidenraupen, aus China. So entstand die Seidenindustrie in Europa. Meist hat der Baum eine ausladende, runde Krone. Es gibt jedoch Sorten mit Pyramidenform oder hängenden Ästen, größeren oder eingeschnittenen Blättern und solche ohne Früchte. **Rinde** Hellbraun bis grau, glatt; im Alter schuppig.

Blätter Wechselständig, gezähnt, eiförmig bis rund; oberseits glatt, unterseits behaart. **Blüten** Klein, grün; männliche in hängenden Blütenständen; weibliche in Büscheln. **Früchte** Gestielte, fleischige essbare Sammelfrüchte, reifen violettrot.

Blätter bis 20 cm lang

Früchte bis 2,5 cm lang

BLÄTTER UND FRÜCHTE

Ausladende Krone

Morus nigra

Schwarzer Maulbeerbaum

Höhe bis 10 m
Typ Laub abwerfend
Verbreitung W-Iran; kultiviert in China, Asien, Europa

Seit der Antike sind die Früchte des Baums in Südeuropa beliebt. **Rinde** Orangebraun, gefurcht. **Blätter** Wechselständig, breit eiförmig. **Blüten** Klein, grün; männliche in hängenden Blütenständen, weibliche in Büscheln. **Früchte** Fleischige Sammelfrüchte, violettrot.

Blattrand gezähnt

BLÄTTER UND FRÜCHTE

Frucht bis 2,5 cm lang

Cecropia peltata

Karibischer Ameisenbaum

Höhe bis 20 m
Typ Immergrün/Laub abwerfend
Verbreitung Zentrum und Norden Südamerikas, Westindische Inseln, in Teilen Afrikas verwildert

In den hohlen Ästen leben Ameisen. **Rinde** Graubraun, mit Ringen. **Blätter** Wechselständig, dunkelgrün; oberseits rau, unterseits weiß behaart. **Blüten** Gelbgrün, in Blütenständen. **Früchte** Hülsenartig.

Blätter gelappt   ZWEIGE

Musanga cecropioides

Schirmbaum-Art

Höhe bis 20 m
Typ Halb immergrün
Verbreitung Afrika (Guinea bis Zaire, Angola, östlich bis Uganda)

Dieser schnellwüchsige Baum hat einen geraden Stamm, auffallende Wurzeln und eine ausladende Krone. Das leichte Holz wird zu Flößen verarbeitet. **Rinde** Grau bis braungrün, glatt mit großen Lentizellen. **Blätter** Wechselständig; 12–15 verkehrt lanzettliche Fiedern schirmförmig an Stiel; unterseits filzig grauweiß behaart. **Blüten** Achselständig; männliche in verzweigten Blütenständen; weibliche in lang gestielten Köpfen. **Früchte** Gelbgrün, eiförmig, sukkulent.

BLÄTTER

Dendrocnide excelsa

Art der Urticaceae

Höhe 10–40 m
Typ Laub abwerfend
Verbreitung O-Australien (New South Wales und Queensland)

Die Brennhaare auf den Blättern dieses Baums enthalten ein Gift. **Rinde** Gelblich grau, mit Ringen. **Blätter** Wechselständig, gezähnte Ränder. **Blüten** Gelbgrün, klein. **Früchte** Klein mit fleischigem Stiel.

Basis   BLÄTTER
herzförmig

Dendrosicyos socotranus

Art der Cucurbitaceae

Höhe bis 6 m
Typ Laub abwerfend
Verbreitung Jemen (Sokotra-Insel)

Ein Baum der Küste. **Rinde** Schmutzig weiß. **Blätter** Wechselständig, eiförmig bis rund, fünflappig, ohne Ranken. **Blüten** Gelb, in achselständigen Büscheln. **Früchte** Orangefarbene Beeren mit geschnäbelter Spitze.

Herabhängende
Äste

Dicker
Stamm

Nothofagus cunninghamii

Tasmanische Scheinbuche

Höhe bis 30 m
Typ Immergrün
Verbreitung Australien (Victoria, Tasmanien)

Regenwaldbaum, in Hochlagen strauchig. **Rinde** Dunkel, schuppig. **Blätter** Wechselständig, klein, eiförmig, Rand gezähnt. **Blüten** In Gruppen von 1–4. **Früchte** Fruchtbecher enthält meist drei Nüsse.

Nothofagus antarctica

Südbuche

Höhe bis 35 m
Typ Laub abwerfend
Verbreitung Südamerika (Chile)

Der Baum wird seit 1830 kultiviert. **Rinde** Grau, schuppig. **Blätter** Wechselständig, eiförmig, oft herzförmig, manchmal leicht gelappt. **Blüten** Männliche und weibliche in Gruppen von 1–4. **Früchte** Fruchtbecher mit drei Nüssen.

Frucht-
becher

Blattrand gewellt
ZWEIG MIT FRÜCHTEN

Nothofagus solanderi

Scheinbuchen-Art

Höhe bis 25 m
Typ Immergrün
Verbreitung Neuseeland

Das Holz dieses Baums wird als Bauholz verwendet. **Rinde** Schwarz, rau, gefurcht. **Blätter** Wechselständig, schmal elliptisch, dunkelgrün, oberseits glatt, unterseits grauweiß behaart. **Blüten** Männliche und weibliche in Gruppen von 1–4. **Früchte** Fruchtbecher mit 2–3 Nüssen.

Blätter
zugespitzt

LAUB

Castanea dentata

Amerikanische Kastanie

Höhe 5–10 m
Typ Laub abwerfend
Verbreitung Nördliche USA

Wurde durch den Kastanienrindenkrebs dezimiert; in der Natur heute selten. **Rinde** Dunkel graubraun, schuppig. **Blätter** Wechselständig. **Blüten** Männliche in langen Ähren; weibliche Ähren kürzer. **Früchte** Stachelige Fruchtbecher mit 2–3 Nüssen.

BLÄTTER

Schmal lanzettlich

FRUCHT

Castanea sativa

Ess-Kastanie

Höhe bis 30 m
Typ Laub abwerfend
Verbreitung SO-Europa, andernorts
verwildert

Die Ess- oder Edel-Kastanie wird seit 3000 Jahren kultiviert. In einigen Teilen Europas ist die Frucht eine wichtige Nahrungsquelle und Handelsgut. Die Ausbreitung der Gerbstoffindustrie, bei der die Rinde verwendet wird, wurde durch die »Tintenkrankheit« eingeschränkt, die europäische Bäume im späten 19. Jh. befiel. Dies führte zu einem schnellen Rückgang der Kastanienwälder. Aus den Kastanien

Grüne
Fruchtbecher

FRÜCHTE

kann Alkohol destilliert werden. Auf Korsika wird noch heute Kastanienbier gebraut. Heute kommen 55 % der weltweiten Kastanienerträge aus China und Korea. **Rinde** Grau, glatt, im Alter längsrissig und spiralig gedreht. **Blätter** Wechselständig, schmal lanzettlich, oberseits mattgrün, unterseits heller und behaart. **Blüten** Klein, cremegelb, in langen hängenden Kätzchen. **Früchte** Stachelige Fruchtbecher schließen 2–3 Kastanien ein.

BLÄTTER

Grob gezähnt

Männliche und weibliche Blüten
an denselben Blütenständen

BLÜTEN

ESSKASTANIEN

Bevor die Kartoffel eingeführt wurde, waren in großen Teilen Südeuropas Kastanien ein Grundnahrungsmittel der ärmeren Bevölkerung. Heute gelten sie meist als Delikatesse. Geröstete Kastanien werden im Winter auf beiden Seiten des Atlantiks verspeist.

Castanea pumila

Pennsylvanische Kastanie

Höhe bis 15 m
Typ Laub abwerfend
Verbreitung SO der USA

Oft strauchig. **Rinde** Rotbraun, schuppt sich in Platten. **Blätter** Wechselständig, schmal elliptisch, gezähnt, unterseits grau behaart. **Blüten** Gelblich; männliche in Ähren; weibliche einzeln, gestielt. **Früchte** Stachelige Fruchtbecher mit Nüssen.

BLÜHENDER TRIEB

Blatt gelbgrün

Blütenstände

Chrysolepis chrysophylla

Goldschuppen-Kastanie

Höhe 15–30 m
Typ Immergrün
Verbreitung SW der USA

Breit kegelförmig, oft als Zierbaum gepflanzt. **Rinde** Dunkel rotbraun, schuppig, gefurcht. **Blätter** Wechselständig, ledrig, lanzettlich, oberseits dunkelgrün, unterseits goldgelb. **Blüten** Creme; männliche in Blütenständen; weibliche ungestielt. **Früchte** 1–3 Nüsse in stacheligem Fruchtbecher.

Männliche Blüten

BLÄTTER, BLÜTEN UND FRÜCHTE

Fagus grandifolia

Amerikanische Buche

Höhe 20–24 m
Typ Laub abwerfend
Verbreitung NO der USA

Trägt alle 3–5 Jahre viele Früchte. **Rinde** Blaugrau, glatt. **Blätter** Wechselständig, schmal eiförmig, dunkelgrün, grob gezähnt. **Blüten** Männliche in hängenden Blütenstanden; weibliche in Blattachseln. **Früchte** Nüsse in Fruchtbecher.

HERBSTLAUB

Weibliche Blüte

Fagus crenata

Gekerbte Buche

Höhe bis 30 m
Typ Laub abwerfend
Verbreitung Japan

Die Gekerbte Buche gilt als die schönste Bonsai-Buche, denn sie hat kleine, hübsche Blätter und dünne, zierliche Zweige. Die Rinde färbt sich im Alter weiß. **Rinde** Grau, glatt. **Blätter** Wechselständig, eiförmig bis elliptisch, Ränder gewellt. **Blüten** Männliche in Kätzchen, weibliche unauffällig in Blattachseln. **Früchte** Fruchtbecher mit langen Stacheln, brechen in vier Teile auf, um Nüsse freizugeben.

LAUB

Blätter glänzend grün

Fagus sylvatica

Rot-Buche

Höhe bis 30 m
Typ Laub abwerfend
Verbreitung Europa, nicht im Norden

Dieser langsamwüchsige Baum mit seiner majestätischen Krone spendet viel Schatten, wenn er volles Laub trägt. Das feinporige Holz wird zu Möbeln und Parkett verarbeitet. Es gibt viele Sorten, hängende, säulenförmige und solche mit eingeschnittenen Blättern. Einige haben dunkelrotes oder panaschiertes Laub. **Rinde** Glatt, grau. **Blätter** Wechselständig, eiförmig bis elliptisch, seidig behaart, Ränder ganzrandig oder stumpf gezähnt. **Blüten** Männ-

Glänzend dunkelgrün

5–10 cm
BLÄTTER   lang

FRÜCHTE

liche gelb in hängenden Blütenständen; weibliche grün, unauffällig, in Blattachseln. **Früchte** Verholzte, stachelige Fruchtbecher, springen vierklappig auf und geben ein oder zwei essbare Bucheckern frei.

Quercus alba

Weiß-Eiche

Höhe 25–30 m
Typ Laub abwerfend
Verbreitung Nordöstliches
Nordamerika

Ihr Holz wird zu Möbeln, Bodenbelägen und Furnieren verarbeitet. **Rinde** Hellgrau, springt in schmale Schuppen auf. **Blätter** Wechselständig, gelappt, jung behaart. **Blüten** Männliche gelbgrün, in Kätzchen; weibliche leuchtend rot, ungestielt. **Früchte** Rundliche Eicheln, die im ersten Jahr reifen.

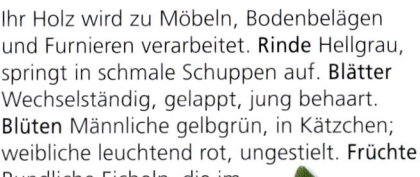

Frucht-
becher
schuppig

EICHEL

Ungezähnte Lappen **BLÄTTER**

Quercus coccinea

Scharlach-Eiche

Höhe bis 25 m
Typ Laub abwerfend
Verbreitung Osten Nordamerikas

Diese weitverbreitete amerikanische Eiche ist nach ihrer spektakulären Herbstfärbung benannt. **Rinde** Hell graubraun, gefurcht. **Blätter** Wechselständig, oberseits dunkelgrün, Lappen dreieckig. **Blüten** Männliche in Kätzchen, weibliche an kurzen Stielen. **Früchte** Eicheln in glänzendem Fruchtbecher.

HERBSTBLÄTTER

Quercus cerris

Zerr-Eiche

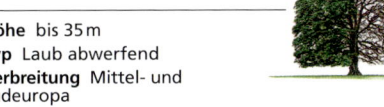

Höhe bis 35 m
Typ Laub abwerfend
Verbreitung Mittel- und
Südeuropa

Fädige, gekräuselte Nebenblätter, die die Knospen umgeben, kennzeichnen diese Eiche. **Rinde** Dunkelbraun, gefurcht. **Blätter** Wechselständig, eiförmig bis länglich, gelappt. **Blüten** Männliche in gelbgrünen Kätzchen; weibliche ungestielt. **Früchte** Eicheln, halb in Fruchtbecher eingeschlossen.

Blätter variabel gelappt **BLÄTTER**

Quercus ilex

Stein-Eiche

Höhe 20–27 m
Typ Immergrün
Verbreitung S-Europa

Die Stein-Eiche ist in Mitteleuropa in milden Regionen winterhart. **Rinde** Grau bis schwärzlich, in kleine Rechtecke aufgesprungen. **Blätter** Wechselständig, eiförmig bis lanzettlich, oberseits glänzend dunkelgrün, unterseits weiß, später grau flaumig behaart. **Blüten** Männliche in Kätzchen; weibliche an kurzen, flaumigen Stielen. **Früchte** Eicheln in schuppigem Fruchtbecher.

Krone gerundet

ROT-BUCHE
Die elegante Rot-Buche (*Fagus sylvatica*) ist nach der rötlichen Färbung ihres Holzes benannt. Buchenwälder sind der Lebensraum vieler Tiere, die die Bucheckern fressen, wie Eichhörnchen und Wildschweine. Dieser Buchenwald befindet sich in Hertfordshire, England.

Quercus imbricaria

Schindel-Eiche

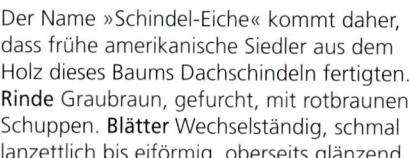

Höhe 20–30 m
Typ Laub abwerfend
Verbreitung Westl. bis nordöstl. USA

Der Name »Schindel-Eiche« kommt daher, dass frühe amerikanische Siedler aus dem Holz dieses Baums Dachschindeln fertigten. **Rinde** Graubraun, gefurcht, mit rotbraunen Schuppen. **Blätter** Wechselständig, schmal lanzettlich bis eiförmig, oberseits glänzend grün, unterseits braun behaart. **Blüten** Männliche in gelben Kätzchen, weibliche an kurzen Stielen. **Früchte** Eicheln, sitzen zu einem Drittel oder der Hälfte im Fruchtbecher.

Überlappende rotbraune Schuppen

EICHEL

BLÄTTER

Quercus ithaburensis subsp. macrolepis

Valonea-Eiche

Höhe bis 15 m
Typ Halb immergrün
Verbreitung S-Europa bis W-Asien

Die Fruchtbecher der Eicheln enthalten viel Gerbsäure und waren früher sehr gefragt. Die Türkei war Hauptexporteur. **Rinde** Dunkel, rissig. **Blätter** Wechselständig, elliptisch bis länglich, mit 3–7 Paaren dreieckiger Lappen mit Stachelspitze, oberseits glatt, unterseits dicht wollig behaart. **Blüten** Männliche in Kätzchen, weibliche an kurzen Stielen. **Früchte** Fruchtbecher mit verlängerten Schuppen.

Quercus pubescens

Adriatische Flaum-Eiche

Höhe 15–20 m **Typ** Laub abwerfend
Verbreitung S-Europa, W-Asien

Bis 10 cm lang

Gelappt

Diese Eiche hat eine breit ausladende Krone und behaarte junge Triebe. **Rinde** Graubraun, tief rissig. **Blätter** Wechselständig, eiförmig, tief in 4–8 Paare von Lappen geteilt, oberseits dunkelgrün, unterseits heller graugrün und samtig behaart. **Blüten** Männliche in hängenden Kätzchen; weibliche unauffällig, an kurzen Stielen. **Früchte** Eicheln bis 4 cm lang, zu einem Drittel bis zur Hälfte in einem Becher mit anliegenden flaumigen Schuppen sitzend; reifen im ersten Jahr.

BLÄTTER

Quercus petraea

Trauben-Eiche

Höhe 25–40 m
Typ Laub abwerfend
Verbreitung Europa, W-Asien

Dieser Baum wächst oft auf leichten, mageren Böden. **Rinde** Rissig, graubraun. **Blätter** Wechselständig, eiförmig, unterseits glatt, mit spitzer Basis, deutlich gestielt. **Blüten** Männliche in Kätzchen; weibliche kurz gestielt. **Früchte** Ovale Eicheln, ungestielt, zu mehreren.

Runde Lappen

BLÄTTER

Quercus robur

Stiel-Eiche

Höhe 25–40 m
Typ Laub abwerfend
Verbreitung Europa, W-Asien, N-Afrika

Die Stiel-Eiche hat einen ausladenden Wuchs und glatte Triebe. Eichenwälder waren früher wichtige Ressourcen für Industrie und Schiffbau. Die Rinde wurde außerdem in der Gerbstoffindustrie verarbeitet. Seit dem 18. Jh. ist die Eiche der deutsche Nationalbaum. Stilisiertes Eichenlaub ist auch auf drei deutschen Cent-Münzen abgebildet. **Rinde** Graubraun, längs gefurcht. **Blätter** Wechselständig, verkehrt eiförmig, gelappt; oberseits dunkelgrün, unterseits blaugrün. **Blüten** Männliche in hängenden Kätzchen; weibliche unauffällig, kurz gestielt. **Früchte** Ovale, lang gestielte Eicheln, zu einem Drittel bis zur Hälfte im Fruchtbecher eingeschlossen; anfangs grün, reifen im ersten Jahr zu braun.

Gelappte Blätter

Junge Eicheln

UNREIFE EICHELN

Oberfläche gefurcht

Fruchtbecher schuppig

REIFE EICHEL

RINDE

SCHIFFBAU

Aus Stiel-Eichen wurden Schiffe von den Langbooten der Wikinger bis zur HMS Victory von Lord Nelson gebaut. Für sie benötigte man ca. 6000 Eichen. Das Holz, mit dem man sie heute repariert, stammt von 1802 gepflanzten Bäumen.

LANG-BOOT

TRAUBEN-EICHE
Quercus petraea ist die Art, aus der französische Weinfässer aus Eichenholz meist hergestellt werden. Die Bäume können bis 40 m hoch und 1000 Jahre alt werden. In Wäldern und Hainen werden sie jedoch nicht so groß.

Quercus rubra

Rot-Eiche

Höhe 18–25 m
Typ Laub abwerfend
Verbreitung Osten Nordamerikas

Diese Eiche hat rotes bis gelbbraunes Herbst-
laub und wird oft als Alleebaum gepflanzt.
Rinde Dunkelbraun, rot getönt, plattig.
Blätter Wechselständig, elliptisch, mattgrün.
Blüten Männliche in Kätzchen; weibliche kurz
gestielt. **Früchte** Große Eicheln.

Lappen
zugespitzt

Becher
flach

BLÄTTER

EICHELN

Quercus velutina

Färber-Eiche

Höhe 20–25 m
Typ Laub abwerfend
Verbreitung Zentrum und NO
Nordamerikas

Diese Eiche hat einen ausladenden Wuchs.
Aus der Rinde wurde früher Gerbsäure und
ein gelber Farbstoff gewonnen. **Rinde** Dunkelbraun bis schwarz, Oberfläche schuppig.
Blätter Wechselständig, eiförmig bis länglich,
3–4 Paare gezähnter Lappen; oberseits glänzend, unterseits leicht behaart mit Büscheln
rostroter Haare in den Verzweigungen
der Adern. **Blüten** Männliche in schlanken
Kätzchen; weibliche an kurzen, behaarten
Stielen. **Früchte** Eicheln,
zur Hälfte in Fruchtbecher
eingeschlossen, reifen im
zweiten Jahr.

ALTE BORKE
Gefurcht
und rissig

Große
Stachelspitze

BLÄTTER

Quercus macrocarpa

Eichen-Art

Höhe bis 40 m
Typ Laub abwerfend
Verbreitung Osten Nordamerikas

Die Eicheln dieses ausladenden Baums sind
größer als die aller anderen Eichenarten
Nordamerikas. **Rinde** Grau, rau, tief rissig.
Blätter Verkehrt eiförmig, tief gelappt, an der
Basis breiter; oberseits glänzend grün und
glatt, unterseits heller und behaart. **Blüten**
Männliche in gelben, hängenden Kätzchen;
weibliche unauffällig, stehen getrennt an
derselben Pflanze. **Früchte** Eicheln in Fruchtbecher, der von Schuppen gesäumt ist.

Lappen mit
großem Abstand

BLÄTTER

Quercus suber

Kork-Eiche

Höhe bis 20 m
Typ Immergrün
Verbreitung Westl. Mittelmeergebiet, v. a. Portugal

Kork-Eichenwälder sind artenreiche Ökosysteme. Die ausladenden Bäume wachsen in offenem Waldland, der Kork wird alle 9–12 Jahre geschält. Nur aus 15 % der Erträge werden Flaschenkorken hergestellt, sie bringen aber 65 % der Erträge der Korkindustrie ein. Beim Schälen des Korks wird das lebende Gewebe des Baums nicht beschädigt, sodass in wenigen Jahren eine neue äußere Korkschicht nachwachsen kann.
Rinde Dick, auffallend gefurcht und korkig.
Blätter Wechselständig, eiförmig bis länglich, gezähnte Ränder, unterseits grau filzig. **Blüten** Männliche in schlanken Kätzchen; weibliche unauffällig, an kurzen flaumigen Stielen, stehen getrennt an derselben Pflanze.
Früchte Eicheln, zur Hälfte im Fruchtbecher eingeschlossen, der lange graubraune Schuppen trägt; reifen im ersten Jahr.

ÄLTESTE KORK-EICHE

Die älteste bekannte Kork-Eiche wurde 1783 gepflanzt und im Jahr 2000 das letzte Mal geschält. In ihrem Blätterdach nisten viele Singvögel. Sie steht in der Alentejo-Region in Portugal und liefert seit 1820 alle neun Jahre Kork. Eine durchschnittliche Kork-Eiche liefert pro Ernte Material für 4000 Flaschenkorken, dieser Baum etwa 100 000.

KORK

Hell graubraun

BLÄTTER

7 cm lang

RINDE

Oberseits dunkelgrün

Morella cerifera

Blätter
gelbgrün

Art der Myricaceae

Höhe 6–12 m
Typ Immergrün
Verbreitung SO der USA

Europäische Siedler kochten die Früchte und schöpften das Wachs, mit dem sie bedeckt sind, für Kerzen ab. **Rinde** Glatt, hellgrau. **Blätter** Wechselständig, verkehrt lanzettlich, meist über der Mitte grob gezähnt; oberseits dunkle, unten orangefarbene Drüsen. **Blüten** Männliche und weibliche an verschiedenen Bäumen, kurze Blütenstände. **Früchte** Rund, hellgrün.

Früchte mit bläulichem
Wachs bedeckt

**ZWEIG MIT
FRÜCHTEN**

BLÄTTER

Morella faya

Art der Myricaceae

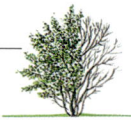

Höhe bis 8 m
Typ Immergrün
Verbreitung Azoren, Kanarische Inseln, Madeira, auf Hawaii verwildert

Die Art wurde von portugiesischen Arbeitern nach Hawaii gebracht und breitete sich dort stark aus. In ihrer Heimat ist sie nicht invasiv. **Rinde** Glatt, braungrau. **Blätter** Wechselständig, verkehrt lanzettlich, oberseits glatt, mit kleinen Drüsen; Ränder ungezähnt oder nahe den Spitzen stumpf gezähnt. **Blüten** Männliche und weibliche an verschiedenen Bäumen; kurze Blütenstände. **Früchte** Fleischig.

**BLÄTTER UND
FRÜCHTE**

4–11 cm lang

Dunkelrote
bis schwarze
Früchte

Alnus crispa

Erlen-Art

Höhe 3–8 m
Typ Laub abwerfend
Verbreitung Osten Nordamerikas

Die Rinde dieser Erle wirkt adstringierend und wurde von Indianerstämmen zu medizinischen Zwecken verwendet. Die aromatischen jungen Blätter sind leicht klebrig. **Rinde** Rötlich bis graubraun, glatt oder schwach gefurcht. **Blätter** Wechselständig, eiförmig bis breit elliptisch, Ränder gezähnt; unterseits glatt oder leicht behaart. **Blüten** Männliche gelbgrün, in hängenden Kätzchen; weibliche rot, einzeln stehend, klein. **Früchte** Verholzt, zapfenartig.

FRÜCHTE   Lange Stiele

Alnus glutinosa

Schwarz-Erle

Höhe bis 25 m
Typ Laub abwerfend
Verbreitung Europa, W-Asien, N-Afrika

Diesen Baum sieht man häufig an Flussufern und anderen Gewässern, wo er vor Erosion schützt. Er hat einen geraden Stamm und eine schmale Krone. Das Holz wurde häufig für Gebäude am Wasser verwendet, denn es verrottet nicht, wenn es nass wird. Es war bei den Holzschuhmachern in England beliebt. Da die Schwarz-Erle auf unfruchtbaren Böden gedeiht, wird sie auch zu Wiederaufforstungen gepflanzt. **Rinde** Bei jungen Bäumen glatt, später dunkel grauschwarz, rissig und schuppig. **Blätter** Wechselständig, meist verkehrt eiförmig, unterseits grün, mit grob doppelt gezähnten Rändern; glatt oder mit Haarbüscheln in den Verzweigungen der Adern; 5–10 Paare paralleler Adern; junge Blätter und Zweige klebrig. **Blüten** Männliche und weibliche am selben Baum; männliche rotbraun, in hängenden Kätzchen; weibliche rot, einzeln. **Früchte** Verholzt, oval, zapfenähnlich.

VENEDIG AUF HOLZPFÄHLEN

Venedig, das zwischen dem 9. und 16. Jh. in der Lagune von Venedig auf Inseln erbaut wurde, wird von Pfählen getragen. Diese schlanken, zugespitzten Pfeiler bestehen aus Erlenholz, das im Wasser sehr haltbar ist. Die Fundamente vieler Gebäude bestehen aus Eichenplanken und über den Pfählen wurde Marmor verlegt.

BLÄTTER UND FRÜCHTE

Blätter 4–9 cm lang

Unreife Früchte

Männliche Kätzchen

BLÜTEN

Alnus incana

Grau-Erle

Höhe bis 20 m
Typ Laub abwerfend
Verbreitung N- und NO-Europa,
Nordamerika, W-Asien

Diese Erle kommt auf gelegentlich überfluteten Böden und in Gebirgstälern vor.
Rinde Gelblich grau, glatt. **Blätter** Eiförmig,
wechselständig, leicht gelappt, Ränder doppelt gezähnt. **Blüten** Getrennt an derselben
Pflanze; männliche
rötlich, in Kätzchen;
weibliche einzeln,
rot, aufrecht.
Früchte Verholzt,
zapfenähnlich.

Früchte

Männliche Kätzchen

**BLÄTTER, BLÜTEN
UND FRÜCHTE**

Betula alleghaniensis

Gelb-Birke

Höhe 25–30 m **Typ** Laub abwerfend
Verbreitung Zentrum und Osten
Nordamerikas

Liefert etwa 75 % des Birkenholzes, das
weltweit verarbeitet wird. **Rinde** Silbrig gelbbraun, schält sich in waagrechten Streifen.
Blätter Wechselständig, eiförmig bis länglich,
Ränder doppelt gezähnt. **Blüten** Männliche
gelb, hängend; weibliche am selben Baum,
rötlich grün, aufrecht, zapfenähnlich. **Früchte**
Geflügelte Nüsschen.

Schält sich waagrecht

Große
Kätzchen

RINDE

**MÄNNLICHE
BLÜTEN**

Betula lenta

Zucker-Birke

Höhe 20–25 m
Typ Laub abwerfend
Verbreitung Osten Nordamerikas

Dieser ausladende Baum wächst in feuchten
Wäldern und im Gebirge. **Rinde** Springt in
große Platten auf, schält sich nicht. **Blätter**
Wechselständig, Ränder scharf gezähnt,
unterseits glatt oder leicht behaart. **Blüten**
Männliche gelb, in hängenden Kätzchen;
weibliche am selben Baum, grün, aufrecht,
oval. **Früchte** Geflügelte Nüsschen
in aufrechten zapfenähnlichen
Fruchtständen.

Zugespitzt

BLÄTTER

Rotbraun

RINDE

Betula utilis

Himalaya-Birke

Höhe 17–35 m
Typ Laub abwerfend
Verbreitung Himalaya

Das Wort »Birke« ist vermutlich vom San-
skrit-Wort *bhurga* abgeleitet, das bedeutet:
»Baum, auf dessen Rinde man schreiben
kann«. Die ältesten Schriftstücke aus buddhistischen Klöstern sind 2000 Jahre alt.
Rinde Gelblich rotbraun, schält sich. **Blätter**
Wechselständig, eiförmig bis
breit elliptisch, Ränder
doppelt gezähnt. **Blüten**
Männliche und weib-
liche am selben Baum;
männliche gelb, in
hängenden Kätz-
chen; weibliche
grün, Blüten-
stände auf-
recht. **Früchte**
Geflügelte
Nüsschen in
aufrechtem
zapfenähn-
lichem
Fruchtstand.

Konische bis
säulenförmige
Krone

Papier-Birke

Höhe bis 30 m **Typ** Laub abwerfend
Verbreitung Osten bis Westen Nordamerikas

Dieser schnellwüchsige Baum hat eine
harzige, wasserundurchlässige Rinde, mit
der Kanus gebaut und Wigwams bedeckt
wurden. **Rinde** Cremeweiß, schält sich in
dünnen Schichten; darunter wird eine orangerosa innere Schicht sichtbar. **Blätter** Wechselständig, Ränder grob doppelt gezähnt,
oberseits dunkelgrün, Adern unterseits oft
behaart. **Blüten** Getrennt am selben Baum,
in hängenden Kätzchen; männliche gelb,
weibliche grün. **Früchte** Geflügelte Nüsschen.

Blätter
eiförmig

Zahlreiche
waagrechte
Lentizellen

Kätzchen grün,
hängend

**BLÄTTER UND
WEIBLICHE
KÄTZCHEN**   **RINDE**

Hänge-Birke

Höhe bis 20 m
Typ Laub abwerfend
Verbreitung Europa, W- und N-Asien

Diese kurzlebige Pionierart hat charakteristisch herabhängende Zweige. Aus ihnen
werden traditionell Reisigbesen gebunden.
Rinde Glatt, hell gelbbraun, im Alter weiß mit
dunklen Sprüngen. **Blätter** Wechselständig,
eiförmig bis dreieckig mit grob gezähnten
Rändern. **Blüten** In Kätzchen am selben
Baum; männliche gelb, hängend; weibliche
grün, aufrecht, später hängend. **Früchte**
Geflügelte Nüsschen in Kätzchen.

Weibliches
Kätzchen

Ränder doppelt gezähnt

BLÄTTER UND BLÜTEN

Carpinus betulus

Gewöhnliche Hainbuche

Höhe bis 25 m
Typ Laub abwerfend
Verbreitung Europa, SW-Asien

Dieser Baum hat einen ausladenden Wuchs. Er wird oft als Hecke oder Straßenbaum gepflanzt. Hainbuchen-Sorten sind die säulenförmige 'Fastigiata', die hängende 'Pendula' und 'Purpurea' und 'Variegata' mit violetten oder panaschierten Blättern. **Rinde** Glatt, grau, im Alter leicht rissig. **Blätter** Wechselständig, eiförmig bis länglich, doppelt gezähnt, 7–15 Paare paralleler Adern; oberseits dunkelgrün, unterseits flaumig, färben sich im Herbst meist gelb. **Blüten** In hängenden Kätzchen am selben Baum; männliche achselständig, weibliche an den Triebspitzen. **Früchte** Nüsschen am Grund eines grünen, dreilappigen Hochblatts.

Männliche Kätzchen gelbbraun

Grüne weibliche Kätzchen

BLÜHENDER TRIEB

Carpinus caroliniana

Amerikanische Hainbuche

Höhe bis 12 m
Typ Laub abwerfend
Verbreitung Östliches Nordamerika, Mexiko

Der Stamm dieses Baums ist im Querschnitt oft sternförmig. **Rinde** Glatt, hell graubraun, teils mit dunklen waagrechten Bändern. **Blätter** Wechselständig, eiförmig bis länglich, 7–15 Paare paralleler Adern, oberseits dunkelgrün, unterseits Adern flaumig; färben sich im Herbst meist orangerot. **Blüten** In hängenden Kätzchen am selben Baum; männliche gelblich, achselständig; weibliche grün, an den Triebspitzen. **Früchte** Nüsschen am Grund eines grünen, dreilappigen, meist gezähnten Hochblatts.

Rand doppelt gezähnt

BLATT

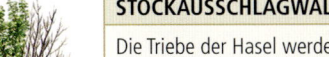

Corylus avellana

Gewöhnliche Hasel

Höhe bis 6 m
Typ Laub abwerfend
Verbreitung Europa

Ein strauchförmiger, ausladender Baum. Er hat viele Stämme und ist der Haselnüsse wegen bekannt. Es gibt viele Sorten wie 'Contorta', die Korkenzieherhasel mit auffällig gedrehten Ästen. Drei seltene Sorten sind die gelbblättrige 'Aurea', 'Heterophylla' mit eingeschnittenen Blättern und 'Pendula' mit herabhängenden Zweigen. **Rinde** Glatt, kupferbraun, schält sich manchmal in dünnen Streifen. **Blätter** Wechselständig, dunkelgrün, rund bis verkehrt eiförmig, doppelt gezähnt. **Blüten** Männliche und weibliche an derselben Pflanze; männliche in langen Kätzchen, weibliche klein, knospenartig mit roten Narben. **Früchte** Nüsse, von Fruchthüllen umgeben, die nur etwas länger als die Nuss sind.

STOCKAUSSCHLAGWÄLDER

Die Triebe der Hasel werden oft zurückgeschnitten, damit die Äste dicker werden. Früher stellte man aus Haselruten Ringe für Fässer her. Heute flicht man aus ihnen Zäune und Korbwaren. Die Reste werden zu Reisigbündeln geschnürt als Feuerholz verwendet.

RUTEN SCHNEIDEN

Fruchthülle tief gelappt

Bis 10 cm lang

Hellgelbe Kätzchen

NÜSSE

BLÄTTER

MÄNNLICHE BLÜTEN

Corylus maxima

Lamberts Hasel

Höhe bis 10 m
Typ Laub abwerfend
Verbreitung SO-Europa, W-Asien

Dieser oft strauchförmige Baum ist meist mehrstämmig. Er wird häufig in Hainen gepflanzt, da die Nüsse essbar sind. **Rinde** Graubraun, glatt mit waagrechten Lentizellen. **Blätter** Wechselständig, breit eiförmig bis verkehrt eiförmig, doppelt gezähnt, dunkelgrün; färben sich im Herbst meist gelb. **Blüten** Männliche in langen, hängenden gelben Kätzchen; weibliche klein, knospenähnlich mit roten Narben. **Früchte** Weich behaarte Nüsse mit gekerbter Spitze, in Fruchthülle.

BLATT

Bis 12 cm lang

Schale hellbraun

REIFE FRUCHT

Hochblattähnliche Fruchthülle

Männliches Kätzchen bis 8 cm lang

BLÜTEN   **UNREIFE FRÜCHTE**

Corylus colurna

Baum-Hasel

Höhe bis 25 m
Typ Laub abwerfend
Verbreitung SO-Europa, W-Asien

Die Baum-Hasel wird oft als Zier- oder Straßenbaum gepflanzt. Die Krone ist kompakt und kegelförmig. In Nordeuropa trägt der Baum selten Früchte. **Rinde** Dunkelgrau, korkig, gefurcht. **Blätter** Wechselständig, eiförmig bis breit eiförmig, selten verkehrt eiförmig, Ränder doppelt gezähnt; dunkelgrün, im Herbst meist gelb. **Blüten** Männliche und weibliche am selben Baum, erscheinen vor den Blättern; männliche in langen, hängenden gelben Kätzchen; weibliche klein, knospenartig mit roten Narben. **Früchte** Essbare Nüsse in Fruchthülle, die fast bis zur Basis zerschlitzt ist.

BLÜTEN

Bis 15 cm lang

Männliche Kätzchen, bis 10 cm lang

BLÄTTER

Ostrya carpinifolia

Gewöhnliche Hopfenbuche

Höhe bis 20 m
Typ Laub abwerfend
Verbreitung S-Europa, W-Asien

Ihr Holz ist sehr stabil, man stellt Werkzeuggriffe aus ihm her. **Rinde** Graubraun, glatt, später schuppig mit Querrissen. **Blätter** Wechselständig, eiförmig, doppelt gezähnt, beiderseits spärlich behaart, 12–15 Paare paralleler Adern; färben sich im Herbst meist gelb. **Blüten** Männliche und weibliche am selben Baum, hängende Kätzchen; männliche gelb, achselständig; weibliche grün. **Früchte** Hängende zapfenartige Fruchtstände, Nuss in gelbgrüner, aufgeblasener Fruchthülle.

FRÜCHTE UND BLÄTTER

Eisenholz

Höhe 6–35 m
Typ Immergrün
Verbreitung Myanmar, Malaysia, Indonesien, Philippinen, Papua-Neuguinea, Polynesien; N- und NO-Australien

Männliche Blüten

Weibliche Blüten

BLÜTEN

SANDDÜNEN BEFESTIGEN

Eisenholzwurzeln enthalten Stickstoff fixierende Bakterien. So kann der Baum in Böden gedeihen, die für andere Pflanzen zu nährstoffarm sind. Eisenholz stabilisiert Dünen, verhindert Erosion und dient als Windschutz für Nutzpflanzen.

Der Baum kommt in Küstenregionen vor. Die beblätterten Zweige hängen herab. Das Holz ist hervorragendes Brennholz und wird zu Holzkohle verkokt. **Rinde** Graubraun bis schwarz, schuppig, im Alter rissig. **Blätter** Schuppenförmig, klein, je 4–10 in Quirlen. **Blüten** Männliche und weibliche am selben Baum; männliche in Blütenständen an den Triebspitzen; weibliche in rotbraunen Köpfen entlang der Zweige. **Früchte** Klein, zapfenähnlich mit geflügelten Samen.

BLÄTTER

Carya illinoinensis

Pekannuss

Höhe 30–55 m
Typ Laub abwerfend
Verbreitung Südliches Nordamerika

Der kommerzielle Anbau der Pekannuss begann Ende des 19. Jh. Heute wird sie in den USA in Plantagen gepflanzt, vor allem in Texas, wo sie der Staatsbaum ist. Es gibt über 500 Sorten. **Rinde** Graubraun mit roter Tönung, tief gefurcht, schuppig. **Blätter** Wechselstän-

Spitzen leicht geschwungen

Grüne Fruchthülle

BLATT

FRUCHT

BLÜTEN — Grüngelbe männliche Kätzchen

dig; mit 9–17 lanzettlichen, grob gezähnten Fiedern. **Blüten** Klein, ohne Blütenblätter; männliche in achselständigen, hängenden Kätzchen; weibliche ungestielt, in endständigen Blütenständen. **Früchte** Rotbraune, länglich ovale dünnschalige Steinfrüchte mit gefurchten, essbaren Kernen.

CENTENNIAL-NÜSSE

1846 gelang es einem Sklaven aus Louisiana, der als Gärtner arbeitete, einen ertragreichen wilden Pekanbaum auf Sämlinge zu pfropfen. So konnte der Ertrag deutlich gesteigert werden und die Varietät »Centennial« entstand, von der die 500 heutigen Varietäten abstammen.

PEKANNÜSSE

Juglans cinerea

Butternuss

Höhe bis 30 m
Typ Laub abwerfend
Verbreitung Osten und Zentrum Nordamerikas

Aus dem Holz der Butternuss wurden früher Vertäfelungen gefertigt. In freier Natur wird der Baum oft vom »Butternuss-Krebs« befallen. **Rinde** Grau, tief rissig mit kleinen Schuppen. **Blätter** Wechselständig, mit

11–17 schmal lanzettlichen, grob gezähnten Fiedern, beiderseits behaart. **Blüten** Klein, ohne Blütenblätter; männliche in hängenden Kätzchen; weibliche ungestielt, in wenigblütigen Ähren. **Früchte** Eiförmige Steinfrüchte mit süßen, öligen Kernen.

Spitze grüne Schale

FRÜCHTE

Basis ungleich gerundet

BLÄTTER

Juglans nigra

Schwarze Walnuss

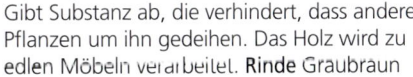

Höhe bis 50 m
Typ Laub abwerfend
Verbreitung Nordamerika

Gibt Substanz ab, die verhindert, dass andere Pflanzen um ihn gedeihen. Das Holz wird zu edlen Möbeln verarbeitet. **Rinde** Graubraun bis schwärzlich, tief gefurcht, schuppig. **Blätter** Wechselständig, mit 11–19 eiförmig lanzettlichen, grob gezähnten Fiedern. **Blüten** Klein, ohne Blütenblätter; männliche in Kätzchen; weibliche in wenigblütigen Ähren. **Früchte** Runde Steinfrüchte.

Zugespitzt

Grüne Schale

FRUCHT

BLÄTTER MIT KÄTZCHEN

Gelbgrüne männliche Kätzchen

Echte Walnuss

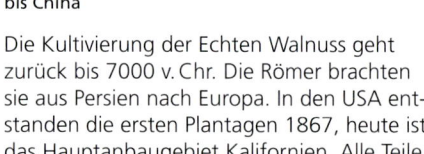

Höhe bis 30 m
Typ Laub abwerfend
Verbreitung SO-Europa, Himalaya bis China

Die Kultivierung der Echten Walnuss geht zurück bis 7000 v. Chr. Die Römer brachten sie aus Persien nach Europa. In den USA entstanden die ersten Plantagen 1867, heute ist das Hauptanbaugebiet Kalifornien. Alle Teile der Frucht werden verwendet: Die Schalen werden zu einem Schleifmittel verarbeitet, aus den Kernen wird Speiseöl gepresst.
Rinde Silbergrau, glatt, im Alter gefurcht.
Blätter Wechselständig; 5–9 eiförmige bis elliptische oder verkehrt eiförmige Fiedern.
Blüten Männliche und weibliche am selben Baum, beide klein, ohne Blütenblätter; männliche in hängenden Kätzchen; weibliche ungestielt, in wenigblütigen Ähren.
Früchte Runde Steinfrüchte, einzeln oder in Paaren, bis 5 cm lang, mit essbarem Kern.

MÄNNLICHE BLÜTEN

Kätzchen bis 10 cm lang

FRÜCHTE UND FIEDERN

Grüne Schale unreifer Frucht

Fiedern bis 45 cm lang

Glatte, harte Schale

REIFE FRUCHT

Flügelnuss

Höhe 20–30 m
Typ Laub abwerfend
Verbreitung W-Asien, Kaukasus

Die Flügelnuss hat eine sehr breite Krone und gedeiht am besten auf feuchten Böden in Wassernähe. **Rinde** Hellgrau, glatt, wird im Alter tief gefurcht. **Blätter** Wechselständig; Fiedern eiförmig bis schmal lanzettlich, ungestielt, scharf gezähnt. **Blüten** Männliche und weibliche am selben Baum, beide klein, ohne Blütenblätter, in hängenden Kätzchen; weibliche Kätzchen sehr lang.
Früchte Mit zwei Flügeln.

BLÄTTER UND FRÜCHTE

11–25 Fiedern

RINDE

Tiefe, sich kreuzende Furchen

Geflügelte Früchte in hängenden Kätzchen

Carica papaya

Papaya

Höhe 2–10 m
Typ Immergrün
Verbreitung Westindische Inseln, nördliches Südamerika

Dieser schnellwüchsige Baum wird in den Tropen vielerorts seiner Früchte wegen gepflanzt. Die unreifen Früchte, Zweige und Blätter enthalten Milchsaft, der das Enzym Papain enthält. Dies wird als verdauungsfördendes Nahrungsergänzungsmittel und als Weichmacher für Fleisch verwendet. **Rinde** Grünlich bis graubraun, glatt, mit auffallenden Blattnarben und dünnem Milchsaft. **Blätter** Wechselständig, an der Spitze des Stamms gebündelt, handförmig in 7–11 Lappen geteilt. **Blüten** Männliche und weibliche an getrennten Bäumen, Blüten-

KÖSTLICHE FRÜCHTE

Die Papaya hat orangegelbes süßes Fruchtfleisch, das schwarze Samen umgibt. In ihrem Verbreitungsgebiet werden viele Früchte in privaten Gärten geerntet und auf lokalen Märkten verkauft. Nur wenige gelangen in den internationalen Handel. Die Frucht muss man vorsichtig ernten: Wird die Haut aufgekratzt, wird die Frucht durch austretenden Milchsaft fleckig.

GETROCKNETE FRUCHT

FRISCHE PAPAYA

blätter gelb oder rosa; männliche in hängenden Blütenständen, weibliche einzeln oder in wenigblütigen Büscheln. **Früchte** Große länglich ovale, fleischige Beeren mit orangegelbem Fruchtfleisch und schwarzen Samen.

Frucht bis 10 kg schwer

Männliche Blüten ungestielt

Tief geteiltes Laub

BLÜTEN

UNREIFE FRÜCHTE

7–13 Adern

BLATT

Vasconcellea × heilbornii

Hybride der Caricaceae

Höhe 1–2 m
Typ Halb immergrün
Verbreitung Ecuador, nur in Kultur bekannt

Diese schnellwüchsige, baumartige Pflanze ist vermutlich eine Hybride zwischen zwei Papaya-Arten der Anden, *V. bubescens* und *V. stipulata*. **Rinde** Grünlich bis graubraun, glatt, mit auffallenden Blattnarben. **Blätter** Wechselständig, gebündelt an der Spitze des Stamms, handförmig in 5–7 gezähnte Lappen geteilt, lang gestielt. **Blüten** Einzeln, jede an hängendem Stiel, mit gelbgrünen Blütenblättern; erscheinen am Stamm. **Früchte** Große grüne Beeren, reifen gelb, stehen am Stamm; essbare Haut, cremiges Fruchtfleisch.

Moringa oleifera

Meerrettich-Baum

In 4–6 Paaren   **FIEDERBLÄTTER**

Höhe bis 10 m
Typ Laub abwerfend
Verbreitung NW-Indien

Europäische Siedler in Indien verwendeten die Wurzel dieses Baums als Ersatz für Meerrettich, daher der Name. Dies ist allerdings nicht ratsam, denn sie enthält toxische Alkaloide. Der Baum wird in den Tropen vielerorts kultiviert, denn seine vitamin- und mineralienreichen Blätter werden als Gemüse verwendet. Die unreifen grünen Früchte bereitet man ähnlich zu wie grüne Bohnen. Öl aus den Samen verwendet man zum Kochen, als Schmiermittel und für Kosmetika. **Rinde** Hell, glatt bis leicht korkig. **Blätter** Wechselständig, dreifach gefiedert. Fiedern eiförmig bis elliptisch, ungezähnt; anfangs fein behaart, später glatt. **Blüten** Weiß bis cremefarben, in großen achselständigen Blütenständen. **Früchte** Lang, hängend.

Hängende Zweige

FRÜCHTE

Bohnenähnlich

Bixa orellana

Anattostrauch

Höhe 3–10 m **Typ** Immergrün
Verbreitung Tropisches Südamerika,
SO-Asien

Die Früchte dieses kleinen Baums lieferten traditionell Farbe zur Körperbemalung. Heute werden vor allem Milchprodukte damit gefärbt. **Rinde** Hell- bis dunkelbraun, im Alter rissig. **Blätter** Wechselständig, spiralig angeordnet, eiförmig. **Blüten** Große endständige Blütenstände; 5–7 verkehrt eiförmige Blütenblätter, meist rosafarben. **Früchte** Abgeflachte, stachelige elliptische Kapseln, reifen hellrot.

Rote Samen in Fruchtfleisch

FRUCHT

BLÜTEN UND FRÜCHTE

Cochlospermum religiosum

Art der Bixaceae

Höhe bis 10 m
Typ Laub abwerfend
Verbreitung Indien, Myanmar,
Thailand

Dieser kleine Baum kommt meist in trockenen Monsungebieten vor. Er wird seiner zahlreichen gelben Blüten wegen gepflanzt, ist aber außerhalb seines natürlichen Verbreitungsgebiets selten. **Rinde** Grau, glatt. **Blätter** Wechselständig, handförmig in 3–5 Lappen geteilt, unterseits weich behaart, Ränder gewellt. **Blüten** Groß, in endständigen Blütenständen an kahlen Zweigen; mit zahlreichen Staubblättern. **Früchte** Große offene Kapseln mit wolligen Samen.

Staubblätter
orangerot

Gelbe
Blütenblätter

Bombax ceiba

Roter Seidenwollbaum

Höhe bis 25 m
Typ Laub abwerfend
Verbreitung Sri Lanka, China, Malaysia, Australien

Wird oft als Straßenbaum gepflanzt, trägt farbenprächtige Blüten. **Rinde** Weißlich grau. **Blätter** Wechselständig, handförmig, 5–7 schmal lanzettliche Fiedern. **Blüten** Einzeln, endständig, groß, scharlachrot, viele Staubblätter. **Früchte** Verholzte Kapseln; Samen mit flaumigen Haaren.

Adansonia digitata

Affenbrotbaum

Höhe 10–25 m
Typ Laub abwerfend
Verbreitung Tropisches Afrika

Der Affenbrotbaum oder Baobab kann über 1000 Jahre alt werden. Viele Mythen ranken sich um ihn. Der Teufel soll ihn ausgerissen und umgekehrt wieder eingepflanzt haben. Mit seinen Blüten, die sich nachts öffnen, werden Geister in Verbindung gebracht. Blätter, Samen und Fruchtfleisch sind essbar, aus der inneren Rinde stellt man Seile her. Der dicke Stamm speichert Wasser, das zum Trinken angezapft wird. **Rinde** Graubraun, glatt. **Blätter** Wechselständig, handförmig in 5–7 elliptische bis eiförmige Fiedern geteilt, junge unterseits behaart. **Blüten** Achselständig, einzeln, groß, süß duftend; weißliche Blütenblätter, viele Staubblätter. **Früchte** Eiförmige braune Kapseln, samtig behaart.

Adansonia gregorii

Affenbrotbaum-Art

Höhe 5–15 m
Typ Laub abwerfend
Verbreitung NO-Australien (Kimberley-Region)

Der flaschenförmige Stamm dieses Baums speichert Wasser. **Rinde** Graubraun, glatt. **Blätter** Wechselständig, mit 3–7 elliptischen bis eiförmigen oder verkehrt eiförmigen Fiedern. **Blüten** Achselständig, einzeln, groß; weißliche löffelförmige bis längliche Blütenblätter, viele Staubblätter. **Früchte** Samtig behaarte Kapseln.

Ausladende Zweige

Brachychiton acerifolius

Flammender Flaschenbaum

Höhe 35 m
Typ Laub abwerfend
Verbreitung Östliches Australien

Spektakuläre, korallenrote Blüten. **Rinde** Grau, rissig, gerunzelt. **Blätter** Wechsel- oder quirlständig, eiförmig bis lanzettlich, vor allem junge Blätter teils mit 3–5 Lappen. **Blüten** Ohne Blütenblätter, große Blütenstände an blattlosen Zweigen. **Früchte** Bootsförmige Balgfrüchte.

Ceiba speciosa

Kapokbaum-Art

Höhe 15–22 m
Typ Laub abwerfend
Verbreitung Südamerika (Brasilien, NO-Argentinien), andernorts in den Tropen gepflanzt

Dieser Baum wurde in Südamerika vor der Ankunft der Europäer kultiviert. Charakteristisch ist sein verdickter Stamm, der Wasser speichern kann und die grünen, avocadoähnlichen Früchte, die bei Reife baumwollartige Fasern entlassen. Der Baum wird im Süden der USA oft als Straßenbaum gepflanzt. **Rinde** Gelbgrün, stachelig, v. a. bei jungen Bäumen. **Blätter** Wechselständig, handförmig in 5–7 schmal elliptische Fiedern geteilt. **Blüten** Dunkelrosa, 7–11 cm lang, Basis weiß

BLÜTE Purpurfarbene Streifen an der Basis der Blütenblätter

bis gelb gestreift, Blütenblätter länglich bis löffelförmig. **Früchte** Große verholzte birnenförmige Kapseln; Samen in seidigen Haaren eingebettet.

BLÄTTER

Große glänzende Samen

Durio zibethinus

Durianbaum

Höhe 30–40 m
Typ Immergrün
Verbreitung Sumatra, Borneo, andernorts in SO-Asien kultiviert

Der Durianbaum ist seiner Früchte wegen berüchtigt: Sie sind sehr delikat, ihres überwältigenden Geruchs wegen aber in Hotels und öffentlichen Verkehrsmitteln verboten. **Rinde** Grau bis rotbraun, schuppig. **Blätter** Wechselständig, oberseits glatt, unterseits behaart oder schuppig. **Blüten** In achselständigen Blütenständen; fünf gelblich weiße Blüten-, fünf goldene Kelchblätter. **Früchte** Grüne bis gelbe Kapsel; Samen in süßem Fleisch.

Blatt elliptisch bis lanzettlich

REIFE FRUCHT

Stacheln

AFFENBROTBAUM
Affenbrotbäume überragen in diesem Wald auf Mada-gaskar das Blätterdach. Die majestätischen Bäume sind charakteristisch für die Landschaften der Insel. Es gibt mehrere Arten, *Adansonia grandidieri* ist vermutlich die bekannteste.

Weißer Kapokbaum

Höhe 18–70 m
Typ Laub abwerfend
Verbreitung Südamerika, Afrika

Dieser Baum ist eine der höchsten Baumarten der Amazonaswälder und war vielen Indianervölkern heilig. An der Basis liegen auffällige Wurzeln frei, manchmal hat der

Baum Brettwurzeln. Etagenförmig angeordnete Äste bilden eine pagodenartige Krone. Kapokblüten, die in der trockenen Jahreszeit von Dezember bis Januar blühen, verströmen einen aasähnlichen Geruch, der Fledermäuse anlockt. Samen, Blätter, Rinde und Harz werden zu verschiedenen medizinischen Zwecken verwendet. Heute wird der Baum in Südostasien und Afrika kultiviert. **Rinde** Hellgrau; jung mit Stacheln. **Blätter** Wechselständig, lang gestielt, handförmig in 5–11 schmal lanzettliche Fiedern geteilt. **Blüten** Dunkelrosa bis weißlich, in achselständigen Büscheln von 2–15. **Früchte** Kapseln; Samen in wollige Fasern eingebettet.

Glockenförmige Blüten

BLÜTEN

KAPOKFASERN

Der Weiße Kapokbaum wurde früher der Fasern in den Früchten wegen kultiviert, vor allem auf Sri Lanka, Java und den Philippinen. Die Früchte wurden geöffnet und die Samen von den Fasern getrennt. Letztere wurden getrocknet und zu Ballen verpackt. Mit ihnen füllte man Matratzen und Schwimmwesten.

FRUCHT

Guazuma ulmifolia

Art der Sterculiaceae

Höhe bis 20 m
Typ Immergrün
Verbreitung Südamerika

Dieser Baum ist in Sekundärwäldern häufig. **Rinde** Grau bis graubraun, rau. **Blätter** Wechselständig, eiförmig bis lanzettlich, gezähnt. **Blüten** In achselständigen Blütenständen; fünf grüngelbe Blütenblätter. **Früchte** Grüne Kapseln; reif schwarz, nach Honig duftend.

Gewölbte Blütenblätter

Gegabelte Griffel

BLÜTE

Lagunaria patersonia

Norfolkeibisch

Höhe bis 20 m
Typ Immergrün
Verbreitung Australien

BLÄTTER UND BLÜTEN

Staubbeutel orangefarben bis golden

5 Blütenblätter

Blatt bis 10 cm lang

Dieser meist pyramidenförmige Baum wird in vielen gemäßigten, warmen oder subtropischen Klimata als Straßen- oder Parkbaum gepflanzt. Die Haare der Frucht können brennen. **Rinde** Grau, längsrissig. **Blätter** Wechselständig, eiförmig bis elliptisch, unterseits dicht schuppig. **Blüten** Rosafarben bis lila, einzeln. **Früchte** Kapseln, die Haare enthalten.

Ochroma pyramidale

Balsabaum

Höhe bis 30 m
Typ Immergrün
Verbreitung Tropisches Südamerika, Westindische Inseln

Dieser Baum hat einen geraden Stamm und eine schüttere, aber ausladende Krone. Sein Holz ist das leichteste der Welt. Die Blüten werden von Fledermäusen bestäubt. **Rinde** Graubraun, glatt, porös. **Blätter** Wechselständig, rau, leicht gelappt, rötlich behaart. **Blüten** Achselständig, einzeln; Blütenblätter weiß bis gelblich, Staubblätter zahlreich. **Früchte** Kapseln, die Kaninchenpfoten ähneln.

BLÜTE

BLÄTTER UND FRÜCHTE

Eiförmig bis rund

Frucht flauschig behaart

WEISSER KAPOKBAUM

Die Wurzeln des Weißen Kapokbaums überwuchern die Tempelruinen von Angkor Wat, Kambodscha. Der Baum stammt aus Südamerika und war den Mayas heilig. Sie glaubten, dass die Seelen der Toten durch seine Zweige in den Himmel aufsteigen.

Pachira aquatica

Rasierpinselbaum

Höhe bis 20 m
Typ Halb immergrün
Verbreitung Tropisches Mexiko, Zentral- und Südamerika

Vor allem die jungen Zweige sind bei diesem Baum quirlständig angeordnet. Er wächst an Flussmündungen und Seeufern und kann als Hecke gepflanzt werden. Aus den gerösteten und gemahlenen Samen, die im Geschmack Ess-Kastanien ähneln, wird ein heißes Getränk bereitet. **Rinde** Grau, leicht aufgesprungen. **Blätter** Wechselständig, handförmig in 4–7 elliptische bis schmal lanzettliche Fiedern geteilt. **Blüten** Achselständig, einzeln; Blütenblätter gelb bis weißlich, biegen sich zurück und geben zahlreiche Staubblätter frei. **Früchte** Große eiförmige Kapseln mit essbaren Samen.

Ausladender Wuchs

Gelbbraune Kapseln

FRÜCHTE

Blütenblätter 20–30 cm lang

BLÜTEN

Staubblätter mit roten Spitzen

Tilia americana

Amerikanische Linde

Höhe 25–40 m
Typ Laub abwerfend
Verbreitung Östliches Nordamerika

Die Amerikanische Linde ist in feuchtem Waldland oft die dominierende Baumart. Sie hat eine breit säulenförmige bis runde Krone. Aus der Rinde fertigten nordamerikanische Indianerstämme Seile und Körbe. **Rinde** Braungrau, tief rissig, schuppig. **Blätter** Wechselständig, breit eiförmig, grob gezähnt mit herzförmiger Basis. **Blüten** Gelbgrün, in achsel- oder endständigen gestielten Büscheln mit bis zu zehn Blüten, duftend. **Früchte** Verholzte runde Nüsschen mit vier Rippen, graubraun behaart.

BLATT   **BLÜTEN**

Tilia cordata

Winter-Linde

Höhe bis 30 m
Typ Laub abwerfend
Verbreitung Europa, W-Asien

Die Krone der Winter-Linde ist leicht pyramidenförmig. Das Holz ist weich und leicht zu verarbeiten. **Rinde** Graubraun, anfangs glatt, später gefurcht. **Blätter** Wechselständig, eiförmig bis rund, oberseits glänzend grün, unterseits matt, Ränder scharf gezähnt. **Blüten** Achsel- oder endständige gestielte Blütenstände mit bis zu zehn duftenden Blüten; hellgrüne Hochblätter an der Basis.
Früchte Verholzte glatte, runde Nüsschen.

Blüten hell gelbgrün

BLÄTTER UND BLÜTEN

Wuchs breit
säulenförmig

Tilia × vulgaris

Holländische Linde

Höhe bis 40 m
Typ Laub abwerfend
Verbreitung Europa

Als natürliche Hybride ist die Holländische Linde selten. Der Stamm hat an der Basis oft Ausläufer. Diese Linde wird in Europa als Straßen- oder Parkbaum am häufigsten gepflanzt. **Rinde** Jung graubraun, glatt; später dunkelgrau, gefurcht. **Blätter** Wechselständig, breit eiförmig, oberseits glänzend grün, unterseits mit Haarbüscheln. **Blüten** Gelbgrün mit hellgrünen Hochblättern an der Basis, duftend, bis zu zehn in gestielten Blütenständen. **Früchte** Verholzte runde Nüsschen, leicht gerippt, graubraun behaart.

Blattränder
gezähnt

**BLÄTTER UND
FRÜCHTE**

Nüsschen

Flügelartiges
Hochblatt

Hängende
Früchte

Ränder scharf
gezähnt

Tilia tomentosa

Silber-Linde

Höhe bis 30 m
Typ Laub abwerfend
Verbreitung SO-Europa, SW-Asien

Krone breit
säulenförmig

Die Blüten dieses Baums sind unauffällig,
duften aber stark. Aus ihnen bereitet man Lin-
denblütentee gegen Erkältungen und Fieber.
Die Blüten werden gepflückt, wenn sie voll
erblüht sind, und dann getrocknet. Diese und
andere Tilia-Arten liefern Lindenblütenhonig.
Rinde Grau, flach netzartig gefurcht. **Blätter**
Wechselständig, breit eiförmig bis rund, leicht
gelappt; oberseits grün und leicht behaart,
unterseits silbrig behaart. **Blüten** Gelbgrün
mit flügelartigem Hochblatt; bis zu zehn in
gestielten Blütenständen. **Früchte** Eiförmige
warzige Nüsschen.

Triplochiton scleroxylon

Obeche

Höhe bis 65 m
Typ Laub abwerfend
Verbreitung Tropisches W-Afrika
(Guinea bis Kamerun)

Liefert fast die Hälfte des westafrikanischen
Nutzholzes. Gerader Stamm, bei alten Bäumen manchmal im Querschnitt sternförmig.
Rinde Grau bis orangebraun, wird schuppig. **Blätter** Wechselständig, breit eiförmig
bis dreieckig, bis zu etwa einem Drittel
in 5–7 Lappen geteilt. **Blüten** In kurzen
Blütenständen; tellerförmig, Blütenblätter
weiß mit violettroter Basis. **Früchte** Bis zu
fünf geflügelte Fruchtblätter.

Theobroma cacao

Echter Kakaobaum

Höhe bis 10 m
Typ Immergrün bis halb immergrün
Verbreitung Zentralamerika, Trop. Südamerika, kultiviert in W-Afrika

Aus den Samen dieses Baums, der in den Tropen und Subtropen kultiviert wird, den »Kakaobohnen«, stellt man Kakao und Schokolade her. Die Samen werden aus der Frucht entfernt, fermentiert und getrocknet. Zur Weiterverarbeitung werden sie geschält und geröstet. **Rinde** Dunkelbraun, rau, rissig. **Blätter** Wechselständig, groß, elliptisch, hängend. **Blüten** Rosafarben bis weiß, Blütenblätter haubenförmig, Kelchblätter ausgebreitet; einzeln oder in Gruppen gleichzeitig mit den Früchten an Stamm und Ästen. **Früchte**

»BITTERES WASSER«

Das Wort »Schokolade« kommt vom Maya-Wort »xocolatl«, das »bitteres Wasser« bedeutet. Im 16. Jh. gelangten die ersten Kakaobohnen von Amerika nach Europa. Erst 1875 erfand der Schweizer Chemiker Henri Nestlé die Milchschokolade.

KAKAOFRUCHT

SCHOKOLADE

Schmal eiförmig, gelb bis rotviolett, fünfzellig; enthalten rotbraune Samen in weißem, süßlichem Fruchtfleisch.

STAMM

Kleine weiße Blüten am Stamm

UNREIFE FRUCHT

BLÄTTER

Ränder ungezähnt

Frucht runzelig

Muntingia calabura

Jamaikakirsche

Höhe bis 12 m
Typ Immergrün
Verbreitung Mexiko, Karibik,
Südamerika, in SO-Asien eingeführt

Auffallende gelbe
Staubblätter

5 Blütenblätter

EINZELNE BLÜTE

Dieser Baum wurde in Asien zur Zeit des
Spanischen Weltreichs eingeführt und auf
der Schifffahrtsroute zwischen Acapulco
und Manila transportiert. Er hat eine schirmförmige Krone und waagrechte, herabhängende Äste. Die Zweige sind mit klebrigen
roten Drüsenhaaren bedeckt. Die süßen

Beeren können frisch gegessen oder zu
Marmelade verarbeitet werden. Die Rinde
wird zu Seilen verarbeitet und die Blüten als
Naturheilmittel verwendet. **Rinde** Hell braungrau, glatt, faserig. **Blätter** Wechselständig,
eilanzettlich, oberseits dunkelgrün, unterseits mit klebrigen Haaren bedeckt, Basis
unsymmetrisch. **Blüten**
Weiß, stehen zu 1–5 in
achselständigen Gruppen.
Früchte Rot, fleischig mit
vielen kleinen Samen.

Gezähnter
Rand

BLÄTTER

1–1,25 cm
breit

**UNREIFE
FRUCHT**

Hopea odorata

Art der Dipterocarpaceae

Höhe bis 45 m
Typ Immergrün
Verbreitung SO-Asien

Wird vor allem seines stabilen Holzes wegen
gepflanzt. **Rinde** Dunkelbraun oder schwarz,
springt in kleine Stücke auf. **Blätter** Wechselständig, 10–20 cm lang, spitz. **Blüten** Klein,
fünf rosa bis weiße Blütenblätter, behaart,
verzweigte Blütenstände. **Früchte** Einsamige
runde Nüsse.

Neobalanocarpus heimii

Art der Dipterocarpaceae

Höhe bis 33 m
Typ Immergrün
Verbreitung Thailand, Malaysia

Sein haltbares Holz ist Malaysias bekannteste Holzsorte. **Rinde** Grau, schuppig. **Blätter** Ledrig, lanzettlich bis halbmondförmig,
Basis unsymmetrisch, lange, stumpfe Spitze.
Blüten Gelbgrün; in end- oder achselständigen Blütenständen. **Früchte** Längliche
glänzende Nüsse.

Shorea robusta

Salharzbaum

Höhe bis 35 m
Typ Immergrün
Verbreitung Myanmar, Indien, Nepal

Dieser Baum hat einen geraden, zylindrischen Stamm. Jüngere Bäume sind eher schlank und spitz, im Alter runden sie sich. Der Baum ist immergrün, wirft aber in trockenen Regionen zwischen Februar und April fast alle Blätter ab. Sein Holz ist hochwertig, haltbar und als Bauholz gefragt, vor allem wenn sowohl Stabilität als auch Flexibilität erforderlich sind, etwa bei Eisenbahnschwellen und Gebäude- und Brückenkonstruktionen. Buddhisten verehren den Baum, denn Buddha soll in einem Hain aus Salharzbäumen meditiert haben. **Rinde** Dunkelbraun, alte Bäume tief längs gefurcht. **Blätter** Kräftig, glänzend, 10–25 cm lang mit runder Basis, schmal eiförmig, enden in stumpfer Spitze. **Blüten** Gelblich, innere Blütenblätter orangefarben, Kelch und Blütenblätter außen weiß flaumig behaart; in großen Blütenständen. **Früchte** Geflügelte Nüsse; Samen können am Baum keimen.

MEHR ALS NUR HOLZ

Wie viele tropische Bäume liefert der Salharzbaum weit mehr als Holz. Aus den Samen wird Öl gepresst. Der Presskuchen und die Blätter werden an Nutztiere verfüttert. Wenn man die Rinde anritzt, sondert der Baum ein weißes, aromatisches Harz ab, das bei religiösen Zeremonien verbrannt wird. Auch dichtet man damit Boote und Schiffe ab und verwendet es für Farben und Polituren. Das Harz wird auch als Heilmittel eingesetzt.

BLATTERNTE

Glänzendes Laub

BLÜHENDE ZWEIGE

Auffällige Blüten

Art der Dipterocarpaceae

Höhe 40 m
Typ Immergrün
Verbreitung NW-Borneo

Dieser Baum kommt in Torfmooren vor. Die größten Exemplare wachsen am Rand der Moore, die kleinsten in der Mitte. Die Bäume liefern das rote Meranti-Holz. **Rinde** Grau, tief rissig. **Blätter** Schmal elliptisch, ledrig, laufen zu langer Spitze zu. **Blüten** Stehen in end- oder achselständigen doppelt verzweigten, bis 18 cm langen Blütenständen; cremefarbene Blütenblätter und 20–25 Staubblätter. **Früchte** Eiförmige Nüsse, 1,2 cm lang, mit beigegrauen Haaren bedeckt.

Art der Dipterocarpaceae

Höhe bis 33 m
Typ Halb immergrün
Verbreitung Sumatra

Dieser Baum wird im Süden Sumatras in Plantagen gepflanzt. Aus dem Holz stellt man Sperrholz her. Auch das kostbare klare Harz, »damar« genannt, findet Verwendung. Im Alter von 20 Jahren beginnt der Baum Harz zu produzieren, etwa 30 Jahre später, mit 50–60 Jahren, stirbt er ab. Im Schnitt liefert ein Baum jährlich etwa 48 kg Harz. In trockenen Gegenden wirft er zwischen Februar und April fast alle Blätter ab. Die Zweige sind mit rotbraunem Flaum bedeckt. **Rinde** Rötlich, rau. **Blätter** Schmal elliptisch bis eiförmig, ledrig, laufen zu langer stumpfer Spitze zu. **Blüten** In end- oder achselständigen einfach verzweigten, bis 14 cm langen Blütenständen; weiße Blütenblätter und 15 Staubblätter. **Früchte** Eiförmige Nüsse, bis 1,4 cm lang und 1 cm breit, mit rotbraunem Flaum bedeckt und auffallend zugespitzt.

Borneokampfer

Höhe bis 33 m
Typ Immergrün
Verbreitung Malaiische Halbinsel, Borneo, Sumatra

Der Stamm dieses Baums hat oft über 2 m Durchmesser. Er liefert Holz und Kampfer. **Rinde** Rötlich, schuppig. **Blätter** Dunkelgrün, ledrig, wachsbedeckt, dreieckig bis herzförmig. **Blüten** Blütenstände; weiß, bilden Rosetten **Früchte** Glatte Nüsse.

Glänzend grünes Laub

Aquilaria malaccensis

Art der Thymelaeaceae

Höhe bis 45 m
Typ Immergrün
Verbreitung S- und SO-Asien

Liefert sehr kostbares Räucherwerk. **Rinde** Weißlich, glatt, springt unregelmäßig auf. **Blätter** Schmal elliptisch bis lanzettlich, spitz. **Blüten** Grün bis gelb, in Gruppen von 1–3 Blütenständen. **Früchte** Behaarte runde Kapseln.

Gonystylus bancanus

Art der Thymelaeaceae

Höhe bis 50 m
Typ Immergrün
Verbreitung Malaysia, Indonesien

Wächst in Süßwassersümpfen und zeitweilig überfluteten Wäldern. Das Holz ist sehr wertvoll. **Rinde** Dunkelbraun, flach rissig. **Blätter** Wechselständig, oft gefaltet, ledrig, elliptisch, länglich oder gerundet. **Blüten** In Blütenständen, gelblich flaumig, mit 13–20 Blütenblättern. **Früchte** Raue runde Kapseln.

Acer campestre

Feld-Ahorn

Höhe 6–10 m
Typ Laub abwerfend
Verbreitung Europa, N-Afrika, W-Asien

Der Feld-Ahorn kommt in Laubwäldern und Hecken vor. In seltenen Fällen kann er bis 28 m hoch werden. In Europa wird er manchmal als Straßenbaum gepflanzt. **Rinde** Graubraun, schuppig oder rissig. **Blätter** Gegenständig, handförmig gelappt; Stiel sondert Saft ab. **Blüten** Grün, in kleinen aufrechten Blütenständen. **Früchte** Geflügelte Spaltfrüchte.

Acer negundo

Eschen-Ahorn

Höhe 15–20 m
Typ Laub abwerfend
Verbreitung SO-Kanada, O-USA

Dieser Ahorn gedeiht in sumpfigem Boden an Fluss- und Seeufern. Das Holz ist weich und wenig stabil und gilt als minderwertig. In Europa wird der Baum als Straßenbaum gepflanzt. **Rinde** Hellbraun, schuppig, im Alter gefurcht. **Blätter** Gegenständig, 3–7 eiförmige Fiedern. **Blüten** Männliche und weibliche an verschiedenen Bäumen, gelbgrün, in hängenden Blütenständen. **Früchte** Geflügelte Spaltfrüchte.

Geflügelte Früchte

BLÄTTER UND FRÜCHTE

Blätter bis zur Mitte gelappt

Geflügelte Spaltfrüchte

FRÜCHTE

Fächer-Ahorn

Höhe 8–12 m
Typ Laub abwerfend
Verbreitung Japan, China, Korea

Der Fächer-Ahorn, der in Japan seit langer Zeit kultiviert wird, wurde 1820 in Europa eingeführt. Der Baum hat einen eleganten, ausladenden Wuchs und schlanke Triebe, die in kleinen, paarigen Knospen enden. Er wird seiner Herbstfärbung wegen oft in Gärten gepflanzt.

Rinde Graubraun, mit hellen Längs-streifen, die bei einigen Sorten variabel sind. **Blätter** Gegenständig, handförmig tief in 5–9 zugespitzte Lappen geteilt. **Blüten** Klein, violett, in aufrechten Blütenständen. **Früchte** Geflügelte Spaltfrüchte.

BLÄTTER UND FRÜCHTE

Fein zugespitzte Blattlappen

Früchte rot geflügelt

FARBENPRACHT

Es gibt mehr als 500 Züchtungen des Fächer-Ahorns. Sie unterscheiden sich darin, wie tief die Blätter eingeschnitten sind. Bei manchen sind die Lappen wiederum eingeschnitten oder sehr schmal. Die Blätter sind grün bis violett, golden oder panaschiert. Eine kleinwüchsige Gruppe kann gut als Bonsai gezogen werden.

Acer pseudoplatanus

Berg-Ahorn

Höhe 20–30 m
Typ Laub abwerfend
Verbreitung Europa, N-Afrika,
W-Asien

Der Berg-Ahorn ist eine invasive Ahornart, die offenes Gelände besiedelt. Man kann invasive Bestände unter Kontrolle halten, indem man nur männliche Bäume stehen lässt. **Rinde** Graubraun, glatt, schält sich bei älteren Bäumen in unregelmäßigen Platten. **Blätter** Gegenständig, handförmig in fünf tiefe, grob gezähnte Lappen geteilt, Basis herzförmig; oberseits dunkelgrün, unterseits heller. **Blüten** Grün, in kleinen hängenden Blütenständen an schlanken Trieben. **Früchte** Spaltfrüchte, bis 2,5 cm lang.

BLÄTTER UND BLÜTEN

Blatt 7,5–15 cm breit

Geflügelte Spaltfrüchte

FRÜCHTE

Hängende Blütenstände

Acer rubrum

Spitze gezähnte Lappen

Rotbraune Triebe

HERBSTLAUB

Rot-Ahorn

Höhe bis 25 m
Typ Laub abwerfend
Verbreitung Nordamerika
(NO der USA, SO-Kanada)

Der Rot-Ahorn, der in verschiedenen Klimata gedeiht, ist mit für die leuchtend rote Herbstfärbung des »Indian Summer« verantwortlich. **Rinde** Hellgrau, glatt, alte Bäume mit plattenförmigen Schuppen. **Blätter** Gegenständig, in drei scharf gezähnte Lappen eingeschnitten. **Blüten** Gelblich rot bis leuchtend gelb, lang gestielte Blütenstände; erscheinen vor den Blättern. **Früchte** Geflügelte Spaltfrüchte.

Acer saccharum

Zucker-Ahorn

Höhe 30–36 m
Typ Laub abwerfend
Verbreitung NO der USA, SO-Kanada

Dieser große, schnellwüchsige Baum spendet viel Schatten und hat eine herrliche Herbstfärbung. In großen Parks und Anwesen kommt er hervorragend zur Geltung. Er liefert Holz, Ahornsirup und Zucker. Für einen Liter Sirup benötigt man etwa 40 Liter Baumsaft. **Rinde** Graubraun, glatt oder leicht rissig; wird dunkler, tief rissig, bei älteren Bäumen schuppig. **Blätter** Gegenständig, in 3–5 Lappen eingeschnitten; mattgrün, im Herbst gelb, orangefarben oder rot. **Blüten** Klein, grünlich gelb, lang gestielt in Blütenständen; erscheinen mit oder kurz vor den Blättern; männliche und weibliche am selben oder an verschiedenen Bäumen. **Früchte** Geflügelte Spaltfrüchte, 2,5 cm lang; reifen im Herbst braun.

FRUCHT

Blüte bis
5 mm lang

BLÜTENSTÄNDE

Frucht bis
2,5 cm
lang

Blatt bis
13 cm lang

BLATT

Tief rissig

RINDE

SÜSSER SIRUP

Früher wurde die Baumrinde angeritzt, der Saft in Birkenbottichen gesammelt, in ausgehöhlte Baumstümpfe gegossen und dann zu Ahornsirup eingedickt, indem man heiße Steine hineinlegte. Heute wird der Saft direkt durch einen Plastikschlauch aufgefangen, der ihn in einen Kanister leitet.

**PFANN-
KUCHEN
MIT SIRUP**

Aesculus hippocastanum

Gewöhnliche Rosskastanie

Höhe bis 40 m
Typ Laub abwerfend
Verbreitung Ursprungsgebiet Balkan, in ganz Europa verwildert

Der Name »Rosskastanie« verweist auf die hufeisenförmigen Blattnarben unterhalb der klebrigen Knospen. Die großen Samen, die Kastanien, sind ungenießbar. **Rinde** Dunkelbraun, schält sich in Platten. **Blätter** Gegenständig, handförmig in 5–7 verkehrt eiförmige Fiedern geteilt, unterseits spärlich behaart, mit

gezähnten Rändern. **Blüten** In säulenförmigen aufrechten Kerzen; 4–5 cremeweiße Blütenblätter, an der Basis rosa oder rot geädert. **Früchte** Grüne runde Kapseln mit braunen, glänzenden Samen.

Glatter Same

Ungestielte Fiedern

Stachelige Schale

FRUCHT   **BLATT**

BLÄTTER UND BLÜTEN

Blighia sapida

Akipflaume

Höhe bis 10 m
Typ Immergrün
Verbreitung Heimat W-Afrika, heute stark in Jamaika verbreitet

Weiß, duftend, in Trauben. **Früchte** Ledrige bis fleischige dreiklappige Kapseln; drei dunkelbraune, giftige Samen in essbarem weißlichen Fruchtfleisch.

Wenn sie nicht richtig zubereitet wird, ist die Frucht dieses Baums hochgiftig. Die Nationalfrucht Jamaikas ist nach Kapitän Bligh benannt, der sie in Jamaika sammelte und nach Kew Gardens in London schickte. **Rinde** Grau, glatt bis leicht rau. **Blätter** Wechselständig, 3–5 Paare elliptischer Fiedern, unterseits behaart, oberseits glatt. **Blüten**

Dichte, ausladende Zweige

REIFE FRÜCHTE   Rotgelbe Tönung

FÄCHER-AHORN
Der Fächer-Ahorn ist seiner zierlichen Blätter und brillanten Herbstfärbung wegen bei Gartendesignern und -liebhabern hoch geschätzt. Die hier abgebildete Unterart, *Acer palmatum dissectum*, hat tief einge-schnittene Blätter.

Longanbaum

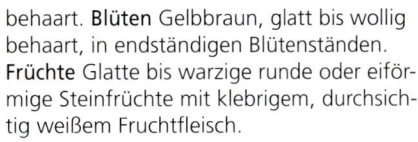

Höhe bis 40 m
Typ Immergrün
Verbreitung S-China, SO-Asien

Obwohl die Longan frisch am besten schmeckt, wird sie industriell in Dosen eingemacht, denn ihr Geschmack bleibt besser erhalten als der der Litschi oder Rambutan. Die Früchte können auch getrocknet werden, außerdem stellt man ein Erfrischungsgetränk aus ihnen her. Die Samen enthalten Saponine und sind Bestandteil von Shampoos. **Rinde** Glatt, im Alter leicht schuppig. **Blätter** Wechselständig, 4–10 elliptische bis schmal eiförmige, ungezähnte Fiedern, oberseits glänzend grün, unterseits graugrün,

behaart. **Blüten** Gelbbraun, glatt bis wollig behaart, in endständigen Blütenständen. **Früchte** Glatte bis warzige runde oder eiförmige Steinfrüchte mit klebrigem, durchsichtig weißem Fruchtfleisch.

Dichtes dunkles Laub

Gelbbraune Früchte in hängenden Fruchtständen

FRÜCHTE

UNREIFE FRÜCHTE

Dreiseitige Kapsel

Rispiger Blasenbaum

Höhe bis 12 m
Typ Laub abwerfend
Verbreitung China

Seiner gelben Blüten und der Früchte wegen oft als Zierbaum gepflanzt. In China gewann man aus den Blüten einen gelben Farbstoff. Sie werden außerdem traditionell als Heilmittel eingesetzt. **Rinde** Graubraun, rissig und schuppig. **Blätter** Wechselständig, eiförmig bis länglich, oberseits glatt mit unregelmäßig gezähnten Rändern. **Blüten** Zahlreich, klein, gelb mit roter Mitte, in endständigen Blütenständen. **Früchte** Aufgeblasene Kapseln, grün mit roter Tönung, reifen braun.

Endständige Rispe

7–14 Fiedern

BLÄTTER UND BLÜTEN

Litchi chinensis

Litschi

Höhe bis 30 m
Typ Immergrün
Verbreitung S-China bis Vietnam;
kultiviert in N-Thailand, Australien, Indien,
Madagaskar, Mauritius, Réunion, Südafrika

Die Litschi wird seit etwa 1500 v. Chr. kultiviert. Da ihre Ansprüche an das Klima sehr hoch sind, hat sie sich in neuen Regionen

Bis 5 cm lang

FRÜCHTE

STAMM UND ÄSTE

nur sehr langsam etabliert. Sie gedeiht in vielen Gegenden, trägt jedoch nur Früchte, wenn das Klima ideal ist. In Dosen wurden sie seit Langem importiert. Heute sind in Europa aber auch frische Litschi erhältlich. **Rinde** Grau, glatt. **Blätter** Wechselständig; 2–4 Fiederpaare, elliptisch bis eilanzettlich, oberseits glänzend tiefgrün, unterseits wächsern. **Blüten** In großen, verzweigten endständigen Blütenständen; Blütenblätter fehlen, Kelch golden behaart. **Früchte** Auffällige runde bis eiförmige Kapseln in lockeren, hängenden Büscheln; reifen meist rötlich; Samen in essbarem Fruchtfleisch.

Nephelium lappaceum

Rambutan

Höhe 10–25 m
Typ Immergrün
Verbreitung In SO-Asien kultiviert,
von Sri Lanka bis Papua-Neuguinea

Fiedern
glänzend
tiefgrün

Die Rambutan gedeiht in feuchten Tropenregionen. Ihre Früchte werden dort frisch gegessen. Thailand ist der Hauptproduzent der Früchte, gefolgt von Malaysia, Indonesien und den Philippinen. Aus den jungen Trieben gewinnt man einen Farbstoff, der Seide grün färbt. **Rinde** Grau bis braun, glatt, mit weißen Flecken. **Blätter** Wechselständig; 2–4 Paare eiförmiger bis länglicher, ungezähnter Fiedern. **Blüten** Gelbgrün bis weiß, klein, ohne Blütenblätter, in Büscheln; männliche und weibliche an getrennten Bäumen. **Früchte** Eiförmige bis runde erdbeerrote, rosa oder gelbliche Kapseln; Fruchtfleisch durchsichtig weiß bis rosa, fleischig, essbar.

Früchte hängen
an Fruchtständen.

BLÄTTER UND
FRÜCHTE

Boswellia sacra

Weihrauchbaum

Höhe bis 5 m
Typ Laub abwerfend
Verbreitung Arabische Halbinsel

Dieser kleine Baum mit oft verzweigtem
Stamm ist seines aromatischen Harzes wegen
bekannt, das als Weihrauch verbrannt wird.
Früher wurde Weihrauch mit Gold aufge-
wogen. Das Harz war eines der Geschenke,
die die Heiligen Drei Könige Jesus Christus in
Bethlehem zusammen mit Gold und Myrrhe
überbrachten. Im alten Ägypten fand die erste
weibliche Pharaonin, Königin Hatschepsut,
Weihrauchbäume im Land Punt, dem heutigen Somalia, und pflanzte sie beim Tempel
von Karnak. **Rinde** Papierartig, schält sich.
Blätter Wechselständig; 6–8 schmal eiförmige
Fiederpaare, beiderseits behaart, Ränder fein
gekerbt. **Blüten** Klein, weiß bis rosa, in achselständigen Blütenständen an Zweigspitzen.
Früchte Glatt mit hartem Stein.

BAUM

Eiförmige
Früchte

Blütenstände

FRÜCHTE

Blätter in Büscheln
an den Enden der
Zweige

**BLÜHENDE
ZWEIGE**

Rinde weiß
bis rötlich

HEILIGER DUFT

Weihrauch wurde bei religiösen Zeremonien in Ägypten,
Rom und im Judentum
verbrannt. Noch heute wird
er in der katholischen und
koptischen Kirche verwendet.
Heute beträgt die Weltpro-
duktion etwa
500 Tonnen.

**HARZ DES
WEIHRAUCHBAUMS**

Birkenblättriger Weißgummibaum

Höhe 5–20 m
Typ Laub abwerfend
Verbreitung USA (S-Florida), Westindische Inseln, Mexiko bis Venezuela

Dieser Baum, der in Mangrovenwäldern an der Küste wächst, hat einen dicken Stamm und massive, ausladende Äste. Er wird in Städten an der Küste oft als »lebender Zaun« gepflanzt. Der Stamm sondert Harz ab und die Rinde, die früher als Mittel gegen Gicht verwendet wurde, wird zu Klebstoff, Lacken und Räucherwerk verarbeitet. **Rinde** Rotbraun bis kupferfarben, glatt. **Blätter** Wechselständig; 3–7 schmal eiförmige Fiedern, oberseits dunkelgrün, unterseits heller. **Blüten** Cremefarben; männliche und weibliche an getrennten Bäumen in Blütenständen; männliche doppelt so lang wie weibliche. **Früchte** Rote Kapseln, springen dreiklappig auf, um Samen zu entlassen.

Schält sich in papierartigen Schuppen

ALTE RINDE

Echte Myrrhe

Höhe 2–4 m
Typ Laub abwerfend
Verbreitung Arabische Halbinsel, Horn von Afrika

Dieser kleine Baum oder Strauch hat dornige Zweige. Das Harz wurde auf der Weihrauchstraße in Kamelkarawanen von Arabien nach Ägypten, Rom und weiter in den Westen gebracht. Es wurde als Räucherwerk, zum Einbalsamieren und als Heilmittel verwendet. **Rinde** Grün bis hellbraun, schält sich papierartig; sondert graues Harz ab. **Blätter** Wechselständig, dreiteilig, endständige Fieder elliptisch bis verkehrt eiförmig, seitliche Fiedern schwach entwickelt. **Blüten** Gelbgrün bis weiß, an den Enden kurzer Seitentriebe. **Früchte** Glatt mit hartem Stein.

Dornige Zweige

Anacardium occidentale

Cashewnuss

Höhe 4–12 m
Typ Immergrün
Verbreitung NO-Brasilien; in
Indien, SO-Asien, Afrika eingeführt

Nierenförmige
Kerne

Deutliche Adern

Die Cashewnuss wird der essbaren Kerne
ihrer Früchte wegen in tropischen Regionen
kultiviert. Die Portugiesen brachten sie im
16. Jh. aus Brasilien nach Indien, von wo
aus sie in Afrika eingeführt wurde. Heute ist
Vietnam der Hauptproduzent. **Rinde** Grau
bis braun, glatt, im Alter rissig; sondert Saft
ab, der sich an der Luft schwarz färbt. **Blätter** Wechselständig, verkehrt eiförmig bis
länglich, Ränder glatt.
Blüten In endständigen Rispen,
gelbgrüne

bis rosafarbene Blütenblätter. **Früchte** An verdickten,
fruchtähnlichen Stielen; Kerne
der Früchte essbar.

BLÄTTER

Blütenblätter
zurückgebogen

Langer
Griffel

Rosa Streifen

BLÜTEN

Gluta renghas

Art der Anacardiaceae

Höhe bis 50 m
Typ Immergrün
Verbreitung Malaysia, Indonesien, Philippinen,
Papua-Neuguinea

Wächst in Sumpfwäldern. Der Stamm hat
manchmal Brettwurzeln. Das Holz ist rötlich
und schön gemasert. Da die Berührung beim
Menschen allergische Reaktionen hervorrufen kann, wird es jedoch selten verwendet.
Die Samen können geröstet gegessen werden. **Rinde** Hellbraun, im Alter grau; gibt
schwarzen, harzigen, reizenden Saft ab.
Blätter Wechselständig, ledrig, elliptisch bis
länglich oder verkehrt lanzettlich. **Blüten**
Weiß, duftend, in achselständigen Rispen.

Früchte Rund, rötlich
braun, fleischig.

Oberfläche
schuppig

RINDE

Harpephyllum caffrum

Kafirpflaume

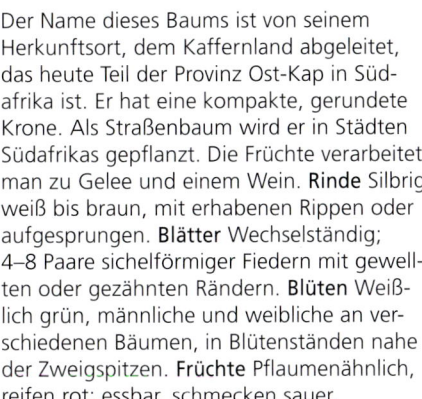

Höhe 6–15 m
Typ Immergrün
Verbreitung S- und O-Afrika

Der Name dieses Baums ist von seinem Herkunftsort, dem Kaffernland abgeleitet, das heute Teil der Provinz Ost-Kap in Südafrika ist. Er hat eine kompakte, gerundete Krone. Als Straßenbaum wird er in Städten Südafrikas gepflanzt. Die Früchte verarbeitet man zu Gelee und einem Wein. **Rinde** Silbrig weiß bis braun, mit erhabenen Rippen oder aufgesprungen. **Blätter** Wechselständig; 4–8 Paare sichelförmiger Fiedern mit gewellten oder gezähnten Rändern. **Blüten** Weißlich grün, männliche und weibliche an verschiedenen Bäumen, in Blütenständen nahe der Zweigspitzen. **Früchte** Pflaumenähnlich, reifen rot; essbar, schmecken sauer.

BLÄTTER

Mangifera indica

Mango

Höhe 10–45 m
Typ Immergrün
Verbreitung In Kultur häufig

REIFE FRÜCHTE

Haut gelb-grün bis rötlich

Mangos werden seit über 1000 Jahren kultiviert. Heute kennt man über 1000 Sorten, 500 allein in Indien. Es gibt zwei Typen: den indischen mit nur einem Embryo pro Samen und den mit vielen Embryonen, den man v. a. in Südostasien findet. In Indien werden unreife Früchte eingemacht und zu Chutney verarbeitet. Getrocknet und gemahlen verwendet man die Mango als Gewürz oder Weichmacher für Fleisch. **Rinde** Graubraun, glatt mit feinen Rissen; im Alter dunkler, schuppig oder rissig. **Blätter** Wechselständig, ledrig, meist schmal elliptisch bis lanzettlich, oft mit gewellten Rändern. **Blüten** Gelbgrün, in endständigen Blütenständen. **Früchte** Fleischig, oft faserig.

Dichte Krone

Fleisch gelb bis orangefarben

Oberseits glänzend grün

BLATTROSETTE

Schlanke Stiele

Pistacia lentiscus

Mastixbaum

Höhe 2,4–3,6 m
Typ Immergrün
Verbreitung Mittelmeergebiet

Dieser niedrige, ausladende Baum hat meist einen knorrigen Stamm. Nur eine Varietät (*Pistacia lentiscus* var. *chia*), die auf der griechischen Insel Chios wächst, sondert Mastixharz ab, das gekaut wird, um den Atem zu erfrischen. Das Harz wird auch in Wasserpfeifen geraucht, Kaffee beigemischt und als Heilmittel verwendet. **Rinde** Hell graubraun, wird dunkel, schuppt sich in großen Platten. **Blätter** Wechselständig; 4–10 lanzettliche

BLÜHENDER BAUM

Fiedern. **Blüten** Männliche und weibliche an getrennten Bäumen, gelblich weiß mit roten Staubblättern und Narben. **Früchte** Rund, rot, mit Stein, reifen schwarz.

FIEDERN

Bis 3 cm lang

Bis 3 cm lang

Fruchtstände

BLÄTTER, BLÜTEN UND FRÜCHTE

BLÜTENSTAND

Pistacia vera

Echte Pistazie

Höhe bis 10 m
Typ Laub abwerfend
Verbreitung Zentralasien, Afghanistan, Iran, Türkei

Fiedern 5–10 cm lang

Die Echte Pistazie ist vielleicht die erste Baumart, die kultiviert wurde. Der kleine Baum mit seinen essbaren nussartigen Früchten wurde möglicherweise schon 6000 v. Chr. gepflanzt. Die Königin von Saba soll die besten Pistazien für sich selbst behalten haben und überreichte König Salomo 950 v. Chr. Pistazien als Geschenk. **Rinde** Grau- bis rostbraun, glatt, im Alter rau. **Blätter** Wechselständig, dreiteilig oder 5–7 behaarte eiförmige bis breit lanzettliche Fiedern. **Blüten** Männliche und weibliche an getrennten Bäumen; klein, ohne Blütenblätter, grünbraun. **Früchte** Essbare einsamige Steinfrüchte.

BLÄTTER UND FRÜCHTE

PISTAZIEN

Pleiogynium timoriense

Art der Anacardiaceae

Höhe 20–36 m
Typ Halb immergrün
Verbreitung Pazifische Inseln, Papua-Neuguinea, Australien

Dieser ausladende Baum ist seiner fleischigen Früchte wegen bekannt. Diese sind allerdings sehr sauer und müssen einige Tage gelagert werden, bis sie weich werden. Man dünstet sie oder verarbeitet sie zu Gelees. **Rinde** Dunkelgrau oder graubraun, rissig, schuppig. **Blätter** Wechselständig, unpaarig gefiedert, dunkelgrün. **Blüten** Grüngelb, klein, in Blütenständen; männliche und weibliche an getrennten Bäumen. **Früchte** Eiförmig, essbar, mit einem großen Samen, reifen dunkelviolett.

Schinus molle

Pfefferbaum

Höhe 5–15 m
Typ Immergrün
Verbreitung Südamerika

Dieser Baum, der in trockenen subtropischen Gebieten kultiviert wird, hat schlanke, herabhängende Zweige. In offenem Gelände ist er oft invasiv. Die Früchte werden als Rosa Pfeffer verwendet. **Rinde** Grau, glatt; im Alter gelbbraun, rau und schuppig. **Blätter** Wechselständig, unpaarig gefiedert; Fiedern lanzettlich bis lineallanzettlich, glatt bis leicht gezähnt. **Blüten** Gelblich weiß, klein; männliche und weibliche an verschiedenen Bäumen, in achselständigen Blütenständen. **Früchte** Lavendelfarben bis rosa, rund.

19–41 Fiedern

Kleine, runde Früchte

BLÄTTER UND FRÜCHTE

Spondias dulcis

Balsampflaume

Höhe 6–18 m
Typ Laub abwerfend/immergrün
Verbreitung Pazifische Inseln, SO-Asien, auf den Westindischen Inseln eingeführt

JUNGE BLÄTTER

Die sauren Früchte dieses Baums werden gedünstet und eingemacht oder zu Sambal verarbeitet. Sie schmecken nach Äpfeln und Ananas mit scharfem, harzigem Aroma. **Rinde** Grau bis rotbraun, wird rissig. **Blätter** Wechselständig, unpaarig gefiedert; Fiedern elliptisch bis verkehrt eiförmig, Ränder glatt oder gewellt. **Blüten** Weißlich, klein, in endständigen Blütenständen; männliche und weibliche am selben Baum. **Früchte** Eiförmig, dickschalig, Fruchtfleisch gelb.

9–25 Fiedern

UNREIFE FRÜCHTE

Ailanthus altissima

Götterbaum-Art

Höhe 15–20 m
Typ Laub abwerfend
Verbreitung N-China, vielerorts kultiviert

Dieser schnellwüchsige Baum hat eine gerundete Krone. Philip Miller (1691– 1771), ein bekannter englischer Gärtner, war der Erste, der ihn aus Samen zog, die aus China nach London gesandt wurden. **Rinde** Grau, fein rissig, im Alter dunkler und rauer. **Blätter** Wechselständig, dunkelgrün; 13–31 eiförmige Fiedern, fein behaart, ungezähnt oder mit 1–3 Zähnen an der Basis, drüsig. **Blüten** Klein, grünlich; männliche und weibliche meist an verschiedenen Bäumen, in endständigen Blütenständen; männliche mit Aasgeruch. **Früchte** Flach, geflügelt, bis 4 cm lang; zunächst grün, später gelbbraun.

BLÄTTER UND BLÜTEN

Fieder nahe der Basis gekerbt

Geflügelte Früchte

BLÄTTER UND FRÜCHTE

ZIERBAUM ODER UNKRAUT

Nachdem er im Westen bekannt wurde, pflanzte man diesen Baum vielerorts in Europa. Man bemerkte, dass Seidenraupen hochwertige Seide spinnen, wenn sie mit seinen Blättern statt denen des Maulbeerbaums gefüttert wurden. 1784 wurde der Baum von William Hamilton in die USA eingeführt.

Leitneria floridana

Art der Leitneriaceae

Höhe bis 6 m
Typ Laub abwerfend
Verbreitung SO der USA

Nur eine Art dieser Gattung, die als gefährdet gilt, kommt vereinzelt in Schwemmland an Küsten und Flüssen in Missouri, Arkansas (wo sie lokal häufig ist), Florida, Texas und Georgia vor. Der Baum hat ausladende Äste und eine schüttere, offene Krone. **Rinde** Dunkelgrau, braun getönt, rissig. **Blätter** Wechselständig, elliptisch bis elliptisch lanzettlich, oberseits hellgrün, unterseits weich behaart, an rötlichen Zweigen. **Blüten** Unauffällige Kätzchen an getrennten Pflanzen; männliche und weibliche zylindrisch; weibliche aufrecht und kürzer. **Früchte** Länglich, zusammengedrückt, einsamig.

Azadirachta indica

Burma-Nimbaum

Höhe bis 16 m
Typ Immergrün/halb immergrün
Verbreitung NW-Indien, Myanmar, kultiviert in den Tropen Asiens und Afrikas

Den Indern sind die Heilkräfte des Burma-Nimbaums seit Langem bekannt. Sie wurden bereits in frühen Sanskrit-Schriften beschrieben und sind Bestandteil der Ayurveda-Heilkunde. Der Baum wurde wissenschaftlich erforscht, als in Indien unter dem Einfluss

Mahatma Gandhis ein neues Nationalgefühl aufkam. Der Baum wird auch die »Dorfapotheke« genannt und gegen Pilz-, Virus- und bakterielle Infektionen eingesetzt. Traditionellerweise verwendet man Nimsamen zur Abwehr von Insekten. Mit »Nimkuchen« düngte man den Boden. **Rinde** Rotbraun bis grau, im Alter rissig und schuppig. **Blätter** Wechselständig, paarig oder unpaarig gefiedert, 4–7 Paare sichelförmiger bis lanzettlicher Fiedern mit scharf gezähnten Rändern; zwei Drüsenpaare an Basis der Blattstiele. **Blüten** In achselständigen Blütenständen; weiße Blütenblätter beiderseits weich behaart, süß duftend. **Früchte** Einsamige Steinfrüchte, reifen gelb.

NATÜRLICHES INSEKTIZID

Nimöl, das aus den Kernen der Frucht gepresst wird, ist ein Insektizid und medizinisch wirksam. In Nimöl wurde ein Bestandteil identifiziert, der als Fraßschutz wirkt. Das Öl könnte als natürliches Insektizid eine große Zukunft haben. Als umweltfreundliche Alternative zu synthetischen Insektiziden und Pestiziden zieht es bereits das Interesse der Industrienationen auf sich. Das Öl wird gegen viele Erkrankungen des Bluts, der Haut und des Verdauungs- und Immunsystems eingesetzt.

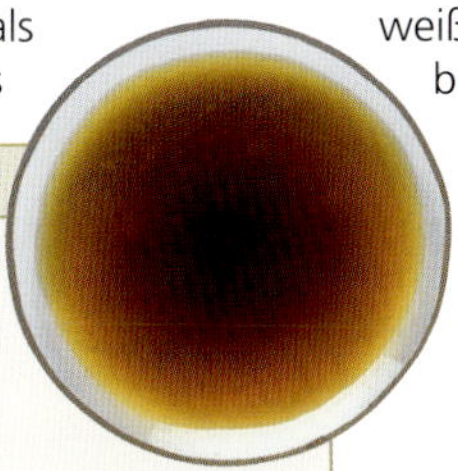

NIMÖL

Fleischige Schicht

Bis 1 cm lang

SAME

1,2–2 cm lang

UNREIFE FRÜCHTE

Westindische Zedrele

Höhe 12–30 m
Typ Laub abwerfend
Verbreitung Westindische Inseln, Südamerika

Die Westindische Zedrele ist eine schnellwüchsige Baumart. Sie wird in ihrem
Ursprungsgebiet und in Afrika, wo sie kultiviert wird, als Straßenbaum gepflanzt. Auch
in Kaffee- und Kakaoplantagen pflanzt man
sie als Schattenspender. Das Holz riecht
kräftig und aromatisch und wird nicht
von Insekten befallen. Man stellt daraus
Möbel, vor allem Truhen und Schränke her.
Rinde Grau bis braun, dick, im Alter rau
und rissig. **Blätter** Wechselständig, paarig
gefiedert. **Blüten** Zahlreich, in endständigen
Blütenständen, klein mit einer gelbgrünen

10–30 Fiedern

BLÄTTER

Röhre aus Staubblättern. **Früchte** Verholzte
Kapseln mit geflügelten Samen.

HOLZ FÜR ZIGARRENSCHACHTELN

Zigarren wurden ursprünglich zu je
10 000 Stück in Kisten verpackt. Der Bankier
H. Upmann begann, Zigarren in Holzschach-
teln für Direktoren seiner Bank nach London
zu verschiffen. Diese Verpackung wurde
später zur Standard-Verpackung für Zigarren,
denn das Zedrelenholz verhindert, dass die
Zigarren austrocknen. Heute werden die
Bäume speziell zu diesem Zweck gepflanzt.

ZIGARRENSCHACHTEL AUS ZEDRELENHOLZ

Khaya senegalensis

Savannen-Mahagonibaum

Höhe bis 30 m
Typ Immergrün
Verbreitung Afrika

Der Savannen-Mahagonibaum war eine der ersten afrikanischen Mahagoniarten, die exportiert wurden. In der Rinde enthaltene Stoffe werden zu medizinischen Zwecken eingesetzt. **Rinde** Grau, schuppig. **Blätter** Wechselständig, gefiedert; Fiedern hellgrün. **Blüten** In hängenden Blütenständen; cremefarbene Blütenblätter und Röhre aus Staubblättern. **Früchte** Vierteilige verholzte Kapseln mit geflügelten Samen.

Rinde sondert roten Saft ab. Oberfläche knotig

STAMM RINDE

Dysoxylum fraserianum

Art der Meliaceae

Höhe 12–25 m
Typ Immergrün
Verbreitung Australien
(New South Wales, Queensland)

Dieser häufige Regenwaldbaum wird in großen Parks gepflanzt. Auch im Botanischen Garten von Sydney steht ein Exemplar. Die Art ist nach Charles Fraser benannt, der der erste Direktor des Gartens war. Der große, schnellwüchsige Baum hat eine dichte, ausladende Krone und einen mächtigen Stamm mit Brettwurzeln. Er benötigt feuchten Boden. Das Holz ist rötlich und duftet rosenähnlich. Aus ihm wurden edle Möbel und Schnitzereien gefertigt. **Rinde** Hellbraun bis gelblich grau, schuppig. **Blätter** Wechselständig, mit 4–12 elliptischen bis verkehrt eiförmigen Fiedern. **Blüten** Weißlich, duftend, in endständigen und seitlichen Blütenständen. **Früchte** Cremefarbene, rosa getönte vierteilige Kapseln, die einen oder zwei Samen mit rötlichem Samenmantel enthalten.

Chukrasia tabularis

Art der Meliaceae

Höhe bis 40 m
Typ Laub abwerfend
Verbreitung S- und SO-Asien

Sternförmiger Stamm oder Brettwurzeln. **Rinde** Braun, rissig. **Blätter** Wechselständig; eiförmige bis längliche Fiedern. **Blüten** Duftend, hellgrün bis gelblich weiß, Blütenstände. **Früchte** Verholzte Kapseln.

6–12 Fiedern BLÄTTER

Lansium domesticum

Lansibaum

Höhe bis 30 m
Typ Immergrün
Verbreitung Thailand, Malaiische
Halbinsel, Sumatra, Java, Borneo

Der Lansibaum ist eine variable Art mit wilden und kultivierten Formen. Es gibt zwei Haupt-Varietäten: Langsat, schlanke Bäume, die eiförmige Früchte tragen und Duku, ausladende Bäume mit runden Früchten. **Rinde** Hell rotbraun oder mit beigebraunen Flecken, leicht gefurcht und schuppig. **Blätter** Wechselständig, unpaarig gefiedert; 2–4 Paare eiförmig elliptischer bis länglicher Fiedern, unterseits leicht behaart. **Blüten** In Blütenständen an Ästen oder Stamm; grüngelbe Blütenblätter und Staubblattröhre. **Früchte** Eiförmige oder runde Beeren, hellgelb bis braun; Haut gibt manchmal Milchsaft ab.

FRÜCHTE
2,5–5 cm
Durchmesser

Lovoa trichilioides

Art der Meliaceae

Höhe bis 45 m
Typ Immergrün
Verbreitung S- bis SW-Afrika

Dieser bekannte Holzlieferant wächst in Regenwäldern im Tiefland, wird aber auch in Plantagen gepflanzt. **Rinde** Glatt, schuppt sich in großen Stücken. **Blätter** Sechs Paare elliptischer Fiedern, Basis gerundet oder zugespitzt. **Blüten** Grünlich weiß mit je vier Kelch- und Blütenblättern, in großen Rispen. **Früchte** Schwarze oder violettschwarze hängende Kapseln, enthalten geflügelte Samen.

BLÜTEN IN RISPEN

Sandoricum koetjape

Santol

Höhe bis 45 m **Typ** Immergrün
Verbreitung Kambodscha, Laos,
Malaiische Halbinsel (in Malaysia,
Indonesien, Indien, auf den Molukken,
Mauritius, den Philippinen verwildert)

Das Holz wie auch die Früchte dieser Baumart sind geschätzt. **Rinde** Hell. **Blätter** Spiralig angeordnet, drei elliptische bis eiförmige Fiedern, 20–25 cm lang. **Blüten** In gestielten Blütenständen; fünf grünliche, gelbe oder rosagelbe Blütenblätter. **Früchte** Eiförmig bis rund, enthalten milchige Flüssigkeit; 3–5 braune Samen in weißlich-durchsichtigem Fruchtfleisch.

Zugespitzt

Same 2 cm
lang

Frucht unten
runzelig

SAME　　　　　FIEDER

Melia azedarach

Indischer Zederachbaum

Höhe bis 40 m
Typ Laub abwerfend
Verbreitung Sri Lanka, Indien, China, SO-Asien, Australien

Dieser Baum, der in tropischen Regionen vielerorts kultiviert wird, hat im Alter einen im Querschnitt sternförmigen Stamm. Formen dieser Baumart werden seit etwa 2500 Jahren kultiviert. Es gibt zwei Gruppen: die chinesische Gruppe mit größeren Früchten und die indischen Züchtungen. **Rinde** Graubraun, glatt, mit Lentizellen, im Alter leicht rissig. **Blätter** Wechselständig, meist doppelt unpaarig gefiedert; oberseits dunkelgrün, unterseits blassgrün, spärlich behaart. **Blüten** In achselständigen Blütenständen; weiße bis lila Blütenblätter und Staubblattröhre; innen dicht behaart, süß duftend. **Früchte** Pflaumenförmig, reifen gelbbraun; giftig.

BLÜTEN

Swietenia macrophylla

Mexikanischer Mahagonibaum

Höhe bis 45 m
Typ Immergrün/Laub abwerfend
Verbreitung S-Mexiko, Zentral- und Südamerika

Das Holz dieses Mahagonibaums ist das wertvollste Holz der zentral- und südamerikanischen Tropen. Es ist verhältnismäßig leicht und stabil mit einheitlicher Textur, ist haltbar und lässt sich gut polieren. **Rinde** Hellbraun, rau, tief rissig. **Blätter** Wechselständig; 3–6 Paare ungleichseitiger Fiedern an Blattachse, die in Spitze endet; 6–15 cm lang. **Blüten** Klein, grünlich gelb, kurz gestielt, in 11–15 cm langen Blütenständen; fünf Blütenblätter, zehn braune Staubblätter, duftend. **Früchte** Aufrechte eiförmige Kapseln, 10–18 cm lang, 7,5 cm breit, an langen, kräftigen Stielen.

Über 1 cm dick

RINDE

Swietenia mahagoni

Echter Mahagonibaum

Höhe 12–16 m
Typ Laub abwerfend
Verbreitung USA (S-Florida), Bahamas, Antillen, Haiti, Jamaika

Dieser Baum hat eine ausladenden Krone und Brettwurzeln und ist seit dem 16. Jh. hoch geschätzt, als das Holz erstmals nach Europa

FRÜCHTE UND BLÄTTER

Offene Kapsel

verschifft wurde. Die meisten natürlichen Vorkommen wurden vor langer Zeit abgeholzt. Heute steht der größte bekannte Baum im Everglades-Nationalpark in Florida. **Rinde** Grau bis dunkel rotbraun, glatt bis leicht rissig, später schuppig. **Blätter** Wechselständig, paarig gefiedert, ungezähnt. **Blüten** Grüngelb, in Rispen. **Früchte** Verholzte aufrechte Kapseln mit geflügelten Samen.

Längliche Frucht

FRUCHT

BLÜTEN

Grüngelbe, verwachsene Staubblätter

Toona ciliata

Australischer Surenbaum

Höhe bis 55 m
Typ Laub abwerfend
Verbreitung Indien, S-China, SO-Asien, Malaysia, O-Australien

Dieser hohe Baum hat einen zylindrischen Stamm, manchmal mit Brettwurzeln. Er wächst in subtropischen Regenwäldern und Buschland und säumt oft Flussufer. Das Holz wird zu edlen Möbeln verarbeitet. In seinem Ursprungsgebiet wurde die Baumart deshalb stark ausgebeutet. In Australien fällte man ihn, bevor man die Flächen landwirtschaftlich nutzte. Heute stehen die verbliebenen Wälder unter dem Schutz des Weltnaturerbes. Früher wurde aus den Blüten roter und gelber Farbstoff gewonnen, mit dem man Seide, Wolle und Baumwolle färbte. Auch ein Stärkungs- und adstringierendes Mittel lieferte der Baum. **Rinde** Grauweiß bis braun, meist rissig und schuppig. **Blätter** Wechselständig; bis 20 lanzettliche bis eilanzettliche Fiedern, glatt bis spärlich behaart. **Blüten** In großen endständigen Blütenständen, duftend; Staubblattröhre weiß bis cremeweiß. **Früchte** Braune Kapseln, springen fünfklappig auf.

BLÜTEN

5 Blüten-
blätter

Cremeweiße
Blüten

Offene Kapsel

FRÜCHTE

**BLÄTTER UND
BLÜTEN**

Xylocarpus granatum

Art der Meliaceae

Höhe bis 20 m
Typ Halb immergrün
Verbreitung O-Afrika, SO-Asien, Tonga

Das Holz dieses Baums wurde früher zum Schiffbau verwendet. Aus der Rinde gewinnt man Farb- und Arzneistoffe und auch die Wurzeln werden zu medizinischen Zwecken verwendet. **Rinde** Beige- bis gelbbraun, glatt, schuppt sich unregelmäßig. **Blätter** Wechselständig; 1–3 Fiederpaare mit abgerundeten Spitzen. **Blüten** In achselständigen weißen bis rosa Blütenständen. **Früchte** Hängende runde Kapseln.

Elliptisch bis verkehrt eiförmig

FIEDERN

Dünn verzweigte Brettwurzeln

Calodendrum capense

Kapkastanie

Höhe bis 20 m
Typ Laub abwerfend, selten immergrün
Verbreitung Südafrika bis Tansania und Äthiopien

Dieser Baum mit kompakter, runder Krone ist ein attraktiver Zierbaum. **Rinde** Grau, glatt, mit Flecken und Streifen. **Blätter** Gegenständig, glatt, ungezähnte Ränder.

Blüten In offenen, endständigen Blütenständen; fünf schmale Blütenblätter, fünf rosa Staubblätter. **Früchte** Verholzte fünfklappige Kapseln.

Eiförmige bis elliptische Blätter

Hellrosa Blüten

BLÄTTER UND BLÜTEN

Chloroxylon swietenia

Grünholz

Höhe bis 32 m
Typ Laub abwerfend
Verbreitung Madagaskar, Sri Lanka, S-Indien

Dieser Baum kommt in seinem natürlichen Verbreitungsgebiet in trockenen Wäldern vor. Das harte, schwere gelbliche Holz glänzt, wenn es poliert wird. Es war früher für Sri Lanka ein wichtiges Exportgut. **Rinde** Gelblich grau, tief rissig. **Blätter** Bis 24 cm lang, 10–20 Paare länglicher Fiedern. **Blüten** Klein, weiß, etwa 7 mm breit, an bis zu 15 cm langen Blütenständen; erscheinen oft, wenn der Baum keine Blätter trägt. **Früchte** Bis 3 cm lange Kapseln, schmal eiförmig, dreizellig; jede Zelle mit etwa vier geflügelten Samen.

Citrus aurantium

Bitterorange

Höhe bis 10 m
Typ Immergrün
Verbreitung China, Vietnam

Die Bitterorange oder Pomeranze hat eine rundliche Krone. Man vermutet, dass sie ursprünglich im Grenzgebiet zwischen China und Vietnam vorkam. Die lange Geschichte ihrer Kultivierung brachte sie im 11. oder 12. Jh. nach Arabien und Südeuropa. Die Spanier führten sie und die öfter kultivierte Apfelsine (*Citrus sinensis*) zur Mitte des 15. Jh. nach Südamerika und Mexiko ein.

Aus den duftenden weißen Blüten gewinnt man Neroli-Öl. **Rinde** Grün bis graubraun. **Blätter** Wechselständig, eiförmig bis

Ränder fein gezähnt

Unreife, dickschalige Frucht

schmal eiförmig, glatt, Stiele schmal geflügelt. **Blüten** Weiß, duftend, einzeln oder in kurzen achselständigen Blütenständen. **Früchte** Rund, grüngelb bis leuchtend orangefarben.

FRÜCHTE UND BLÄTTER

VIELSEITIGE FRUCHT

Die Bitterorange dient als Pfropfunterlage für andere Zitrusgewächse. Auch Naturheilmittel gewinnt man aus ihr. Die Früchte verarbeitet man zu Marmelade und auch als Zierbaum wird der Baum oft gepflanzt.

ZIER-GARTEN

Citrus aurantiifolia

Saure Limette

Höhe bis 5 m
Typ Immergrün
Verbreitung Nur in Kultur bekannt

Gegflügelte Stiele

Die Saure Limette hat herabhängende Äste. Sie stammt aus Indien und wurde von den Arabern nach Afrika und in den Nahen Osten gebracht. Während der Kreuzzüge kam sie nach Europa, später mit den Spaniern

BLÄTTER UND FRUCHT

in die Karibik und nach Mexiko. Der Saft der Früchte wird zum Kochen, für Getränke und zu medizinischen Zwecken verwendet. Extrakte und Limettenöl werden zur Aromatherapie eingesetzt und Parfüms und Reinigungsmitteln beigegeben. **Rinde** Grün bis graubraun. **Blätter** Wechselständig, elliptisch bis schmal eiförmig, Ränder fein gezähnt. **Blüten** Weiß; bis zu 10 in kurzen achselständigen Blütenständen. **Früchte** Eiförmig bis rund, mit dünner Schale.

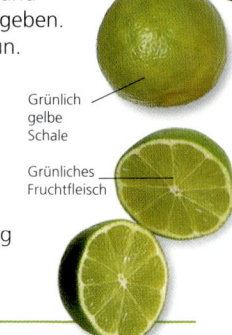

FRÜCHTE

Grünlich gelbe Schale

Grünliches Fruchtfleisch

Citrus limon

Zitrone

Höhe 3–6 m
Typ Immergrün
Verbreitung Nur in Kultur bekannt

Die Früchte sind so sauer, dass sie frisch kaum genießbar sind. Sie werden zum Kochen und in Getränken verwendet. **Rinde** Grün bis graubraun. **Blätter** Wechselständig, elliptisch bis eiförmig, Ränder gezähnt, Stiele geflügelt. **Blüten** Achselständig; einzeln oder in Büscheln von 2–3. **Früchte** Eiförmig, grünlich bis goldgelb mit dicker, unebener Schale.

Weiße Blüten

Blätter elliptisch

BLÄTTER UND BLÜTEN

FRÜCHTE

Citrus reticulata

Mandarine

Höhe 3–6 m
Typ Immergrün
Verbreitung SO-Asien, S-Europa, Brasilien, SO der USA

Die Mandarine wurde wahrscheinlich in Südostasien kultiviert. Sie ist eine der Stammarten der anderen *Citrus*-Hybriden. **Rinde** Grün bis graubraun. **Blätter** Wechselständig, elliptisch bis lanzettlich, Stiele geflügelt. **Blüten** Weiß, einzeln oder in Büscheln von 2–3. **Früchte** Rund mit dünner Schale, oben eingedellt.

BLÄTTER UND FRÜCHTE

Gezähnte Ränder

Schale orangefarben

BLÜTE

Flindersia australis

Art der Rutaceae

Höhe 15–40 m
Typ Immergrün/halb immergrün
Verbreitung O-Australien

Diese Baumart hat eine dichte, ausladende Krone. Als Stadtbaum ist sie ein hervorragender Schattenspender. Das Holz ist gelbbraun. **Rinde** Grau bis dunkelbraun, glatt, rundliche Schuppen. **Blätter** Wechselständig; 3–13 elliptische bis schmal eiförmige Fiedern, beim Zerreiben aromatisch. **Blüten** Weiß bis cremefarben, in endständigen Blütenständen. **Früchte** Verholzte fünfklappige Kapseln, mit kurzen, stumpfen Stacheln bedeckt.

Limonia acidissima

Elefantenapfel

Höhe bis 7 m
Typ Laub abwerfend
Verbreitung S-Asien

Der Elefantenapfel gedeiht in trockenen Regionen seines Verbreitungsgebiets. Elefanten fressen seine Früchte gern. **Rinde** Hellgrau bis weißlich; Zweige mit bis 4 cm langen, geraden Dornen. **Blätter** 2–3 Paare verkehrt eiförmiger, ungestielter Fiedern. **Blüten** Weiß, grün oder rotviolett mit kleinen Blütenblättern und 7–12 Staubblättern; zahlreich, in achselständigen Büscheln. **Früchte** Runde, verholzte vielsamige Früchte mit klebrigem Fruchtfleisch.

Flindersia brayleyana

Art der Rutaceae

Höhe 25–35 m
Typ Immergrün
Verbreitung Australien (Queensland)

Kammern bootsförmig

FRUCHT-KAPSEL

Das rosa getönte Holz dieses Baums ist leicht zu bearbeiten und wird zur Kunsttischlerei und für Innenverkleidungen verwendet. **Rinde** Grau, schuppig. **Blätter** Gegenständig; 3–10 breit elliptische Fiedern. **Blüten** Weiß bis cremefarben, in endständigen Blütenständen. **Früchte** Verholzte Kapseln, mit kurzen stumpfen Stacheln bedeckt, springen fünfklappig auf.

Zanthoxylum simulans

Täuschende Stachelesche

Höhe bis 6 m
Typ Laub abwerfend
Verbreitung China

Kommt in Gebirgswäldern und Dickichten vor. Die Blätter sind beim Zerreiben aromatisch. **Rinde** Grau mit kegelförmigen Erhebungen. **Blätter** Bis 11 eiförmige, gezähnte Fiedern. **Blüten** Klein, grün, in bis 5 cm breiten Blütenständen. **Früchte** Rund, warzig, grün, reifen rot.

Fieder glänzend grün

Früchte rot gestielt

BLÄTTER UND FRÜCHTE

Zanthoxylum piperitum

Japanischer Pfeffer

Höhe bis 10 m
Typ Laub abwerfend
Verbreitung China, Japan, Korea

Mit seinen Früchten würzt man Speisen.

Rinde Gelbbraun, glatt bis rissig. **Blätter** Wechselständig; 9–17 eiförmige bis elliptisch lanzettliche gezähnte Fiedern. **Blüten** Grünlich; männliche und weibliche an verschiedenen Bäumen, in Blütenständen. **Früchte** Balgfrüchte, reifen von grün zu braun, schwarze Samen.

Cornus kousa

Japanischer Blumen-Hartriegel

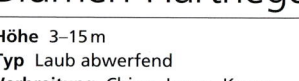

Höhe 3–15 m
Typ Laub abwerfend
Verbreitung China, Japan, Korea

Rotes Herbstlaub. **Rinde** Rotbraun bis grau. **Blätter** Gegenständig, oberseits dunkelgrün, unterseits behaart. **Blüten** Gelbgrün, in Köpfen. **Früchte** Rote Steinfrüchte.

FRÜCHTE UND BLÄTTER   Erdbeerähnliche Früchte   Fiedern eiförmig bis elliptisch

Cornus mas

Kornelkirsche

Höhe bis 8 m
Typ Laub abwerfend
Verbreitung Mittel- und S-Europa, SW-Asien

Dieser Baum wurde früher seiner essbaren Früchte wegen kultiviert, die pflaumenähnlich schmecken. Heute pflanzt man ihn meist als Zierbaum, weil er im Winter blüht. **Rinde** Dunkelbraun. **Blätter** Gegenständig, eiförmig bis elliptisch, behaart. **Blüten** Gelb, erscheinen vor den Blättern. **Früchte** Rote Steinfrüchte.

BLÜTEN   Kurze Blütenstände

Cornus nuttallii

Nuttalls Blumen-Hartriegel

Höhe bis 20 m
Typ Laub abwerfend
Verbreitung Westliches Nordamerika

Die Blüte dieses Baums ist die Wappenblume von British Columbia. **Rinde** Grau, glatt, im Alter schuppig. **Blätter** Gegenständig, elliptisch bis verkehrt eiförmig, dunkelgrün. **Blüten** Cremeweiße, blütenblattartige Hochblätter. **Früchte** Essbare rote Steinfrüchte.

BLÜTEN

Klein und gelbgrün

Davidia involucrata

Taschentuchbaum

Höhe bis 20 m
Typ Laub abwerfend
Verbreitung China

Die Gattung ist nach dem Jesuiten Armand David benannt, einem französischen Missionar. Er beschrieb den Baum 1869 als Erster mit den weißen Blüten, die »wie Tauben flattern«. Später versuchten französische und britische Pflanzensammler, den Baum in Europa einzuführen. Die Form, die heute meist gepflanzt wird, wurde Ende des 19. Jh. in französischen Baumschulen gezogen. **Rinde** Orangebraun, schält sich in Längsschuppen. **Blätter** Wechselständig, breit eiförmig, Basis herzförmig, oberseits glatt, unterseits flaumig. **Blüten** Endständig in kleinen Köpfen, von zwei asymmetrischen weißen Hochblättern umgeben. **Früchte** Grün, violett überlaufen, birnenförmig.

Gezähnte Blattränder

BLÜTEN-KÖPFE

Große weiße Hochblätter

LAUB

Nyssa sylvatica

Wald-Tupelobaum

Höhe bis 25 m
Typ Laub abwerfend
Verbreitung Östliches Nordamerika

Der Wald-Tupelobaum hat eine pyramidenförmige Krone und herabhängende Äste. Seiner roten Herbstfärbung wegen pflanzt man ihn als Zier- und Straßenbaum. **Rinde** Dunkelgrau, längs gefurcht, unregelmäßig schuppig. **Blätter** Wechselständig, oberseits glänzend dunkelgrün, unterseits leicht behaart. **Blüten** Achselständig, grünlich, in gestielten Köpfen; männliche und weibliche am selben oder an verschiedenen Bäumen. **Früchte** Eiförmige blaue Steinfrüchte.

Eiförmig bis elliptisch

BLÄTTER

Fouquieria columnaris

Kerzenstrauch-Art

Höhe bis 18 m
Typ Laub abwerfend
Verbreitung Mexiko (Baja California)

Dieser merkwürdig aussehende Baum hat
einen sukkulenten Stamm, der oft mit einer
umgekehrten grünen Karotte verglichen
wird. Der hohe, spitz zulaufende Stamm
trägt kurze, dornige Äste. Bei älteren Bäumen spaltet sich der Hauptstamm nahe
der Spitze in zwei oder mehr Stämme auf.
Der Baum wächst an steinigen Berghängen, auf Schwemmland und in der Wüste.
Rinde Hell gelbgrün, rau, glatt, mit Narben
der Äste bedeckt. **Blätter** Wechselständig,
verkehrt eiförmig, fleischig, glatt. **Blüten**
Cremegelb, röhrenförmig, stehen in ähren-
nähnlichen Blütenständen. **Früchte** Hellbraune Kapseln mit drei Klappen, die sich
nach dem Öffnen zurückbiegen.

Dornen

ÄSTE

BLÜTENBESTÄUBER

Bäume der Familie Fouquieriaceae werden von verschiedenen Insekten bestäubt. Bei
einer Art, *E. splendens*, hielt
man Kolibris für die Bestäuber. Heute weiß man, dass
die Vögel den Nektar trinken, ohne Pollen von Blüte
zu Blüte zu transportieren.

KOLIBRI

Camellia sinensis

Teestrauch

Höhe 10–15 m
Typ Immergrün
Verbreitung China, N-Indien

Aus den Blättern des Teestrauchs wird eines der beliebtesten Getränke der Welt bereitet. In Kultur wird er beschnitten und als niedriger Strauch oder Hecke gezogen. Einst trank man nur in China und Japan Tee. Die Holländer führten das Getränk in Europa ein und beherrschten den Handel für mehr als ein Jahrhundert, bevor die Briten die Vormachtstellung erlangten. 1823 wurde die erste Teepflanze in freier Natur in Assam in Indien entdeckt. Am 10. Januar 1839 fand in London die erste Assamtee-Auktion statt, ein historisches Ereignis, das die Zukunft des Teeanbaus auf der ganzen Welt beeinflusste. Heute liefern Assamteesträucher mehr Tee als die chinesische Varie-

BLÜTE UND FRÜCHTE

TEE-ERNTE

Teeblätter erntet man alle 7–15 Tage, je nach Entwicklung der jungen Triebe. Blätter, die langsam wachsen, haben ein besseres Aroma. Nach dem Trocknen verarbeitet man sie zu grünem, schwarzem oder Oolong-Tee.

TEEPFLÜCKERINNEN

tät. Assamtee wird zu Schwarztee fermentiert, der chinesische Grüne Tee wird nicht fermentiert. **Rinde** Grau, rau. **Blätter** Wechselständig, ledrig, lanzettlich bis elliptisch, jung leicht behaart, später glatt. **Blüten** Weiß, groß, achselständig, einzeln, 5–7 Blüten- und zahlreiche gelbe Staubblätter. **Früchte** Kapseln, die bei Samenreife aufspringen.

Glänzende Oberfläche

BLÄTTER

Franklinia alatamaha

Franklinie

Höhe 5–7 m
Typ Laub abwerfend
Verbreitung Nordamerika

Dieser Baum, der 1765 in Georgia entdeckt wurde, ist nach Benjamin Franklin benannt. 1803 wurde das letzte Exemplar in freier Natur gesichtet, seitdem ist er nur noch in Kultur bekannt. **Rinde** Dunkelbraun, glatt. **Blätter** Wechselständig, verkehrt eiförmig, fein gezähnt, oberseits dunkelgrün, unterseits heller, fein behaart. **Blüten** Achselständig, einzeln, groß, mit fünf weißen Blütenblättern. **Früchte** Runde, trockene verholzte Kapseln.

BLÄTTER UND BLÜTEN   Viele gelbe Staubblätter

Diospyros ebenum

Echtes Ebenholz

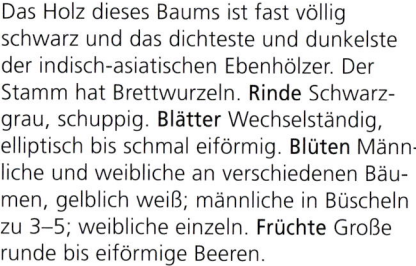

Höhe bis 30 m
Typ Immergrün
Verbreitung S-Indien, Sri Lanka

Das Holz dieses Baums ist fast völlig schwarz und das dichteste und dunkelste der indisch-asiatischen Ebenhölzer. Der Stamm hat Brettwurzeln. **Rinde** Schwarzgrau, schuppig. **Blätter** Wechselständig, elliptisch bis schmal eiförmig. **Blüten** Männliche und weibliche an verschiedenen Bäumen, gelblich weiß; männliche in Büscheln zu 3–5; weibliche einzeln. **Früchte** Große runde bis eiförmige Beeren.

Diospyros quaesita

Art der Ebenaceae

Höhe bis 35 m
Typ Immergrün
Verbreitung Sri Lanka

Das Holz dieses Baums ist schwarz mit braunen Bändern. Es ist haltbar und attraktiv. Heute ist der Baum selten geworden, denn er wächst langsam und blüht selten. **Rinde** Schwarz, sehr rau, schält sich; darunter braune Schicht. **Blätter** Wechselständig, 8–18 cm lang, ledrig, schmal elliptisch bis lanzettlich. **Blüten** Männliche gelb, in kleinen Büscheln; weibliche weiß bis gelblich weiß, einzeln. **Früchte** Runde Beeren.

Diospyros kaki

Kakipflaume

Höhe bis 27 m
Typ Laub abwerfend
Verbreitung China, in Japan kultiviert

Die Kakipflaume hat einen kurzen, knorrigen Stamm und eine dichte Krone. Es gibt über 1000 Sorten mit zwei Fruchttypen. Einer ist adstringierend mit hohem Gerbsäuregehalt und erst genießbar, wenn er völlig reif ist. Er gedeiht in kühleren Regionen. Der nicht adstringierende Typ braucht heiße Sommer. **Rinde** Graubraun, schuppig, springt in rechteckige Platten auf. **Blätter** Wechselständig,

FRÜCHTE Färbung gelb bis orangefarben

ledrig, eiförmig bis elliptisch oder rundlich, oberseits dunkelgrün, unterseits hellgrün und behaart. **Blüten** Männliche und weibliche an verschiedenen Bäumen; männliche gelblich oder rot mit

Ränder ungezähnt **BLÄTTER**

weißen Blütenblättern, zu 3–5 in Büscheln; weibliche gelblich weiß, einzeln. **Früchte** Runde bis eiförmige Beeren mit großem, ausdauernden Kelch.

Diospyros virginiana

Persimone

Höhe 15–20 m
Typ Laub abwerfend
Verbreitung Osten der USA

Dieser Baum wird oft als Zierbaum gepflanzt. Aus der reifen Frucht wird ein Bier gebraut. **Rinde** Braungrau bis schwarz, schuppt sich in rechteckigen Platten. **Blätter** Wechselständig, ledrig, schmal eiförmig bis elliptisch. **Blüten** Männliche und weibliche an verschiedenen Bäumen, beide gelblich weiß und glockenförmig; männliche in Büscheln zu 3–5, weibliche einzeln. **Früchte** Runde bis eiförmige orangegelbe Beeren.

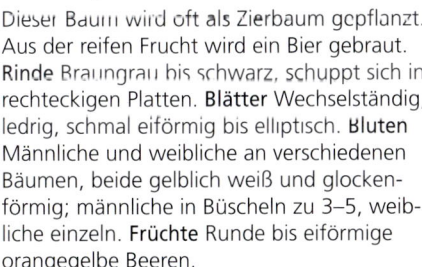

Kelch ausdauernd

Glatte Oberfläche

FRÜCHTE **BLATT**

Halesia carolina

Carolina-Schneeglöckchenbaum

Höhe bis 12 m
Typ Laub abwerfend
Verbreitung SO der USA

Der Carolina-Schneeglöckchenbaum trägt im Frühjahr auffällige Blüten. Der Stamm ist kurz oder vielstämmig, die Krone gerundet. **Rinde** Rotbraun, schuppig. **Blätter** Wechselständig, elliptisch bis schmal eiförmig, beiderseits dünn behaart mit fein gezähnten Rändern und langer Spitze. **Blüten** Weiß, glockenförmig, zu 3–5 an altem Holz. **Früchte** Birnenförmige vierflügelige grüne Steinfrüchte.

Glockenförmige Blüten

BLÜHENDER TRIEB

Gewöhnlicher Storaxbaum

Höhe bis 7 m
Typ Laub abwerfend
Verbreitung Mittelmeergebiet

Aus seinem Harz stellten die Sumerer eine Salbe her. **Rinde** Graubraun, später rissig. **Blätter** Wechselständig, mit weißlichen Haaren. **Blüten** Weiß, in achselständigen, hängenden Büscheln. **Früchte** Eiförmig.

BLÄTTER UND BLÜTEN

Eiförmige Blätter

Weiße Blütenblätter

Art der Lecythidaceae

Höhe bis 30 m
Typ Immergrün/Laub abwerfend
Verbreitung Tropisches Südamerika

Seine Blüten werden von Fledermäusen bestäubt. **Rinde** Braun, glatt, im Alter rissig. **Blätter** Wechselständig, elliptisch oder verkehrt eiförmig; nur Adern unterseits behaart. **Blüten** Sechs rötliche Kelchblätter, sechs rosa- bis orangerote Blütenblätter. **Früchte** Große braune Kapseln.

Scheibe in der Mitte

BLÜTE

Runde Kapseln   **REIFE FRÜCHTE**

Paranuss

Höhe bis 50 m
Typ Laub abwerfend
Verbreitung Tropisches Südamerika

Dieser hohe Baum hat eine große, verholzte Frucht. **Rinde** Graubraun, rissig. **Blätter** Wechselständig, ledrig, mit glatten oder gewellten Rändern. **Blüten** Hellgelb bis weiß, in achsel- oder endständigen Rispen. **Früchte** Kapseln mit 10–25 Samen.

FRUCHT

Harte, verholzte Schale

Rinde längsrissig

Sternapfel

Höhe bis 30 m
Typ Immergrün
Verbreitung Westindische Inseln; kultiviert im tropischen Amerika, SO-Asien, Afrika

Dieser hohe Baum hat eine breite, dichte Krone. **Rinde** Braun, rau, rissig. **Blätter** Wechselständig, länglich bis verkehrt eiförmig, oberseits dunkelgrün, unterseits braun. **Blüten** Gelblich bis violett-weiß, in achselständigen Büscheln. **Früchte** Rundliche dickschalige Beeren.

BLÄTTER, FRÜCHTE UND BLÜTEN

Früchte 5–10 cm Durchmesser

Unterseite dicht behaart

Kleine Blüten

Arganbaum

Höhe bis 10 m
Typ Immergrün
Verbreitung Marokko

Dieser Baum hat eine dichte, breite Krone. Aus seinen Samen wird ein Öl gepresst. **Rinde** Grau bis gelbbraun, in kleine Platten aufgesprungen. **Blätter** Wechselständig, meist in Büscheln, schmal lanzettlich. **Blüten** Grünlich weiß, in achselständigen Blütenständen. **Früchte** Grün bis braun, eiförmig mit 1–3 Samen.

Gelbe Staubblätter

BLÜTEN

Breiapfelbaum-Art

Höhe bis 33 m
Typ Immergrün
Verbreitung Norden Südamerikas, Westindische Inseln

Der Baum wurde wegen des Milchsafts, aus dem man Balata-Gummi herstellte, angezapft oder gefällt. Sein Holz ist hart und haltbar. Es wird zu Geigenbögen und Möbeln verarbeitet. **Rinde** Braun, dick, rissig und schuppig, innere Rinde rosa. **Blätter** Wechselständig, dunkelgrün, elliptisch, bis 23 cm lang. **Blüten** Klein, duftend, weißlich, glockenförmig, in Büscheln. **Früchte** Glatt, klebriges Fruchtfleisch und ein schwarzer Samen.

Guttaperchabaum

Höhe bis 45 m
Typ Immergrün
Verbreitung Malaiische Halbinsel, Sumatra, Borneo

Dieser Stamm hat meist kleine Brettwurzeln. Die Blüten duften nach karamellisiertem Zucker. Mit dem Latex wurde früher Kabel isoliert. Heute verwendet man ihn für Zahnfüllungen. **Rinde** Graubraun, rissig. **Blätter** Wechselständig, verkehrt eiförmig bis elliptisch, oberseits dunkelgrün, unterseits goldbraun, seidig behaart. **Blüten** Hellgrün, in achselständigen Blütenständen. **Früchte** Grün, rund bis eiförmig, fein behaart.

Breiapfelbaum

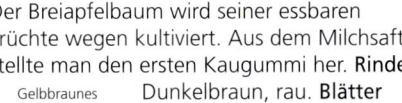

Höhe 5–20 m
Typ Immergrün
Verbreitung Mexiko, Westindische Inseln, tropisches Zentralamerika

Der Breiapfelbaum wird seiner essbaren Früchte wegen kultiviert. Aus dem Milchsaft stellte man den ersten Kaugummi her. **Rinde** Dunkelbraun, rau. **Blätter** Wechselständig, eiförmig elliptisch bis schmal lanzettlich, parallele Adern. **Blüten** Einzeln, in Blattachseln. **Früchte** Rötliche bis gelbbraune Beeren.

Gelbbraunes Fruchtfleisch

Schwarze, glänzende Samen

FRÜCHTE

Caimito-Eierfrucht

Höhe 10–35 m
Typ Immergrün
Verbreitung Tropisches Südamerika

Pyramidenförmige oder runde Krone. **Rinde** Graubraun, mit weißem Milchsaft. **Blätter** Wechselständig, variabel. **Blüten** Weiß bis hellgelb, einzeln oder zu 2–5. **Früchte** Runde bis eiförmige Beeren.

BLÄTTER

Marmeladen-Eierfrucht

Höhe 7–20 m
Typ Immergrün/halb immergrün
Verbreitung Zentralamerika, Südamerika, SO-Asien

Schmale oder ausladendende Krone. **Rinde** Rotbraun. **Blätter** Wechselständig, verkehrt eiförmig, oberseits dunkelgrün, unterseits hellgrün. **Blüten** Weiß bis hellgelb, zu 6–15 in Achseln abgefallener Blätter. **Früchte** Dunkelbraune runde Beeren, süßliches, rosa bis rotes Fruchtfleisch.

FRÜCHE UND BLÄTTER

Canistel-Eierfrucht

Höhe 8–20 m
Typ Immergrün
Verbreitung Mexiko

Wegen seiner Früchte in Südamerika, auf den Philippinen und Seychellen eingeführt. **Rinde** Graubraun. **Blätter** Wechselständig, eiförmig elliptisch, glatt. **Blüten** Weiß bis hellgelb. **Früchte** Gelbe Beeren.

BLÄTTER UND FRÜCHTE

Glatte Haut

Wunderbeere

Höhe bis 3 m
Typ Immergrün
Verbreitung W-Afrika

Mit den Früchten dieses Baums kann man bitterem oder saurem Essen einen süßen Geschmack verleihen. **Rinde** Faserig. **Blätter** Wechselständig, verkehrt eiförmig bis verkehrt lanzettlich. **Blüten** Weiß, klein. **Früchte** Kleine einsamige rote Beeren.

Längliche Blätter

Eiförmige Beere

BLÄTTER UND FRÜCHTE

Arbutus menziesii

Erdbeerbaum-Art

Höhe bis 40 m
Typ Immergrün
Verbreitung Kanada (British Columbia), USA (Kalifornien, Oregon, Washington)

Diese sehr attraktive Gartenart besitzt eine sich schälende Rinde, auffällige Blüten und leuchtend orangerote Früchte. Sie ist nach Archibald Menzies benannt, einem schottischen Botaniker und Arzt, der sie 1792 entdeckte. **Rinde** Rotbraun, glatt, schält sich, im Alter rissig; frische Schichten grün.

Blätter Wechselständig, jung glatt oder leicht flaumig, oberseits dunkelgrün, unterseits matt oder wachsbedeckt. **Blüten** Weiß oder rosa getönt, in großen, breiten aufrechten endständigen Rispen. **Früchte** Orangerot mit rauer, warziger Schale und mehligem Fruchtfleisch.

Kleine urnenförmige Blüten

RINDE

Elliptische bis verkehrt eiförmige Blätter

BLÜTEN UND BLÄTTER

Arbutus unedo

BLÜTEN UND BLÄTTER

Westlicher Erdbeerbaum

Höhe bis 12 m
Typ Laub abwerfend
Verbreitung SW Irland, Mittelmeergebiet

Der Westliche Erdbeerbaum wächst vor allem in Dickichten und Waldland an steinigen Stellen. Die Frucht ist essbar, aber nicht schmackhaft. Sie hat einen hohen Zuckergehalt. In einigen Mittelmeerländern verarbeitet man sie zu Wein und Likör. Der Erdbeerbaum ist im Wappen der spanischen Hauptstadt Madrid abgebildet, auf dem ein Bär sich streckt, um die Früchte des Baums zu fressen. **Rinde** Rotbraun, schält sich nicht, springt aber in Streifen auf. **Blätter** Wechselständig, elliptisch bis verkehrt eiförmig, oberseits glänzend dunkelgrün, unterseits heller. **Blüten** Klein, weiß oder rosa getönt, in endständigen Blütenständen. **Früchte** Orangerot, rund, mehlig.

Blatt bis 10 cm lang

Raue, stachelige Schale

Blüten urnenförmig

Raue, rissige Oberfläche

FRÜCHTE   RINDE

Rhododendron arboreum

Baum-Alpenrose

Höhe bis 15 m
Typ Immergrün
Verbreitung SW-China, Himalaya, Sri Lanka

Diese Art war die erste Rhododendron-Art, die aus dem Himalaya in Europa eingeführt wurde. Der Wuchs ist breit säulenförmig. **Rinde** Rotbraun, rau. **Blätter** Wechselständig, länglich bis lanzettlich, oberseits glänzend dunkelgrün, unterseits silbern bis rostbraun; giftig. **Blüten** Rot, rosa oder weiß, glockenförmig, bis zu 20 in dichten, endständigen Blütenständen. **Früchte** Braune verholzte Kapseln.

Zugespitzt

BLÄTTER

Cordia myxa

Kordien-Art

Höhe 3–15 m
Typ Laub abwerfend/halb immergrün
Verbreitung N-Afrika, Indien, SO-Asien, Australien

Dieser Baum wird vielerorts kultiviert. Der Stamm ist oft knorrig. **Rinde** Graubraun bis schwärzlich, rissig. **Blätter** Wechselständig, unterseits glatt oder behaart. **Blüten** Weiß. **Früchte** Braungelb, eiförmig.

LAUB

Cordia alliodora

Kordie

Höhe bis 20 m
Typ Immergrün/halb immergrün
Verbreitung Tropisches Südamerika, Westindische Inseln

Das Holz ist in der Kunsttischlerei, für Furniere, Fußbodenbeläge und Wandvertäfelungen sehr gefragt. Blüten, Früchte und Blätter werden zu medizinischen Zwecken eingesetzt. **Rinde** Grau bis braun, im Alter rau und rissig. **Blätter** Wechselständig, schmal elliptisch, glatt oder zerstreut behaart. **Blüten** Klein, weiß, in endständigen Rispen. **Früchte** Länglich, verholzt.

Äste etagenförmig angeordnet

Wigandia caracasana

Wigandien-Art

Höhe bis 3,6 m
Typ Immergrün
Verbreitung Südamerika

Diese Wigandie ist robust und wird ihrer großen Blätter und violetten Blüten wegen als Zierstauch gepflanzt. Blätter und Stängel sind jedoch mit Brennhaaren besetzt, die allergische Reaktionen hervorrufen können. In Australien gilt der Strauch als Unkraut. **Rinde** Graubraun. **Blätter** Wechselständig, eiförmig, gezähnt, lang gestielt mit drüsigen Brennhaaren. **Blüten** Glockenförmig, violett; in großen endständigen Blütenständen. **Früchte** Kapseln, die bei Reife aufspringen.

Eucommia ulmoides

Art der Eucommiaceae

Höhe bis 20 m
Typ Laub abwerfend
Verbreitung Zentral-China

Wuchs rundlich bis ausladend

Dieser Baum, der in freier Natur sehr selten ist, wird in China zu medizinischen Zwecken und als Straßenbaum gepflanzt. Er liefert Milchsaft, der jedoch nicht zu Gummi verarbeitet wird. **Rinde** Graubraun, rau. **Blätter** Wechselständig, meist elliptisch. **Blüten** Grünbraun; männliche in Büscheln, weibliche einzeln, an verschiedenen Bäumen. **Früchte** Geflügelte Nüsse.

Ränder dicht gezähnt

BLÄTTER

MÄNNLICHE BLÜTEN

Cinchona officinalis

Chinarindenbaum

Höhe bis 25 m
Typ Immergrün
Verbreitung Südamerika

Dieser Baum ist die Hauptquelle des Malariamittels Quinin, das in der Rinde enthalten ist. **Rinde** Graubraun, Längs- und Querrisse. **Blätter** Gegenständig, elliptisch bis eiförmig oder verkehrt eiförmig, oberseits glatt, unterseits flaumig. **Blüten** Weiß bis rosafarben, duftend; in endständigen Blütenständen, lang- und kurzgriffelige an verschiedenen Bäumen. **Früchte** Schmal eiförmige Kapseln.

Glatte Ränder

Große, glänzende Blätter

LAUB

BLÜTEN UND KNOSPEN

Coffea arabica

Arabischer Kaffeestrauch

Höhe 4–5 m
Typ Immergrün
Verbreitung Äthiopien, in tropischen
Regionen kultiviert

Es gibt mindestens 25 Kaffeearten, die in freier Natur vorkommen. Alle sind im tropischen Afrika heimisch, meist in Äthiopien. Sie alle sind Gehölze, manche kleine Sträucher, andere große Bäume. Sie haben waagrechte, gegenständige Äste. Diese Art liefert 74 % der weltweiten Kaffee-Erträge. **Rinde** Braun mit feinen senkrechten Rissen. **Blätter** Gegenständig, glänzend dunkelgrün, eiförmig bis elliptisch, glatt. **Blüten** In Büscheln von 5–20 in Blattachseln; fünf weiße Blütenblätter, duftend. **Früchte** Eiförmige Beeren, etwa 1,25 cm lang; grün, reifen zu gelb und später rot; getrocknet schwarz, mit zwei Samen.

BLÜTEN

Weiße Blütenblätter

Beeren reifen rot.

KAFFEE

Der Kaffee wurde zunächst auf der Arabischen Halbinsel eingeführt. Später wurde das Kaffeetrinken im Osmanischen Reich beliebt. In Wien eröffneten die ersten Kaffeehäuser 1555, in England 1650. Erst 1690 führten die Holländer den Kaffeestrauch auf Java ein. Eine Pflanze aus Java wurde nach Amsterdam gesandt, wo sie Früchte trug.

KAFFEEBOHNEN

Coffea canephora

Robusta-Kaffeestrauch

Höhe bis 10 m
Typ Immergrün
Verbreitung W-Afrika

Der Robusta-Kaffeestrauch wird in Afrika und Asien gepflanzt. Die Bohnen, die einst als Stimulanz gekaut wurden, verarbeitet man heute zu Instantkaffee. **Rinde** Braun mit feinen Längsrissen. **Blätter** Gegenständig, glänzend dunkelgrün, Ränder oft gezähnt oder gewellt, schmal elliptisch. **Blüten** Zu 5–20 in Blattachseln, mit 6–8 weißen Blütenblättern. **Früchte** Rote Beeren.

Beeren 1,8–2,5 cm lang

FRÜCHTE

Neolamarckia cadamba

Art der Rubiaceae

Höhe 25–45 m
Typ Laub abwerfend
Verbreitung Indien, China, SO-Asien

Dieser Baum wird in vielen Hindu-Schriften über den Gott Krishna erwähnt. **Rinde** Hellbraun, glatt, im Alter graubraun, rissig und schuppig. **Blätter** Gegenständig, elliptisch, mit schmal dreieckigen Nebenblättern. **Blüten** Zahlreich, in runden Köpfen an kurzen Seitentrieben. **Früchte** Grünliche Kapseln, reifen braun, in runden Köpfen.

BLÜTENKOPF

Gelbweiße Blüten

Alstonia scholaris

Teufelsbaum

Höhe bis 40 m
Typ Immergrün
Verbreitung Indien, S-China, SO-Asien, tropisches Australien

Dieser Baum, der oft in Parks und an Straßen wächst, hat eine charakteristische pagodenartige Krone. Aus dem Holz wurden früher Schrifttafeln gefertigt. **Rinde** Grau, gibt weißen Saft ab. **Blätter** Zu 4–10 in Quirlen. **Blüten** Weiß, in end- oder achselständigen Blütenständen. **Früchte** Lange paarige Balgfrüchte.

Elliptisch bis verkehrt eiförmig

BLÄTTER

Dyera costulata

Art der Apocynaceae

Höhe bis 80 m
Typ Laub abwerfend
Verbreitung S-Thailand, Malaiische Halbinsel, Sumatra, Borneo, Sulawesi

Ihr Holz wird meist zu Stiften und Bilderrahmen verarbeitet. **Rinde** Grau bis braun. **Blätter** Zu 5–8 in Quirlen; elliptisch bis verkehrt eiförmig. **Blüten** Kleine weiße Blütenblätter; in Blütenständen. **Früchte** Lange paarige Balgfrüchte.

LAUB

Plumeria rubra

Rote Frangipani

Höhe bis 10 m
Typ Laub abwerfend
Verbreitung Mexiko, Südamerika

Dieser Baum mit seinen duftenden Blüten kommt in den Schöpfungsmythen der Maya vor. **Rinde** Hellgrün bis hellbraun, glatt; gibt weißen Milchsaft ab. **Blätter** Wechselständig, elliptisch, zugespitzt. **Blüten** Groß, auffällig. **Früchte** Längliche graugrüne Balgfrüchte.

BLÜTEN   Rosagelbe Blütenblätter

Rauvolfia serpentina

Java-Teufelspfeffer

Höhe bis 3 m
Typ Immergrün
Verbreitung Sri Lanka, Indien, China, Malaiische Halbinsel

Dieser Baum ist meist nicht verzweigt. Er enthält das Alkaloid Reserpin, das in einigen Arzneimitteln enthalten ist. **Rinde** Dünn, gelblich grün. **Blätter** Elliptisch bis verkehrt eiförmig, in Quirlen von bis zu dreien nahe der Enden der Zweige. **Blüten** Weiß oder violett getönt, mit überlappenden Blütenblättern. **Früchte** Eiförmig, paarige, orangefarben, reifen violettschwarz.

Ränder ungezähnt

Rote Stiele

BLÄTTER UND BLÜTEN

Tabernaemontana divaricata

Art der Apocynaceae

Höhe bis 5 m
Typ Immergrün
Verbreitung Myanmar, Thailand, Indien

In den Tropen wird dieser Baum als Zierbaum gepflanzt. Er ist eine wertvolle Arzneipflanze. Alle Teile des Baums sind giftig. **Rinde** Grün bis hellbraun. **Blätter** Gegenständig, elliptisch. **Blüten** Weiß, je 1–8 in endständigen Blütenständen. **Früchte** Eiförmige paarige Balgfrüchte.

Blatt zugespitzt   5 Blütenblätter

BLÜTEN UND BLÄTTER

Tabernanthe iboga

Art der Apocynaceae

Höhe bis 2 m
Typ Immergrün
Verbreitung W-Afrika, Gabun, Kamerun

Baum mit aufrechtem, verzweigten Stamm. Die Blätter, Samen und die Rinde der Wurzeln enthalten Alkaloide, auch das psychoaktive »Ibogain«, das in einigen Ländern illegal ist. Der Baum, auch »Baum des Lebens« genannt, war jahrhundertelang für die Menschen in seinem Verbreitungsgebiet die Quelle anregender und aphrodisierender Substanzen. Seine Extrakte setzt man versuchsweise gegen Impotenz und Drogenabhängigkeit ein. **Rinde** Grün bis hellbraun, sondert weißen Milchsaft ab. **Blätter** Gegenständig, dunkelgrün, elliptisch bis verkehrt lanzettlich, ungezähnt. **Blüten** Weiße Blütenblätter mit rosa Flecken; in achselständigen Blütenständen. **Früchte** Eiförmig, orangerot.

Brugmansia × candida

Weiße Engelstrompete

Höhe 1,5–5 m
Typ Immergrün
Verbreitung Peru

Diese Art, die oft in Gärten gepflanzt wird, ist eine Hybride aus *B. aurea* und *B. versicolor*. Es gibt viele Sorten, einige mit gefüllten Blüten. Alle Teile der Pflanze sind hochgiftig. Die Engelstrompete hat auffällige Blüten, die vor allem abends süß duften. Sie gedeiht in frostfreien Gebieten und subtropischem Klima. **Rinde** Grau, dünn. **Blätter** Wechselständig, bis 40 cm lang, weich behaart. **Blüten** Einzeln, weiß, rosa bis gelb, bis

60 cm lang, mit zurückgebogenen Blütenblättern. **Früchte** Grüne ei- bis spindelförmige hängende Kapseln.

Blätter eiförmig

BLÜTEN UND BLÄTTER

Blüten trompetenförmig

Solanum betaceum

Art der Solanaceae

Höhe 2–8 m **Typ** Immergrün
Verbreitung Südamerika, Afrika, SO-Asien, Neuseeland

Kommerziell wird diese Baumfrucht nur in Neuseeland angebaut. International wird sie nur in geringen Mengen gehandelt. **Rinde** Grünbraun, dünn. **Blätter** Wechselständig, eiförmig, Basis herzförmig, weich behaart. **Blüten** Glockenförmig, duftend, rosa bis hellblau, in Blütenständen. **Früchte** Eiförmige, glatte violette bis orangerote oder gelbe Beeren.

UNREIFE FRÜCHTE

Fraxinus excelsior

Gewöhnliche Esche

Höhe bis 45 m
Typ Laub abwerfend
Verbreitung Europa, W-Asien

Dieser breit säulenförmige, hohe Baum hat eine gerundete Krone. Er wächst oft auf Kalkstein in feuchten Wäldern und an Flussufern. **Rinde** Graubraun, glatt, im Alter gefurcht. **Blätter** Gegenständig, 7–15 schmal eiförmige bis lanzettliche Fiedern, oberseits dunkelgrün, unterseits an der Mittelrippe behaart, Ränder gezähnt. **Blüten** Klein, violett, Kelch- und Blütenblätter fehlen; in kur-

Zugespitzt

Geflügelte Früchte in hängenden Fruchtständen

BLÄTTER UND FRÜCHTE

zen achselständigen Blütenständen, öffnen sich, bevor die Blätter erscheinen. **Früchte** Geflügelte grüne Nüsse, reifen hellbraun, in hängenden Fruchtständen.

Dichte Blütenstände

BLÜTEN

ELASTISCHES ESCHENHOLZ

Das Holz der Esche ist für seine Stabilität und Elastizität bekannt. Es lässt sich abgelagert unter Dampf leicht biegen. Früher wurden Radfelgen für Wägen daraus hergestellt. Heute fertigt man aus ihm robuste Korbwaren.

KORB

Fraxinus ornus

Blumen-Esche

Höhe bis 20 m
Typ Laub abwerfend
Verbreitung S-Europa, SW-Asien

Der Baum mit seinen auffälligen Blütenständen hat einen breit ausladenden Wuchs. Auf Sizilien wird aus dem eingedickten Saft »Manna« hergestellt. Dieses enthält konzentriertes Mannitol, einen Zucker, den Diabetiker als Süßstoff verwenden können. **Rinde** Grau, glatt. **Blätter** Gegenständig; 5–9 eiförmige bis lanzettliche Fiedern, oberseits dunkel-grün, unterseits an der Mittelrippe behaart; Ränder scharf gezähnt, seitliche Fiedern deutlich gestielt. **Blüten** Weiß, klein, mit vier schlanken Blütenblättern, erscheinen vor den Blättern, in kurzen, flauschigen achselständigen Blütenständen. **Früchte** Grüne längliche Nüsse mit flachem Flügel, reifen hellbraun, in hängenden Fruchtständen.

Spitze Fiedern

Blüten in kegelförmigen Blütenständen

BLÜHENDE ZWEIGE

Fraxinus pennsylvanica

Pennsylvanische Esche

Höhe bis 25 m
Typ Laub abwerfend
Verbreitung Norden und Zentrum der USA

Dieser schnellwüchsige Baum wird oft als Zierbaum gepflanzt. **Rinde** Graubraun mit Furchen. **Blätter** Gegenständig; 5–9 eiförmige bis lanzettliche Fiedern, oberseits grün, unterseits an der Mittelrippe behaart. **Blüten** Grünlich violett, ohne Blütenblätter, klein; männliche und weibliche an getrennten Bäumen, in kurzen Blütenständen. **Früchte** Geflügelte Nüsse.

Zugespitzt

Schwach gefurcht

BLÄTTER

RINDE

Olea europaea

Olivenbaum

Höhe bis 15 m
Typ Immergrün
Verbreitung Naher Osten, Mittelmeergebiet, N-Afrika

Weiße Blütenstände

Blätter graugrün

Frucht bis 4 cm lang

FRUCHT

BLÄTTER UND BLÜTEN

OLIVEN UND OLIVENÖL

Oliven werden im Mittelmeergebiet ihrer essbaren Früchte wegen gepflanzt. Im Spätsommer werden sie geerntet und zu Öl gepresst oder in Salzlake eingelegt, um Bitterstoffe zu entfernen.

OLIVENÖL

OLIVENERNTE

Der Olivenbaum ist in freier Natur eine kleine, buschige Pflanze. Kultivierte Bäume haben einen charakteristischen knorrigen Stamm. Der Baum gedeiht unter warmen Bedingungen am besten und toleriert trockene Perioden. Einzelne Bäume können bis 500 Jahre alt werden. Der Olivenbaum wurde wahrscheinlich von den Minoern um 2500 v. Chr. kultiviert.

Griechen und Römer verbreiteten ihn im Mittelmeergebiet. **Rinde** Grau, rissig, schält sich manchmal. **Blätter** Gegenständig, lanzettlich oder eiförmig (Bäume in freier Natur), oberseits graugrün, unterseits heller, silbrig beschuppt. **Blüten** Weiß, duftend, klein, im Sommer in dichten achselständigen Blütenständen. **Früchte** Eiförmige Steinfrüchte, reifen von olivgrün zu schwarz.

Myoporum acuminatum

Art der Scrophulariaceae

Höhe 2–8 m
Typ Immergrün
Verbreitung Australien (New South Wales, Queensland)

Gedeiht in sandigem und steinigem Boden. Sie erträgt salzige Gischt und kann deshalb in Küstenregionen als Straßenbaum oder Hecke gepflanzt werden. **Rinde** Graubraun, tief rissig. **Blätter** Wechselständig, an der Spitze gezähnt. **Blüten** Weiß mit violetten Flecken, zu 3–8 in achselständigen Blütenständen. **Früchte** Eiförmig, violett oder violettschwarz.

Zugespitzt — — Elliptische Blätter

LAUB

Catalpa bignonioides

Gewöhnlicher Trompetenbaum

Höhe bis 18 m
Typ Laub abwerfend
Verbreitung SO der USA, andernorts verwildert

Der Trompetenbaum ist vielfach verzweigt mit ausladender Krone. Er wird oft als Zierbaum gepflanzt. **Rinde** Hellbraun mit roter Tönung, unregelmäßig schuppig. **Blätter** Gegenständig oder zu dreien, nicht oder leicht gelappt. **Blüten** Große, weiße zweilappige Kronröhre, Ränder gekräuselt, mit Reihen gelber und vielen violetten Flecken. **Früchte** Bohnenähnlich, hängend.

Blüten in Rispen

Blatt breit eiförmig

BLÜHENDER TRIEB

Crescentia cujete

Kalebassen-baum

Höhe bis 12 m
Typ Immergrün
Verbreitung Westindische Inseln, tropisches Südamerika

Der Kalebassenbaum hat gedrehte Zweige und einen relativ kurzen Stamm. Aus den getrockneten und polierten Früchten werden Gegenstände und Musikinstrumente hergestellt. **Rinde** Weißlich bis silbergrau, rau. **Blätter** Wechselständig, in Büscheln an kurzen Trieben, verkehrt lanzettlich bis verkehrt eiförmig. **Blüten** Gelbgrün, violette Zeichnung, groß, stehen meist am Stamm; öffnen sich nachts. **Früchte** Groß, rund, harte Schale.

12–30 cm Durchmesser

FRUCHT

Palisander

Höhe 5–15 m
Typ Laub abwerfend
Verbreitung Argentinien, Bolivien

Seiner auffallenden Blüten wegen ist der Palisander ein beliebter Straßen- und Parkbaum. **Rinde** Hellbraun, rau und im Alter rissig. **Blätter** Gegenständig, doppelt gefiedert, 13–41 kleine glatte oder flaumige Fiedern. **Blüten** Violettblau, in endständigen Rispen. **Früchte** Eiförmig; geflügelte Samen.

BLÜTEN ———— Kronröhre

Leberwurstbaum

Höhe 10–15 m
Typ Laub abwerfend
Verbreitung Tropisches Afrika

Die Blüten dieses Baums werden von Fledermäusen bestäubt, die den Nektar trinken. Fehlen sie, trägt er selten Früchte. **Rinde** Hellbraun, rau, oft aufgesprungen. **Blätter**

Herabhängende Rispe — Graugrüne Kapseln — **FRÜCHTE**

Gegenständig; 3–6 Paare elliptischer bis lanzettlicher Fiedern. **Blüten** Rot bis violett, glockenförmig. **Früchte** Hängende wurstförmige Kapseln.

Damoklesbaum

Höhe 5–20 m
Typ Immergrün/halb immergrün
Verbreitung Indien, O-Asien

Die Blüten dieses Baums öffnen sich nachts und locken mit ihrem herben Geruch Fledermäuse an. **Rinde** Graubraun, glatt oder fein rissig. **Blätter** Gegenständig; 3–4 eiförmige bis längliche Fiedern, in Büscheln an Zweigspitzen. **Blüten** Groß, trompetenförmig, außen rotviolett, innen cremefarben, in endständigen Blütenständen. **Früchte** Lange, verholzte hängende Kapseln.

Schlanke Krone

GEFLÜGELTER SAME

Spathodea campanulata

Afrikanischer Tulpenbaum

Höhe bis 18 m
Typ Immergrün
Verbreitung Tropisches Afrika

Aufrechte Früchte

Der Baum wird wegen der Blüten geschätzt. Das Holz ist schwer entflammbar. **Rinde** Hellgrau, warzig. **Blätter** Gegenständig; 11–15 Paare eiförmiger Fiedern, unterseits behaart. **Blüten** Groß, glockenförmig, orangerot mit gelben Rändern. **Früchte** Grünbraun; zahlreiche papierartige Samen.

Endständige Fieder

BLÄTTER UND BLÜTEN

Tabebuia chrysantha

Art der Bignoniaceae

Höhe bis 25 m
Typ Laub abwerfend
Verbreitung Mexiko, Zentralamerika, Venezuela

Diese Art ist der Nationalbaum Venezuelas. **Rinde** Hell- bis dunkelgrau, schuppig. **Blätter** Handförmig in 5–7 gestielte, eiförmige bis längliche Fiedern geteilt. **Blüten** Goldgelb, trompetenförmig. **Früchte** Behaarte Kapseln.

Tabebuia impetiginosa

Art der Bignoniaceae

Höhe bis 20 m
Typ Laub abwerfend
Verbreitung Südamerika

Wird als Zierbaum gepflanzt. **Rinde** Grau. **Blätter** Gegenständig, Fiedern eiförmig bis elliptisch. **Blüten** Violettrosa, röhrenförmig, in Rispen. **Früchte** Kapseln.

Tabebuia serratifolia

Art der Bignoniaceae

Höhe bis 45 m
Typ Laub abwerfend
Verbreitung Tropisches Zentralamerika, Südamerika

Die auffälligen Blüten dieses Baums blühen, wenn er keine Blätter trägt. Das harte, haltbare Holz wird beim Schiffbau, für Brücken, Fußbodenbeläge und Möbel verwendet. In freier Natur ist die Baumart deshalb mittlerweile selten. **Rinde** Hellbraun bis grau, rissig, schuppig. **Blätter** Gegenständig; fünf schmal eiförmige bis elliptische, gezähnte Fiedern. **Blüten** Gelb, röhrenförmig, in endständigen oder seitlichen Blütenständen. **Früchte** Lange Kapseln mit geflügelten Samen.

Citharexylum spinosum

Art der Verbenaceae

Höhe bis 15 m
Typ Laub abwerfend/Immergrün
Verbreitung Karibik, Norden Südamerikas

In den Tropen und Subtropen ist dieser Baum ein beliebter Straßen- und Zierbaum. Das Holz ist hart und haltbar und wurde früher zur Herstellung von Werkzeugen verwendet. Trotz des Namens »spinosum« trägt der Baum keine Stacheln. In Regionen, in denen er sein Laub abwirft, färben sich die Blätter orange-farben, bevor sie abfallen. **Rinde** Hellbraun, schuppt sich im Alter in dünnen Längsstreifen. **Blätter** Gegenständig oder in Quirlen zu dreien, eiförmig bis elliptisch. **Blüten** Weiß, klein, röhrenförmig, in achsel- oder endständigen Blütenständen. **Früchte** Länglich,

gestielt, hängend; rot, reifen schwarz, enthalten vier Samen.

Krone unregelmäßig

Gmelina arborea

Art der Labiatae

Höhe bis 20 m
Typ Laub abwerfend
Verbreitung Indien bis S-China, Malaiische Halbinsel, Indonesien

Dieser schnellwüchsige Baum wird seines Holzes wegen in Plantagen gepflanzt. **Rinde** Aschgrau bis graugelb, glatt. **Blätter** Gegenständig, breit eiförmig, unterseits bräunlich behaart. **Blüten** Fünf ungleiche Lappen; zwei obere zurückgebogen, mittlere orangerot, unterer zitronengelb. **Früchte** Länglich bis verkehrt eiförmig, gelbgrün, fleischig.

Premna serratifolia

Art der Labiatae

Höhe bis 5 m
Typ Immergrün
Verbreitung S- und SO-Asien, Australien, Pazifische Inseln

Dieser Baum, der manchmal als lebender Zaun gepflanzt wird, toleriert salzige Gischt und versalzte Böden. **Rinde** Gelbbraun,

längsrissig, weich, dünn, schuppig. **Blätter** Gegenständig, länglich bis breit eiförmig, Adern manchmal behaart. **Blüten** Grün-weiße Blütenblätter bilden kurze, behaarte Röhre mit zwei ungleichen Lappen; duftend, in endständigen zusammengesetzten Blütenständen. **Früchte** Rund, blauschwarz, fleischig, 3–6 mm breit.

Tectona grandis

Teakholz

Höhe bis 50 m
Typ Laub abwerfend
Verbreitung Asien; Indien bis Thailand,
Kambodscha, Vietnam, Laos, Java

Teakholz ist eines der bekanntesten Tropen-
hölzer. Seit Jahrhunderten wird die Baumart
ihres haltbaren, vielseitig verwendbaren
Holzes wegen ausgebeutet. Britische Kolonisten in Indien und Burma (heute Myanmar)
und holländische Kolonisten in Indonesien
pflanzten Teakholzplantagen, um Holz für
den Schiffbau, für Gebäudekonstruktionen
und edle Möbel ernten zu können. Der
Baum kann oft erst nach 60 Jahren geschla-
gen werden und wird sehr alt. Es gibt zwei
Anwärter auf den Titel des ältesten Teak-
holzbaums, beide über 47 m hoch. Einer
steht im Palghat Distrikt in Kerala, Indien. Er
hat einen Umfang von 6,42 m. Der zweite
steht in der Provinz Uttaradit in Thailand und
hat einem Umfang von 9,57 m. Er wird auf
über 1000 Jahre geschätzt. **Rinde** Hellbraun,
dünn, schuppt sich in Längsstreifen. **Blät-**
ter Gegenständig, groß, eiförmig bis breit
verkehrt eiförmig, oberseits rau, unterseits
weich behaart. **Blüten** Weiß mit kleiner
Kronröhre, Kelch dicht braun behaart; zahlreich in endständigen pyramidenförmigen
Blütenständen. **Früchte** Dünner aufgeblasener Kelch umgibt vierkammrigen Stein.

FRÜCHTE

Papierartiger Kelch

BLÄTTER   30–50 cm
lang

TEAKHOLZMÖBEL

Das dunkelbraune Teakholz hat
eine charakteristische Maserung,
schrumpft beim Trocknen kaum und
ist leicht zu verarbeiten. Das attraktive unbehandelte Holz ist haltbar
und wird nicht
von Termiten
befallen. Diese
Eigenschaften
machen es zu
einem der wert-
vollsten Hölzer
für Möbel.

TEAKHOLZSTUHL

Paulownia tomentosa

Chinesischer Blauglockenbaum

Höhe bis 20 m
Typ Laub abwerfend
Verbreitung China; kultiviert in Korea, Japan, Nordamerika und Europa

Der Baum, der nach Anna Paulowna, der Gemahlin Williams II. der Niederlande benannt ist, wurde 1834 erstmals im Jardin des Plantes in Paris gepflanzt. Wenige Jahre später brachte man ihn nach Nordamerika, wo er verwilderte. Schon Jahrhunderte zuvor wurde er in Japan kultiviert. Er ist

Bis 30 cm lang

Kronröhre

BLÜTEN

Basis herzförmig

BLÄTTER

sehr geschätzt, auch weil aus ihm die japanische Zither »Koto« gefertigt wird. **Rinde** Braungrau, glatt, jung mit sichtbaren Lentizellen, im Alter aufgesprungen. **Blätter** Gegenständig, eiförmig mit 3–5 Lappen, behaart. **Blüten** Glockenförmig, groß, hellviolett mit dunklen Flecken, innen mit gelben Streifen, in endständigen Rispen. **Früchte** Verholzte eiförmige Kapseln, bis 5 cm, behaart, reifen von grün zu braun.

REIFE FRÜCHTE   Eiförmige Kapseln

Paulownia × taiwaniana

Blauglockenbaum-Hybride

Höhe bis 20 m
Typ Laub abwerfend
Verbreitung Taiwan

Dieser Baum ist eine natürliche Hybride zwischen *P. fortunei* und *P. kawakami*. Er wächst schnell und hat schönes, leichtes

Holz. Blätter und Blüten können an Nutztiere verfüttert werden. Im Frühjahr trägt er viele süß duftende, trompetenförmige Blüten. **Rinde** Grau, rau. **Blätter** Gegenständig, eiförmig mit 3–5 Lappen, dünn, zugespitzt, 10–30 cm lang. **Blüten** Blütenblätter 5–6 cm lang, hellviolett mit dunkelvioletten Flecken in gelbem Rachen; in endständigen Rispen. **Früchte** Verholzte Kapseln, schmal eiförmig, 3,5–4,5 cm lang.

Ilex aquifolium

Gewöhnliche Stechpalme

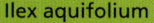

Höhe bis 20 m
Typ Immergrün
Verbreitung Europa, W-Asien

Die Stechpalme wird seit sehr langer Zeit kultiviert. Es gibt viele Sorten, die sich in der Blattform und Ausbildung der Stacheln, der Panaschierung und der Farbe der Beeren unterscheiden. Das Holz ist schwer und fein gemasert und wird für Einlegearbeiten für Möbel und Schachbretter verwendet. **Rinde** Hellgrau, glatt. **Blätter** Wechselständig, eiförmig bis elliptisch, gewellte Ränder mit Stacheln. **Blüten** Klein, weiß, manchmal violett getönt, duftend; männliche und weibliche an verschiedenen Bäumen, in achselständigen Büscheln. **Früchte** Beeren, meist rot, bei manchen Sorten gelb; giftig.

FESTLICHER SCHMUCK

Im alten Rom fanden während der Wintersonnenwende die Feierlichkeiten der Saturnalien statt. Man verteilte Geschenke, darunter Stechpalmenzweige, an Freunde. Einige heidnische Völker brachten Stechpalmenzweige in ihre Häuser, um böse Geister abzuwehren. Diese Traditionen wurden vom Christentum übernommen, und heute wird die Stechpalme mit Weihnachten in Verbindung gebracht.

Grüner Fruchtknoten

Weiße Blüten

Dicht stehende Beeren

Blatt bis 10 cm lang

TRIEB MIT FRÜCHTEN

MÄNNLICHE BLÜTEN

WEIBLICHE BLÜTEN

Krone pyramiden- bis säulenförmig

Mateteestrauch

Höhe bis 20 m
Typ Immergrün
Verbreitung Südamerika

Die ersten Matetee-Plantagen wurden um 1650 von Jesuiten gegründet. Heute kommen etwa 45 % der weltweiten Ernte aus Argentinien. Der Strauch ist in freier Natur hoch und vielstämmig. In Kultur wird er auf 3–6 m zurückgeschnitten. So wird der Blattwuchs angeregt. **Rinde** Graubraun, glatt. **Blätter** Wechselständig, verkehrt eiförmig, ledrig. **Blüten** Achselständig; männliche zu 3–11, weibliche zu 1–3; an verschiedenen Bäumen. **Früchte** Rötliche bis schwarze, runde Steinfrüchte.

BLÄTTER   Gezähnte Ränder

Weiße Blüten

BLÜTEN UND FRÜCHTE   Unreife Früchte

MATETEE

Matetee wird aus einer Kalebasse mit einem Metallröhrchen getrunken, das mit einem Filter Blattstücke fernhält. In der Kalebasse sind geröstete Blätter und heißes Wasser. Mit karamellisiertem Zucker, Zitronensaft und Milch verleiht man dem Tee Geschmack.

TEE

KALEBASSE UND RÖHRCHEN

Dickblättriger Scheinginseng

Höhe 6–18 m
Typ Immergrün
Verbreitung Neuseeland

Die Krone des Baums ist im Alter gerundet. **Rinde** Grau, glatt. **Blätter** Junge lang, lineal, gezähnt; alte verkehrt lanzettlich, gezähnt. **Blüten** Grünlich, in Dolden; männliche mit fünf, weibliche ohne Blütenblätter. **Früchte** Schwarze Steinfrüchte.

Queensland-Strahlenaralie

Höhe 5–12 m
Typ Immergrün
Verbreitung Papua-Neuguinea, tropisches Australien

Dieser Baum hat rosettenförmig zusammengesetzte Blätter. **Rinde** Grau, glatt. **Blätter** Wechselständig; 5–16 elliptische bis verkehrt eiförmige, glatte Fiedern. **Blüten** Leuchtend rot, ungestielt, in großer Zahl an geraden Achsen. **Früchte** Violettschwarze Steinfrüchte.

Steganotaenia araliacea

Art der Umbelliferae

Höhe 3–5 m
Typ Laub abwerfend
Verbreitung SW- und Zentralafrika

Alle Teile dieses Baums riechen stark nach Karotten. **Rinde** Hell grüngrau, papierartig, schält sich. **Blätter** Wechselständig, hängend, mit tief gezähnten Fiedern; an den Enden der Zweige gebündelt. **Blüten** Klein, weiß bis gelb, in zusammengesetzten Blütenständen. **Früchte** Klein, flach, ei- bis birnenförmig, drei Rippen.

BAUM IN BLATTLOSEM ZUSTAND

Pittosporum undulatum

Orangen Klebsame

Höhe bis 15 m
Typ Immergrün
Verbreitung Australien

Dieser Baum wird seit 1789 kultiviert. Oft pflanzt man ihn als Hecke oder Windschutz. Er kann jedoch sehr invasiv sein. **Rinde** Dunkelgrau, glatt. **Blätter** Wechselständig, eiförmig bis elliptisch oder lanzettlich, an Zweigspitzen dicht, beim Zerreiben aromatisch. **Blüten** Weiß, färben sich gelb, in kurzen endständigen Rispen. **Früchte** Runde Kapseln mit rotbraunen Samen.

BLÄTTER UND BLÜTEN

Gewellte Ränder

Blüten in kurzen Rispen

Pittosporum tobira

Chinesischer Klebsame

Höhe 5–6 m
Typ Immergrün
Verbreitung China, Japan

Diese Art wird in Gegenden mit mediterranem Klima kultiviert und manchmal als niedrige Hecke gepflanzt. Die Krone ist gerundet. **Rinde** Dunkelgrau, glatt. **Blätter** Wechselständig, verkehrt lanzettlich bis verkehrt eiförmig, ledrig, beim Zerreiben aromatisch. **Blüten** Weiß, färben sich gelb, in kurzen Rispen, duftend. **Früchte** Runde Kapseln mit rotbraunen Samen.

Weiße Blütenblätter

Glänzende Blätter

BLÜTEN UND BLÄTTER

Sambucus canadensis

Kanadischer Holunder

Höhe bis 5 m
Typ Laub abwerfend
Verbreitung Nordamerika

Die Früchte dieses Baums enthalten mehr Vitamin C als Orangen und Tomaten. **Rinde** Hell gelbbraun, weich, rissig. **Blätter** Gegenständig; 5–7 lanzettliche bis elliptische, gezähnte Fiedern. **Blüten** Cremeweiß, zahlreich, in flachen Doldenrispen. **Früchte** Kleine Steinfrüchte.

FRÜCHTE

Früchte dunkelviolett

Sambucus nigra

Schwarzer Holunder

Höhe bis 10 m **Typ** Laub abwerfend
Verbreitung Europa

ZWEIG

Spitze
Fiedern

Blüten in breiten,
flachen Doldenrispen

Der Schwarze Holunder ist in feuchten Wäldern und Ödland häufig. Er geht oft an Mauern und bei Gebäuden auf, wohin die Samen mit dem Kot von Vögeln gelangten. Der Schwarze Holunder wächst schnell und seine Zweige werden dicht und buschig. Es gibt viele Sorten mit verschiedenen Blattformen und -farben, auch solche mit farbigen Blüten und größeren Früchten. **Rinde** Hell gelbbraun, weich, rissig. **Blätter** Gegenständig; 5–7 eiförmige bis elliptische Fiedern, unterseits leicht behaart, scharf gezähnt; riechen bei Zerreiben unangenehm. **Blüten** Gelblich weiß, stark duftend, zahlreich, in endständigen flachen Doldenrispen. **Früchte** Beerenähnliche schwarzviolette Steinfrüchte mit 3–5 einsamigen Steinen.

Krone breit
säulenförmig

FRÜCHTE

Steinfrucht 6 mm
Durchmesser

Lobelia giberroa

Art der Campanulaceae

Höhe bis 10 m
Typ Immergrün
Verbreitung Kenia

Diese merkwürdige krautige Pflanze des afrikanischen Berglands hat einen baum-ähnlichen Wuchs und einen hohlen Stamm. Verwandte Arten bilden keinen Stamm aus. **Rinde** Bräunlich, nicht stark ausgebildet. **Blätter** In Rosetten; verkehrt lanzettlich, behaart, Ränder gezähnt. **Blüten** Grün, malvenfarbene Staubblätter, in langen Blü-tenständen. **Früchte** Kapseln.

Äste kaum verzweigt

BLATT-ROSETTE

Montanoa quadrangularis

Art der Asteraceae

Höhe bis 20 m
Typ Immergrün
Verbreitung Kolumbien, Venezuela

Das Holz dieses schnellwüchsigen Baums wird zum Bau, für Zäune und Pferche ver-wendet. Aus dem weißen Mark fertigt man Kunsthandwerk. **Rinde** Braungrau. **Blätter** Gegenständig, eiförmig oder dreieckig bis fast handförmig geteilt, bei älteren Blättern Ränder gezähnt oder gelappt. **Blüten** End-ständige Blütenstände, weiße Zungen- und gelbe Röhrenblüten. **Früchte** Köpfchen mit Nüsschen.

Dendrosenecio johnstonii

Art der Asteraceae

Höhe 5–10 m
Typ Immergrün
Verbreitung Ostafrikanisches Bergland

Diese Art wächst in der Gegend des Kili-mandscharo im Norden Tansanias in einem Gürtel aus alpinem Grasland, Gebüschen und Sümpfen. Die riesige, merkwürdig aussehende Pflanze ist baumähnlich. Die kaum verzweig-ten Äste enden in einer Blattrosette. Sie sind dicht behaart, um gegen das intensive Licht und die rauen klimatischen Bedingungen im Gebirge geschützt zu sein. Die alten abgestor-benen Blätter umgeben den Stamm. **Rinde** Bräunlich, nicht stark entwickelt. **Blätter** In Rosetten, breit eiförmig bis elliptisch, behaart, Ränder gezähnt. **Blüten** Zahlreich in endstän-digen Blütenständen, mit weißen Zungen- und gelben Röhrenblüten. **Früchte** Köpfchen aus braunschwarzen Nüsschen.

Stamm von toten Blättern umgeben

SCHWARZER HOLUNDER
Die Struktur der Doldenrispen des Schwarzen Holunders (*Sambucus nigra*) ist hier deutlich zu sehen. Die Knospen öffnen sich zu duftenden gelblich weißen Blüten. Der Schwarze Holunder ist in feuchtem Waldland in ganz Europa häufig.

Glossar

In diesem Buch werden botanische und wissenschaftliche Fachausdrücke verwendet, die in diesem Glossar definiert werden. Begriffe in Kursivschrift werden an anderer Stelle im Glossar definiert.

ACHÄNE Kleine, trockene, einsamige Frucht, die sich zur Samenverbreitung nicht öffnet.

ACHSEL Winkel zwischen einem Pflanzenteil und dem Stängel.

ACHSELSTÄNDIG In einer *Achsel* stehend; bezieht sich meist auf Blüten.

ÄHRE Ein *Blütenstand*, bei dem ungestielte Blüten an einer unverzweigten Achse stehen (siehe Blütenstände, S. 346).

ARILLUS Mantel, der bestimmte Samen umgibt; oft fleischig und leuchtend gefärbt.

AUSLÄUFER Trieb, der unterirdisch austreibt; entspringt meist den Wurzeln, nicht dem Stängel oder Stamm der Pflanze.

BALGFRUCHT Trockene Frucht, die aus einem einzigen *Fruchtblatt* gebildet wird, das seitlich aufspringt und einen oder mehrere Samen entlässt.

BLÜTENHÜLLE Bezeichnung für Blütenblätter und *Kelch* gemeinsam.

BLÜTENKRONE 1. Gemeinsame Bezeichnung für alle Blütenblätter. 2. Innerer Kreis der Blätter der *Blütenhülle* bei vielen Einkeimblättrigen.

BLÜTENSTAND Anordnung von Blüten an einer Achse.

BRETTWURZELN Der Stamm hat an der Basis brettartige Auswüchse oder ist im Querschnitt sternförmig, um dem Baum Stabilität zu verleihen, wenn die Bodendecke dünn ist.

DOLDENRISPE Breiter, abgeflachter oder gewölbter *Blütenstand*, bei dem gestielte Blüten oder Blütenköpfe in verschiedenen Höhen und an verschiedenen Seiten der Achse entspringen (siehe Blütenstände, S. 346).

DOLDE Flacher oder gerundeter *Blütenstand*, in dem zahlreiche gestielte Blüten an einem einzigen Punkt entspringen (siehe Blütenstände, S. 346).

BLATTFORMEN

Blätter haben unterschiedlichste Formen. Eine Auswahl der häufigsten Typen ist unten abgebildet. Manche Blätter entsprechen nicht genau einer Form und sind eine Kombination aus mehreren. Diese Formen können sowohl für einzelne, ungeteilte Blätter zutreffen als auch für zusammengesetzte, die aus sogenannten Fiedern bestehen.

NADELFÖRMIG   LINEAL   RUND   LÄNGLICH   ELLIPTISCH

HERZFÖRMIG   EIFÖRMIG   VERKEHRT EIFÖRMIG   LANZETTLICH   VERKEHRT LANZETTLICH

DOPPELT GEFIEDERT Ein zusammengesetztes Blatt (siehe S. 347), bei dem die *Fiedern* selbst nochmals *gefiedert* sind.

EIFÖRMIG Blattform, die unterhalb der Mitte am breitesten ist (siehe Blattformen, S. 344).

EINHEIMISCH Eine Art, die natürlicherweise in einer bestimmten Region vorkommt und nicht aus einer anderen Region eingeführt wurde.

ELLIPTISCH Blattform, die in der Mitte am breitesten ist und an beiden Seiten spitz zuläuft (siehe Blattformen, gegenüberliegende Seite).

ENDOKARP Die innere Schicht einer Frucht, die den Samen umgibt. Beim Pfirsich, einer *Steinfrucht*, der harte Stein, der den Samen umgibt.

ENDOSPERM Spezialisiertes Nährstoffe speicherndes Gewebe im befruchteten Samen von Bedecktsamern, das den Embryo während des Keimens ernährt.

ENDSTÄNDIG Begriff, der die Position am Ende eines Stängels oder Triebs beschreibt.

EXOKARP Die äußerste Schicht einer Frucht. Beim Pfirsich, einer *Steinfrucht*, die Haut, die das sukkulente Fruchtfleisch umgibt.

FIEDER Teil eines zusammengesetzten Blatts (siehe Zusammengesetzte Blätter, S. 347).

FRUCHTBLÄTTER Weibliche Teile der Blüte, die aus *Fruchtknoten* und *Griffel* mit *Narbe* bestehen.

FRUCHTKNOTEN Weiblicher Teil der Blüte, der die Eizellen enthält, die sich nach der Befruchtung zu Samen entwickeln (siehe *Fruchtblätter*).

GEFIEDERT Ein zusammengesetztes Blatt, bei dem die *Fiedern* entweder in wechselständigen oder in gegenständigen Paaren an einer zentralen Achse stehen. (siehe Zusammengesetzte Blätter, S. 347).

GEGENSTÄNDIG Blattanordnung, in der die Blätter paarig an beiden Seiten eines *Knotens* stehen (siehe Einfache Blätter, S. 347).

BAU DER BLÜTE

Die meisten Blüten bestehen aus Blüten- und Kelchblättern und männlichen und/oder weiblichen Blütenteilen. Man unterscheidet zwischen solchen, bei denen sich Kelch- und Blütenblätter deutlich unterscheiden (abgeleitet) und denen, bei denen dies nicht der Fall ist (ursprünglich).

Auffallendes Blütenblatt

Griffel mit Narben

Staubbeutel an dünnem Staubfaden

Blüten- und Kelchblätter unterschiedlich

ABGELEITETE BLÜTE

Narben spiralig angeordnet

Tepalen (Kelch- und Blütenblätter nicht zu unterscheiden)

Staubblätter

URSPRÜNGLICHE BLÜTE

GRIFFEL Weiblicher Teil einer Blüte, der *Fruchtknoten* und *Narbe* verbindet (siehe Teile der Blüte S. 345).

HALB LAUB ABWERFEND ODER HALB IMMERGRÜN Ein Baum, der seine Blätter nur während einer kurzen Periode des Jahres abwirft oder sie zum Teil abwirft, jedoch nie ganz blattlos ist.

HANDFÖRMIG GETEILT Ein zusammengesetztes Blatt, das in *Fiedern* geteilt ist, die an einem einzigen basalen Punkt entspringen (siehe zusammengesetzte Blätter, S. 347).

BLÜTENSTÄNDE

Blüten sind entweder einzeln oder in Gruppen an einem Stängel angeordnet. Die Anordnung nennt man Blütenstand. Die Blüten bilden ein bestimmtes Muster, das benannt ist und ein Bestimmungsmerkmal ist. Die häufigsten Blütenstandstypen sind hier abgebildet.

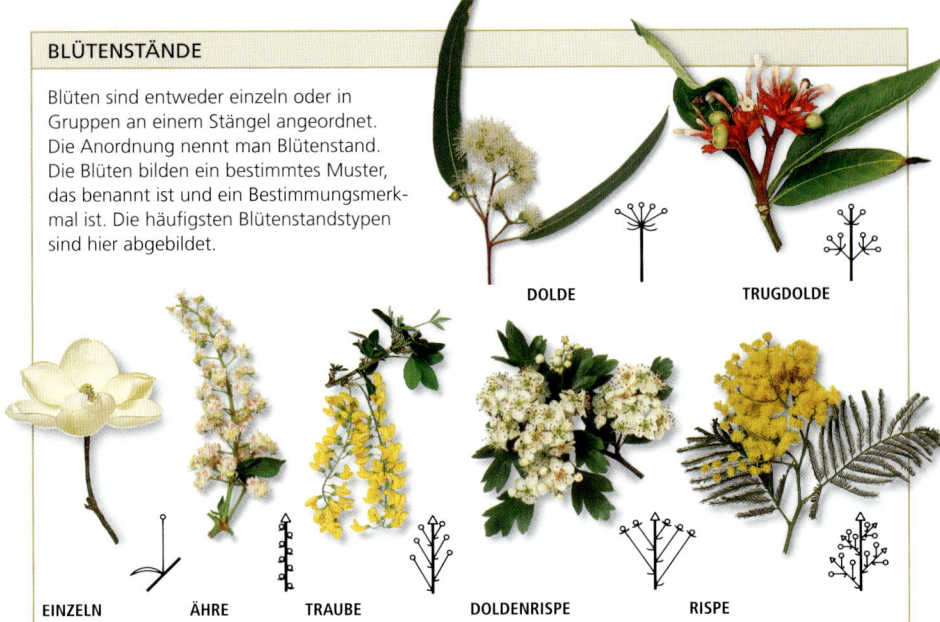

DOLDE　　　TRUGDOLDE

EINZELN　　　ÄHRE　　　TRAUBE　　　DOLDENRISPE　　　RISPE

HOCHBLATT Modifiziertes Blatt an der Basis eines *Blütenstandes*. Ein Hochblatt kann klein und schuppenförmig oder groß und blütenblattartig sein oder einem Laubblatt ähneln.

RINDENTYPEN

Wenn der Stamm wächst, muss die Rinde aufspringen oder sich schälen, um die Zunahme des Umfangs zu kompensieren. Jede Baumart hat eine charakteristische Rindenstruktur.

IN FRÜHEN JAHREN GLATT

UNREGELMÄSSIGE PLATTEN

GEFURCHT UND RISSIG

SCHÄLT SICH LÄNGS

SCHÄLT SICH QUER

RAU SCHUPPIG

HYBRIDE Natürliche oder künstlich erzeugte Nachkommen von genetisch unterschiedlichen Elternpflanzen verschiedener Arten. Hybriden zeigen neue Merkmale.

IMMERGRÜN Ein Baum, der während des ganzen Jahres Laub trägt.

KAPSEL Eine trockene Frucht, die aufspringt, um reife Samen zu entlassen.

KÄTZCHEN Ein *Blütenstand*, meist hängend, in dem schuppenförmige *Hochblätter* und kleine, meist blütenblattlose Blüten in einer *Ähre* angeordnet sind.

KELCH Gesamtheit der *Kelchblätter*, die getrennt oder verwachsen die äußere Reihe der *Blütenhülle* bilden.

KELCHBLATT Eines der meist grünen Blätter einer abgeleiteten Blüte außerhalb der Blütenblätter (siehe Bau der Blüte, S. 345).

KLETTE Stachelige, klebrige oder mit Häkchen besetzte Frucht oder Fruchtstand.

KLON Genetisch identische Pflanzen, die durch vegetative Vermehrung von einem einzigen Individuum abstammen.

KNOTEN Stellen am Stängel, manchmal verdickt, wo Blätter, Blattknospen und Triebe entspringen.

LÄNGLICH Schmale Blattform, bei der beide Seiten in etwa symmetrisch sind (siehe Blattformen, S. 344).

LANZETTLICH Blatt, das unterhalb der Mitte am breitesten ist und spitz zuläuft (siehe Blattformen, S. 344).

LAUB ABWERFEND Ein Baum, der seine Blätter abwirft und einige Monate des Jahres blattlos ist, meist im Winter (gemäßigte Zonen) oder zur Trockenzeit (tropische Zonen).

LENTIZELLE Erhabene Pore an der Oberfläche der Rinde und einiger Früchte, durch die Luft in die inneren Gewebe gelangen kann.

MESOKARP Die mittlere Schicht einer Frucht; beim Pfirsich, einer *Steinfrucht*, das sukkulente Fruchtfleisch zwischen der Haut und dem harten Stein.

MITTELRIPPE Hauptader eines Blatts, die meist durch die Mitte vom Stiel zur Spitze verläuft.

NARBE Befindet sich an den weiblichen Blütenteilen an der Spitze des *Griffels*; hier wird der Pollen aufgenommen (siehe Bau der Blüte, S. 345).

NATURDENKMAL Ein sehr alter Baum, der eine kulturelle oder historische Bedeutung hat.

NEBENBLÄTTER Blattähnliche Strukturen, die meist paarig an der Stelle entspringen, wo der Blattstiel am Trieb ansetzt

EINFACHE BLÄTTER

Einfache Blätter sind nicht in Fiedern unterteilt. Sie sind entweder gegenständig (paarig an beiden Seiten des Triebs) oder wechselständig angeordnet.

GEGENSTÄNDIG WECHSELSTÄNDIG

ZUSAMMENGESETZTE BLÄTTER

Blätter, die in einzelne Fiedern geteilt sind, bezeichnet man als zusammengesetzte Blätter. Fiedern können an der Spitze der Blattspindel ansetzen oder an ihr entlang angeordnet sein.

GEFIEDERT HANDFÖRMIG GETEILT

BLATTRÄNDER

Die Blattspreite von einfachen und zusammengesetzten Blättern kann ganzrandig (glatt) sein oder ein Muster aufweisen, dass charakteristisch für die Art ist und ein Bestimmungsmerkmal sein kann. Wie unten abgebildet, können Blätter gezähnt, gelappt, gewellt oder anders gestaltet sein.

GANZRANDIG GEZÄHNT GELAPPT GEWELLT

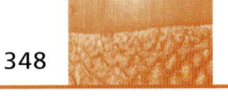

ÖLDRÜSEN Winzige Ölspeicher an der Oberfläche der Blätter einiger Bäume, die ätherische Öle enthalten; manchmal als schwarze Punkte sichtbar.

PERIKARP Der Teil der Frucht, der die Samen einschließt, bestehend aus *Endo-, Meso-* und *Exokarp*.

PIONIERARTEN Arten, die meist als Erste Ödland oder blanken Boden besiedeln und anderer Vegetation den Weg bereiten. Sie verbessern die Bodenqualität und schützen das Land vor Erosion.

RISPE Ein verzweigter *Blütenstand* (siehe Blütenstände, S. 346).

SAMMELFRUCHT Eine zusammengesetzte Frucht, die an miteinander verwachsenen Einzelfrüchten entsteht. Diese bilden so eine einzige Frucht.

SÄULENFÖRMIG Eine Baumform, die höher als breit und parallelseitig ist (siehe Wuchsformen, S. 348).

SCHMAL ELLIPTISCH Längliche Blattform mit abgerundeten Enden.

SCHMETTERLINGSBLÜTE Blütenform der *Leguminosae* mit aufrechtem Blütenblatt in der Mitte (Fahne), zwei seitlichen Blütenblättern (Flügeln) und zwei unteren, miteinander verwachsenen, dem Schiffchen, das Staubblätter und Griffel umgibt.

STAUBBEUTEL Teil des *Staubblatts*, der den Pollen entlässt.

STAUBBLÄTTER Männliche Blütenteile, meist aus *Staubbeuteln* an einem Staubfaden bestehend.

STAUBBLATTRÖHRE Eine Struktur, die aus miteinander verwachsenen *Staubblättern* gebildet wird.

STEINFRUCHT Ein Fruchttyp, der aus einem oder mehreren hartschaligen Samen (Steinen) besteht, die von weichem Fruchtfleisch umgeben sind.

TEPALEN Ein Begriff, der Kelch- und Blütenblätter ursprünglicher Bedecktsamer und Einkeimblättriger beschreibt, die nicht voneinander zu unterscheiden sind.

TRAUBE *Blütenstand* gestielter Blüten, die an einer einzigen unverzweigten Achse entspringen und bei der die jüngsten Blüten an der Spitze erscheinen (siehe Blütenstände, S. 346).

VERKEHRT EIFÖRMIG Eiförmige Blattform, die oberhalb der Mitte am breitesten ist (siehe Blattformen, S. 344).

VERKEHRT LANZETTLICH Blattform, die oberhalb der Mitte am breitesten ist und zur Basis hin spitz zuläuft (siehe Blattformen, S. 344).

VERWILDERT Eine nicht einheimische Art, die sich in der Region, in der sie eingeführt wurde, in freier Natur etabliert hat.

WECHSELSTÄNDIG An jedem Knoten steht nur ein Blatt, das gegenüber dem vorausgehenden jeweils um einen bestimmten Winkel versetzt ist (siehe Einfache Blätter, S. 347).

WUCHS Die Gestalt eines Baums (siehe Wuchsformen, S. 348).

ZAPFEN Die Samen tragende Struktur bei Nadelbäumen.

WUCHSFORMEN

Die Gestalt ist artspezifisch und kann bei der Bestimmung helfen. Jedoch kann die Wuchsform abhängig von Alter und Standort und anderen Einflüssen wie dem Klima variieren.

Ein Baum etwa, der auf freiem Feld wächst, wird sich im Wuchs stark von einem Exemplar derselben Art in dichtem Wald unterscheiden.

KEGELFÖRMIG   **STRAUCHFÖRMIG**

AUSLADEND

SÄULENFÖRMIG

Familien

Hier sind die Familien und Gattungen der in diesem Buch vorgestellten Baumarten alphabetisch aufgeführt. Unter den Seitenangaben finden Sie die zugehörigen Arten.

Adoxaceae *Sambucus* (S.339–340). Amaranthaceae *Charpentiera; Haloxylon* (S.148). Anacardiaceae *Anacardium; Gluta; Harpehyllum; Mangifera; Pistacia; Pleiogynium; Schinus; Spondias* (S.296–299). Annonaceae *Annona; Asimina; Cananga; Polyalthia* (S.116–118). Apocynaceae *Alstonia; Dyera; Plumeria; Rauvolfia; Tabernaemontana; Tabernanthe* (S.325–326). Aquifoliaceae *Ilex* (S.337–338). Araucariaceae *Agathis; Araucaria* (S.92–93). Araliaceae *Pseudopanax; Schefflera* (S.338). Asparagaceae *Cordyline; Dracaena; Yucca* (S.126–127). Asphodelaceae *Aloe* (S.125–126). Betulaceae *Alnus; Betula; Carpinus; Corylus; Ostrya* (S.257–262). Bignoniaceae *Catalpa; Crescentia; Jacaranda; Kigelia; Oroxylum; Spathodea; Tabebuia* (S.331–333). Bixaceae *Bixa; Cochlospermum* (S.269). Boraginaceae *Cordia; Wigandia* (S.322). Burseraceae *Boswellia; Bursera; Commiphora* (S.294–295). Buxaceae *Buxus* (S.145). Cactaceae *Carnegiea* (S.149). Campanulaceae *Lobelia* (S.341). Canellaceae *Canella* (S.113). Cannabaceae *Celtis* (S.229). Caricaceae *Carica; Vasconcellea* (S.267–268). Caryocaraceae *Caryocar* (S.179). Casuarinaceae *Casuarina* (S.263). Cercidiphyllaceae *Cercidiphyllum* (S.153). Chrysobalanaceae *Chrysobalanus; Parinari* (S.167–168). Combretaceae *Terminalia* (S.153). Compositae *Dendrosenecio; Montanoa* (S.341). Cornaceae *Cornus; Davidia; Nyssa* (S.310–311). Cucurbitaceae *Dendrosicyos* (S.242). Cunoniaceae *Davidsonia* (S.184). Cupressaceae *Calocedrus; Chamaecyparis; Cryptomeria; Cunninghamia; x Cupressocyparis; Cupressus; Juniperus; Metasequoia; Platycladus; Sequoia; Sequoiadendron; Taxodium; Tetraclinis; Thuja; Thujopsis; Xanthocyparis* (S.99–104). Cycadaceae *Cycas* (S.69). Dicksoniaceae *Dicksonia* (S.65). Dipterocarpaceae *Dryobalanops; Hopea; Neobalanocarpus; Shorea* (S.282–284). Ebenaceae *Diospyros* (S.316–317). Ericaceae *Arbutus; Rhododendron* (S.321–322). Erythroxylaceae *Erythroxylum* (S.181). Eucommiaceae *Eucommia* (S.323). Euphorbiaceae *Aleurites; Baccaurea; Euphorbia; Hevea; Mallotus; Vernicia* (S.177–179). Fagaceae *Castanea; Chrysolepis; Fagus; Quercus* (S.243–255). Fouquieriaceae *Fouquieria* (S.314). Ginkgoaceae *Ginkgo* (S.71). Guttiferae *Calophyllum; Garcinia* (S.180). Hamamelidaceae *Liquidambar; Parrotia* (S.154). Juglandaceae *Carya ; Juglans; Pterocarya* (S.264–266). Labiatae *Gmelina; Premna; Tectona* (S.334–335). Lauraceae *Chlorocardium; Cinnamomum; Endiandra; Eusideroxylon; Laurus; Persea; Sassafras; Umbellularia* (S.118–122). Lecythidaceae *Bertholletia; Couroupita* (S.318). Leguminosae *Acacia; Albizia; Amherstia; Bauhinia; Butea; Cassia; Castanospermum; Ceratonia ; Cercis; Colophospermum; Colvillea; Cynometra; Dalbergia; Delonix; Dipteryx; Erythrina; Falcataria; Gleditsia; Gymnocladus; Inocarpus; Koompassia; Laburnum; Leucaena;*

Parkia; Peltogyne; Peltophorum; Pericopsis; Prosopis; Pterocarpus; Robinia; Samanea; Sophora; Tamarindus (S.185–209). Loranthaceae *Nuytsia* (S.152). Lythraceae *Lawsonia* (S.153). Magnoliaceae *Liriodendron; Magnolia* (S.114). Malvaceae *Adansonia; Bombax; Brachychiton; Ceiba; Durio; Guazuma; Lagunaria; Ochroma; Pachira; Theobroma; Tilia; Triplochiton* (S.269–281). Melastomataceae *Tibouchina* (S.167). Meliaceae *Azadirachta; Cedrela; Chukrasia; Dysoxylum; Khaya; Lansium; Lovoa; Melia; Sandoricum; Swietenia; Toona; Xylocarpus* (S.301–308). Moraceae *Antiaris; Artocarpus; Broussonetia; Ficus; Maclura; Milicia; Morus* (S.230–241). Moringaceae *Moringa* (S.268). Muntingiaceae *Muntingia* (S.282). Musaceae *Ravenala* (S.140). Myricaceae *Morella* (S.256). Myristicaceae *Myristica* (S.114). Myrtaceae *Corymbia; Eucalyptus; Eugenia; Melaleuca; Metrosideros; Psidium; Syzygium* (S.153–167). Nothofagaceae *Nothofagus* (S.243). Oleaceae *Fraxinus; Olea* (S.328–330). Oxalidaceae *Averrhoa* (S.184). Palmae *Areca; Arenga; Borassus; Caryota; Ceroxylon; Cocos; Copernicia; Corypha; Elaeis; Hyphaene; Jubaea; Lodoicea; Metroxylon; Phoenix; Raphia; Roystonea; Trachycarpus; Washingtonia* (S.127–140). Pandanaceae *Pandanus* (S.124). Paulowniaceae *Paulownia* (S.336). Phytolaccaceae *Phytolacca* (S.152). Pinaceae *Abies; Cedrus; Larix; Phyllocladus; Picea; Pinus; Pseudotsuga; Tsuga* (S.76–91). Pittosporaceae *Pittosporum* (S.339). Platanaceae *Platanus* (S.144–145). Podocarpaceae *Podocarpus* (S.96–97). Polygonaceae *Triplaris* (S.148). Proteaceae *Grevillea; Macadamia* (S.142–143). Quillajaceae *Quillaja* (S.184). Rhamnaceae *Hovenia; Ziziphus* (S.225–226). Rhizophoraceae *Rhizophora* (S.181). Rosaceae *Crataegus; Cydonia; Eriobotrya; Malus; Prunus; Pyrus; Sorbus* (S.210–225). Rubiaceae *Cinchona; Coffea; Neolamarckia* (S.323–325). Rutaceae *Calodendrum; Chloroxylon; Citrus; Flindersia; Limonia; Zanthoxylum* (S.308–312). Salicaceae *Pangium; Populus; Salix* (S.291–292). Santalaceae *Santalum* (S.152–153). Sapindaceae *Acer; Aesculus; Blighia; Dimocarpus; Koelreuteria; Litchi; Nephelium* (S.285–293). Sapotaceae *Argania; Chrysophyllum; Manilkara; Palaquium; Pouteria; Synsepalum* (S.318–320). Schisandraceae *Illicium* (S.112). Sciadopityaceae *Sciadopitys* (S.97). Scrophulariaceae *Myoporum* (S.331). Simaroubaceae *Ailanthus; Leitneria* (S.300). Solanaceae *Brugmansia; Solanum* (S.327). Staphyleaceae *Staphylea* (S.154). Styracaceae *Halesia; Styrax* (S.317–318). Taxaceae *Cephalotaxus; Taxus; Torreya* (S.97–99). Theaceae *Camellia; Franklinia* (S.315–316). Thymelaeaceae *Aquilaria; Gonystylus* (S.285). Ulmaceae *Trema; Ulmus; Zelkova* (S.226–229). Umbelliferae *Steganotaenia* (S.339). Urticaceae *Cecropia; Dendrocnide; Musanga* (S.242). Verbenaceae *Citharexylum* (S.334). Winteraceae *Drimys* (S.113). Xanthorrhoeaceae *Kingia; Xanthorrhoea* (S.124–125).

Register

Dank und Bildnachweis

DK dankt folgenden Mitarbeitern für ihre Unterstützung: David Burnie und Sabina Knees für das Überprüfen der Texte; Steve Parker und Phil Wilkinson für zusätzliche Texte; Miezan Van Zyl für ihre Unterstützung bei Verwaltung und Lektorat; Corrine Manches für ihre Mithilfe bei verwalterischen Tätigkeiten.

Bildnachweis

Bildarchiv: Richard Dabb; Lucy Claxton.
Bildrecherche: Neil Fletcher, Will Jones, David Penrose, Jo Walton.

Abkürzungen: o = oben, u = unten, m = Mitte, g = ganz, l = links, t = ganz oben, r = rechts.

Dorling Kindersley dankt folgenden Personen und Institutionen für die freundliche Genehmigung zum Abdruck ihrer Bilder:

Akgimages: 42tr.
Alamy: AGStockUSA, Inc: 44–45. Apex News and Pictures Agency: 60u. Archivberlin Fotoagentur GmbH: 50b. Peter Arnold Inc: 182–183. Bildagenturonline. com/thfoto: 36tr. Brand X Pictures: 78tr. Cubolmages srl: 36m. Sue Cunningham Photographic: 32m. Andrew Fox: 286t. Image State: 12. Inmagine: 45tl. Mike Lane: 144tr. Luis C. Marigo: 182–183. Jamie Marshall: 181ul. Renee Morris: 25tr. The National Trust Photolibrary: 342–343. Ron Niebrugge: 123l. Donald Pye: 21ul. Jeremy Samson: 270tr. Nick Servian: 309u. Frantisek Staud: 53tr.
Dr. M. Balick: 226ur.
Belpress.com: Photofruit: 304ul.
Paul Bolsted: 187tm, mlu; 333mro.
Kenneth L. Bowles: 314mlu.
Dr. Gerald D. Carr: 86ur; 92mro; 107ur; 122mu; 137ur; 148mro, mlo, mlu, ul; 152tr; 155mro; 164mro; 167mlo; 180mro, mlo; 181mlo; 189mgr; 192ul; 195mro; 198mlu; 203mgr; 207mlo, mro; 208mlo; 209ul, ur; 230tr, mgr; 263mlo; 269tr; 274tm; 275ul, ur, mro, mlo; 289ur, ul; 306mgr, ul, mru, ur; 307mgl, tr; 315mlo; 318mlu, ul; 320ul; 326mru; 327m; 332mgl; 333mlo, mgl; 335mru; 338ur.
Geoffrey Carr: 173ul.
William M. Ciesla: 187mqr.
Bruce Coleman Collection: Tore Hagman: 4–5.
Clemson University: 264tmr.
Constructionphotography.com/Mediacolors.com: 47ur.
Charles W. Cook: 245mlo.
Corbis: 25tl; 45tr; 104–105; 176tr. Archivo Iconografico SA: 41t. Yann Arthus-Bertrand: 272–273. Craig Aurness: 19m; 123r. David Ball: 52ur. Tom Bean: 2; 3. Gary Braasch: 57u. Richard A. Cooke: 64ul. Terry W. Eggers: 28–29. Michael Freeman: 38–39. Darrell Gulin: 74mr; 97; 111. Lindsay Hebberd: 43u. Robert Holmes: 236–237. Karen Huntt: 52tl. George H.H. Huey: 41ur. Peter Johnson: 31mro. Wolfgang Kaehler: 70m; 70t. Layne Kennedy: 7. Frank Lane Picture Agency: 67u; 149t. Wayne Lawler/Ecoscene: 158–159. George D. Lepp: 150–151. Joe Macdonald: 190–191. John McAnulty: 290–291. Gunter Marx Photography: 27tr; David Muench: 10, 88–89, 132u, 264u. Charles O'Rear: 84–85. Douglas Peebles: 33tr, 134–135; 198u. Clay Perry: 65ur. Reuters:

45mru. Reuters/Sukree Sukplang: 136mr. David Samuel Robbins: 40u. Hans Georg Roth: 47mgr. M.L. Sinibaldi: 174–175, 220–221. Paul A. Souders: 27tl. Alan Towse/ Ecoscene: 49mgr. Vanni Archive: 309tr. Ron Watts: 49ur. Nevada Wier: 130ul. Roger Wilmshurst/Frank Lane Picture Agency: 337u. Doug Wilson: 141u. Michael S. Yamashita: 46–47. Ed Young: 219u.
Jean Delacre: 226tr, m.
M. Fagg, Australian National Botanic Gardens: 311mgl.
Olivier Filippi: 106umr; 298ur; 319tl.
Flora Fauna International: Evan Bowen Jones: 205tr.
FLPA: Tim Fitzharris: 108–109. Frans Lanting: 32u, 49t. Minden Pictures/Michael & Patricia Fogden: 15um; 16ml, tl, tr, ml; 17tl, tr. Minden Pictures/Martin Withers: 67ur. Tui de Roy: 94–95. Roger Wilmhurst: 19tm.
Forestry Department, Food and Agriculture Organisation of the United Nations: Susan Braatz: 58mo. Roberto Faidutti: 303mlo, mol. Christel Palmberg Lerche: 303tr.
J.B. Friday: 153tl; 200tm, mr, mgr, ul; 293mlo.
Garden Picture Library: Pernilla Bergdhal: 2. Jacqui Hurst: 80–81.
Getty Images: Jens Schlueter: 26um.
Chris Gibson: 173ur; 310mlu; 318mlo; 327mro.
Paul Gullan: 161mgl; 188mlo, tr.
Nigel Hicks: 178mu, tr; 274mlu; 315um; 324mu.
Josh Hillman/Florida Nature: 179mlu, mru.
Holt Studios: Nick Spurling: 56u.
Dr. A. Jagel, Ruhr-Universität Bochum: 106ur.
Henriette Kress: 107ul; 112ul; 212mro; 212ul; 338tl, mlo.
Rolf Kyburz/Kplams.com: 130mgl, mlu.
Paul Latham: 116mlo; 180ur; 204mlo; 231mlo; 240ul; 242ul; 268mur, mro; 293mru; 304mgr; 310ul; 325mlo; 341mgl.
Amanda Mason: 331ur.
Archie Miles: 250u.
National Geographic: Lynn Abercrombie: 295ul. Walter Meayers Edwards: 75. Darlyne A. Murawski: 66.
National Parks Board, Singapore: 86mro; 114mro, ul; 118mru; 166mgl, tr; 180ul; 192mlo; 195ur; 202ul, tr; 242mlo; 268ul; 269ul; 278mlo; mro; 282mgl, tr, mro, mru; 303ur; 306mro, mol; 318ur; 320ur; 325ul; 335mgl.
Natural History Museum: Dr. G. S. Robinson: 284tm.
Natural Visions: Heather Angel: 22ul; 113ul; 137ul; 202ur; 204mro; 219mr. 232mro; 278mgr; 283ul, ur; 302tm; 316tr, m; 318mor, mro.
Nature Picture Library: Juan Manuel Borrero: 217tl. Hanne & Jens Eriksen: 294mgr, ul. Martha Holmes: 23mru. Jose B. Ruiz: 319mro.
Neil Fletcher: 185mlu; 257ul.
NHPA: George Bernard: 57t. Simon Booth: 28mgr. Simon Colmer: 15ur. Nigel J. Dennis: 125ul. Khalid Ghani: 33mlo. Martin Harvey: 42u. Daniel Heuclin: 136u. Ernie Janes: 228u; 248–249; 255u. Matt Johnston: 138ml. Mike Lane: 294tr. Harold Palo Jr: 281u. Tim Scoones: 35ur. John Shaw: 1; 20mr; 288ur.
Dave Osbourne: www.walkgps.com: 160u.
Alan Outen: 122ul; 126mgl; 177ur; 224mlo; 281mgl; 308mlu; 317ur; 332mgr; 339ul.
Oxford Scientific: Peter Adams: 62–63. Kathie Atkinson: 231ur. Deni Bown: 199tr; 284ul; 299ur. Prof. Jack Dermid: 206mru. Michael Fogden: 295tr. Mike Powels: 40m.

Jerry A. Paine: 264mol.
Photolibrary.com/Oxford Scientific: 116ul; 148ur.
Christian Puff: 325mro.
Gordon Ridgewell: 146–147.
Rik Schuiling: 292mlo, mro.
Royal Botanic Gardens Kew/Photo: Andrew McRobb: 61ur.
Royal Saskatchewan Museum: 23uml.
José Manuel Sánchez de Lorenzo Cáceres: 205ul; 297tr.
A. D. Schilling: 96tl; 164ur; 233mro; 283mor; 310ur; 322mlo.
Science Photo Library: Diccon Alexander: 126ur, 128–129, 276–277. David Aubrey: 252–253. Pallava Bagla: 253u; 301u. Andrea Balogh: 68l. Alex Bartel: 193u. Darryl T. Branch: 70u. Robert Brook: 56t. Dr Jeremy Burgess: 15ul. Peter Etchells: 132tm. Eye of Science: 20ul. Vaughan Fleming: 64ur. Simon Fraser: 43mro; 67tr; 170–171; 206t. Bob Gibbons: 136tr. Adam Hart-Davis: 330u. David Henderson: 217u. K. Jayaram: 198t. Matt Johnston: 138mgl. Andrew Lambert Photography: 48mgl. Martin Land: 68r. Michael Marten: 246u. Susumu Nishinaga: 214–215. Claude Nuridsany & Marie Perennou: 21mr. Bjorn Svensson: 61t. Steve Taylor: 72.
Thomas Schoepke: 119um; 296mlo, mor.
Shu Suehiro: 314mgl.
Soraya Sierra: 179tr.
J. Dan Skean Jr.: 113mro; 116mlu, ur; 293tr.
Forest & Kim Starr (USGS): 92ur; 142mlo, mu; 155mo; 164ul, uml; 167mro, ul, ur; 185ur; 186mro; 198mru; 200ul; 203tr, mlo, mu; 204um; 208mu; 230mlo, ul; 232ul; 233ml, ul; 234mlo, mgr; 235ur; 256tl, mor, ul, uml; 263mgr, mu; 299mgr; 302tml; 304umr, ur; 307mlu, mur; 319ur; 323mlu, ur; 334mlu; 335tr.

Geoff Stein: 97mgl; 118mlo; 120mro, mgl; 131ul; 133mro, mlo, ul, umr; 138ur; 139mro; 140ul; 149ul; 177ul; 184mgl; 189ul; 199mlu, ul; 206ur; 235mlo, mro; 238mu; 239mor; 269ur; 270ur; 299mgl; 308mru; 314mr.
Still Pictures: Mark Edwards: 58ur; 59ur. Peter Frischmuth: 44ml.
Mike Thiv: 61mgr, 242ur.
Top Tropicals/www.toptropicals.com: Tatiana Anderson: 271tr, m. Marina Rybka: 69um.
Alan Watson: 65tm; 96ul; 124mlo, ul; 127tr; 130mr; 140mol, mgl, mro; 152ul, ur; 155ur; 156ul; 157ur, mlo, mol; 160mor; 164mlo; 178mgl; 181mo; 185mro; 188ul; 195mlo; 227um; 239mlo, ur; 243mlo; 270ul; 274ur; 275mru; 295ml; 296ul, um; 308mlo, tr; 338ul; 339mlo.
Alan Watson/Forest Light: 90um; 120ur.
Paul Wray: 168mur; 172ul; 201mgr; 240mro; 243ur; 254mol; 260ul; 265mro; 278ur; 288tm, tmr.
Kazuo Yamasaki: 245ul.
DK Images: Peter Anderson: Courtesy of the Roskilde Viking Ships Museum, Denmark: 251ur. Judith Miller/ Lyon and Turnbull Ltd.: 142mr. Hamptons: 197tr. Freeman's: 328ur. Windsor and Newton: 186ul.

Weitere Aufnahmen von: Chris Gibson, Neil Fletcher, A.D. Schilling, Heinz Schneider, Jens Schou, Justyn Willsmore.

Cover:
Vorn: 123RF.com: Marcin Łukaszewicz / graphia76 (u), **iStockphoto.com:** LeniKovaleva (o)
Hinten: Corbis: L. Clarke (ol), **FLPA:** Tim Fitzharris / Minden Picture (u), **iStockphoto.com:** Beeldbewerking (ml), **Science Photo Library:** Adam Hart-Davis (mlo)
Buchrücken: Corbis: Charles Krebs (o)

Die Natur
49,95 € (D) / 51,40 € (A)
ISBN 978-3-8310-1986-1

Pilze
19,95 € (D) / 20,60 € (A)
ISBN 978-3-8310-2539-8

Regenwald
39,90 € (D) / 41,10 € (A)
ISBN 978-3-8310-0929-9

Das große Lexikon der Heilpflanzen
24,95 € (D) / 25,70 € (A)
ISBN 978-3-8310-3232-7

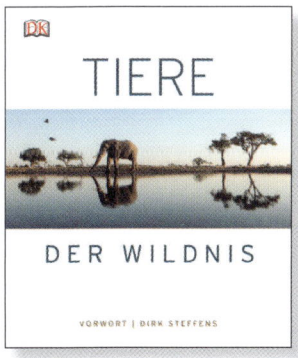

Tiere der Wildnis
39,95 € (D) / 41,10 € (A)
ISBN 978-3-8310-3144-3

Die Erde
49,95 € (D) / 51,40 € (A)
ISBN 978-3-8310-1990-8

Besuchen Sie uns im Internet
www.dorlingkindersley.de